突发环境事件典型污染物应急处置手册

张志宏 等 著

科学出版社

北 京

内 容 简 介

本书分上下两篇，共九章。上篇四章，介绍了突发环境事件应急处置基本理论、技术方法，突发环境事件中供水保障技术及社会危机管理体系的建立与运行等；下篇五章，结合甘肃省可能发生突发环境事件特征污染物，归纳形成了5大类13种典型突发环境事件，从演化规律、可能造成的影响、如何防范和开展应急处置、采取的应急处置技术方法和配套应急工程设施修建方法、舆论宣传引导和群众饮用水供水保障等方面进行研究，形成了5大类13种事件的应急处置方法体系，并配以国内外典型案例详细解说。

本书可供各级生态环境部门、企事业单位环境安全管理人员参阅，同时也适用于环境保护领域广大学者及高校师生。

图书在版编目（CIP）数据

突发环境事件典型污染物应急处置手册 / 张志宏等著 . —北京：科学出版社，2021.8

ISBN 978-7-03-069665-6

Ⅰ.①突…　Ⅱ.①张…　Ⅲ.①环境污染事故 - 事故处理 - 手册　Ⅳ.① X507-62

中国版本图书馆 CIP 数据核字（2021）第 177397 号

责任编辑：朱　丽　郭允允　程雷星 / 责任校对：何艳萍
责任印制：赵　博 / 封面设计：蓝正设计

科 学 出 版 社 出版

北京东黄城根北街16号
邮政编码：100717
http：//www.sciencep.com

涿州市般润文化传播有限公司印刷
科学出版社发行　各地新华书店经销

*

2021 年 8 月第 一 版　开本：720×1000　1/16
2024 年 7 月第四次印刷　印张：19 1/2
字数：341 000

定价：158.00 元
（如有印装质量问题，我社负责调换）

作者名单

主 笔 人：张志宏

副主笔人：常沁春　李　杰　曹　兴

其他作者：王亚变　郧永鑫　梁　佳　刘　佳

　　　　　薛丽洋　魏　斌　虢清伟　马　寅

　　　　　藤　丽　刘　宇　吕康乐　杨子瑄

前　言

　　我国改革开放以来经济社会发展取得瞩目成就，在进入工业化、城镇化加速发展，用 40 余年时间追赶发达国家 200 余年实现工业化与现代化的高速发展过程中，也逐渐进入了环境污染事件高发期，各类自然灾害和人为因素导致的环境风险表现出复合型、反复性、隐蔽性等特点，区域环境风险因素通过协同、累加效应，呈现区域性蔓延态势，突出表现为突发性和累积性环境风险事件高发且影响大，水、大气、土壤环境安全形势严峻，跨界污染、涉重金属与有毒有害物质泄漏对社会危害明显加大。据统计，2010 ~ 2019 年，甘肃省突发环境事件数量达到 81 起，事件诱因多样，部分流域突发环境事件处置难度大，在不同地域与应急处置环境中所能采取的处置方式、工艺、措施也不尽相同，流域突发环境事件应对所采取的监测、控源、治污等专业技术需要以形成成套环境污染治理技术体系为目标，才能更加有效应对敏感涉水污染事件。

　　党中央高度重视生态环境安全，特别是党的十八大以来，采取了一系列重大措施，生态环境安全治理体系逐步健全，治理能力显著提升。以习近平新时代中国特色社会主义思想为指导，以推进生态文明和建设美丽中国为根本指向，以"全过程"环境风险治理为主线，以"体系化"治理为核心，以打好污染防治攻坚战为抓手，以治理体系和治理能力现代化为指向，完善长效立体的生态环境安全管理组织制度体系，建立防范与应急并重的生态环境安全管理体系，全面提升生态环境安全治理的法治化、系统化、专业化、信息化和社会化水平。特别是近年来，甘肃省各级生态环境部门在当地党委和政府的大力支持下，逐步夯实环境应急能力建设，较好地处置了多起影响范围广泛、社会普遍关注的典型环境事件，有力保障了全省生态环境安全。但总体来看，甘肃省环境应急处置基础力量还比较薄弱，应急处置技术力量仍较落后，应急处置技术发展状况与环境质量、风险管理、产业结构、经济格局严重不匹配，应急处置技术不到位已成为科学应对突发环境事件的一块短板。影响事件处置因素繁多，应急处置工作受限于技术、污染物、时空、物资、成本、环境影响等因素，事件应急处置的差异十分明显，各种技术都有不同程度的适用性，如何选择处置技术在应急决策时存在巨大差异。总的来说，甘肃省突发环境事件应急处置技术研究基础薄弱，在污染物应急处置的理化机理、快速决策、工程实施以及设备研发等方面缺乏长效的研究投入和成果转化机制，应急处置复合技术匮乏，在应急处置过程中，单一处置技术难以有效控制污染物的扩散、迁移以及转化。如何在有限的时间内将多种技术整合，及时控制、削减乃至消除突发水环境污染事件所造成的影响，仍需要深入探索。

为满足甘肃省各级生态环境应急管理人员应急处置技术需求与人才培训需要，我们在查阅大量资料的基础上，联合省内外高校及科研单位技术力量，结合自身多年从事突发环境事件处置工作经验，编写了这本专门介绍各类典型污染物质应急处理技术方法书籍，希望将成熟、成套技术方法以实物情景模拟方式介绍给全省各级环境应急管理人员，以期为提升突发环境事件应急处置能力、服务全省经济社会绿色发展、构筑"平安甘肃"建设略尽绵薄之力。

本书分上下两篇，共九章。上篇四章，介绍了常用应急处置技术方法、原理、应用实例、应用要点等概论；下篇五章，结合甘肃省可能发生突发环境事件特征污染物，归纳形成了5大类13种典型突发环境事件，从演化规律、可能造成的影响、如何防范和开展应急处置、采取的应急处置技术方法和配套应急工程设施修建方法、舆论宣传引导和群众饮用水供水保障等方面进行研究，形成了5大类13种事件的应急处置方法体系，并配以国内外典型案例详细解说。

本书由张志宏、常沁春、李杰、曹兴制定撰写大纲，统筹全书撰写，并对全书进行审阅及修改。第一章由梁佳和邢永鑫执笔；第二章、第四章、第五章、第九章由王亚变执笔；第三章、第六章、第七章、第八章由薛丽洋执笔，前言、附录由刘佳和魏斌完成。

本书撰写过程中，得到了兰州交通大学、甘肃省环境监测中心站、生态环境部华南环境科学研究所等单位的大力支持，在此表示衷心的感谢。

由于作者水平有限，书中难免存在不妥之处，恳请读者指正！

作　者

2020 年 12 月

目　录

前言

下篇 常见突发环境事件应急处置及其典型案例

上 篇

突发环境事件应急处置
基本理论和方法概述

第一章
突发环境事件应急处置基本理论

当前，全国突发环境事件居高不下，环境应急管理面临严峻挑战。做好环境应急管理工作，有效防范和妥善应对突发环境事件，减少突发环境事件的危害，对于深入贯彻落实科学发展观，保障人民群众生命财产和环境安全，促进经济社会又好又快发展，维护社会和谐稳定具有非常重要的现实意义。

本章从突发环境事件的基本理论出发，介绍了突发环境事件的定义、类型、特点，以及突发环境事件四个等级的界定条件，为后续章节提供充分的理论支撑和现实指引，为初次接触突发环境事件概念以及环境应急处置的工作人员、学者提供一个较为具体的思想轮廓。

第一节　突发环境事件

一、突发环境事件定义

2014 年 12 月，国务院办公厅印发了新版《国家突发环境事件应急预案》，其中明确突发环境事件是指："由于污染物排放或自然灾害、生产安全事故等因素，导致污染物或放射性物质等有毒有害物质进入大气、水体、土壤等环境介质，突然造成或可能造成环境质量下降，危及公众身体健康和财产安全，或造成生态环境破坏，或造成重大社会影响，需要采取紧急措施予以应对的事件，主要包括大气污染、水体污染、土壤污染等突发性环境污染事件和辐射污染事件。"

二、突发环境事件类型

（一）按事件等级分类

《国家突发环境事件应急预案》按照突发环境事件严重性和紧急程度，将突发环境事件分为特别重大环境事件、重大突发环境事件、较大突发环境事件、一般突发环境事件四级。

1. 特别重大突发环境事件

凡符合下列情形之一的，为特别重大突发环境事件：

（1）因环境污染直接导致 30 人以上死亡或 100 人以上中毒或重伤的；

（2）因环境污染疏散、转移人员 5 万人以上的；

（3）因环境污染造成直接经济损失 1 亿元以上的；

（4）因环境污染造成区域生态功能丧失或该区域国家重点保护物种灭绝的；

（5）因环境污染造成设区的市级以上城市集中式饮用水水源地取水中断的；

（6）Ⅰ、Ⅱ类放射源丢失、被盗、失控并造成大范围严重辐射污染后果的；放射性同位素和射线装置失控导致 3 人以上急性死亡的；放射性物质泄漏，造成大范围辐射污染后果的；

（7）造成重大跨国境影响的境内突发环境事件。

2. 重大突发环境事件

凡符合下列情形之一的，为重大突发环境事件：

（1）因环境污染直接导致 10 人以上 30 人以下死亡或 50 人以上 100 人以下中毒或重伤的；

（2）因环境污染疏散、转移人员 1 万人以上 5 万人以下的；

（3）因环境污染造成直接经济损失 2000 万元以上 1 亿元以下的；

（4）因环境污染造成区域生态功能部分丧失或该区域国家重点保护野生动植物种群大批死亡的；

（5）因环境污染造成县级城市集中式饮用水水源地取水中断的；

（6）Ⅰ、Ⅱ类放射源丢失、被盗的；放射性同位素和射线装置失控导致 3 人以下急性死亡或者 10 人以上急性重度放射病、局部器官残疾的；放射性物质泄漏，造成较大范围辐射污染后果的；

（7）造成跨省级行政区域影响的突发环境事件。

3. 较大突发环境事件

凡符合下列情形之一的，为较大突发环境事件：

（1）因环境污染直接导致 3 人以上 10 人以下死亡或 10 人以上 50 人以下中毒或重伤的；

（2）因环境污染疏散、转移人员 5000 人以上 1 万人以下的；

（3）因环境污染造成直接经济损失 500 万元以上 2000 万元以下的；

（4）因环境污染造成国家重点保护的动植物物种受到破坏的；

（5）因环境污染造成乡镇集中式饮用水水源地取水中断的；

（6）Ⅲ类放射源丢失、被盗的；放射性同位素和射线装置失控导致 10 人以下急性重度放射病、局部器官残疾的；放射性物质泄漏，造成小范围辐射污染后果的；

（7）造成跨设区的市级行政区域影响的突发环境事件。

4. 一般突发环境事件

凡符合下列情形之一的，为一般突发环境事件：

（1）因环境污染直接导致 3 人以下死亡或 10 人以下中毒或重伤的；

（2）因环境污染疏散、转移人员 5000 人以下的；

（3）因环境污染造成直接经济损失 500 万元以下的；

（4）因环境污染造成跨县级行政区域纠纷，引起一般性群体影响的；

（5）Ⅳ、Ⅴ类放射源丢失、被盗的；放射性同位素和射线装置失控导致人员受到超过年剂量限值的照射的；放射性物质泄漏，造成厂区内或设施内局部辐射污染后果的；铀矿冶、伴生矿超标排放，造成环境辐射污染后果的；

（6）对环境造成一定影响，尚未达到较大突发环境事件级别的。

上述分级标准有关数量的表述中，"以上"含本数，"以下"不含本数。

（二）按照污染介质分类

根据突发环境事件发生后污染介质的不同，我国突发环境事件主要包括：突发水环境污染事件，如 2015 年松花江水污染事件、"11·4"福建泉州泉港碳九泄漏事故等；突发大气环境污染事件，如秸秆焚烧引起江苏大范围烟霾天气事件、江苏泰州化工厂氯气泄漏事件等；突发土壤环境污染事件，如江苏常州毒地事件等；固体废弃物引起的突发环境事件，如安徽涡阳、利辛倾倒危险化学品事件等。

（三）按污染物类型分类

按照污染物类型可将突发环境事件分为有机物污染事件、无机物污染事件、重金属污染事件以及其他类污染事件，其中有机物污染事件是主要类型。

（四）按污染源类型分类

按照污染源类型分类，可划分为本地源和外地源。

（五）按事件起因分类

突发环境事件的形成有两种情况：一种是不可抗力造成的，包括在"自然灾害"类中；另一种是人为原因造成的，包括在"事故灾难"类中。目前，我国突发环境事件诱发原因主要集中在安全生产、交通事故、违法排污、自然灾害这四个方面。

三、突发环境事件特点

目前我国突发环境事件种类覆盖了所有环境要素，时间和季节特点较为突出，地域、流域分布不均，具有起因复杂、难以判断的典型特征，损害也多样，除可能造成死亡外，也可引起人体各器官系统暂时性或永久性的功能性或器质性损害；可能是急性中毒也可以是慢性中毒；不但影响受害者本人，也可影响后代；可以致畸，也可以致癌。同时，环境严重污染后，消除污染极为困难，处置措施不当，不仅浪费大量人力物力，还可能造成二次污染。具体来看，突发环境事件包括以下特点：

（一）发生发展的不确定性

突发环境事件往往是由同一系列微小环境问题相互联系、逐渐发展而来的，有一个量变的过程，但事件爆发的时间、规模、具体态势和影响深度却经常出乎人们的意料，即突发环境事件发生较为突然，一旦爆发，其破坏性的能量就会被迅速释放，其影响呈快速扩大之势，难以及时有效地予以预防和控制。同时，突发环境事件大多演变迅速，具有连带效应，以至于人们对事件的进一步发展，如发展方向、持续时间、影响范围、造成后果等很难给出准确的预测和判断。

（二）类型成因的复杂性

每种类型的突发环境事件的发生与发展具有不同的情景，在表现形式上多种多样，涉及的行业与领域众多，包含的影响因素很多，相互关系错综复杂。而就同一类型的污染危害表现形式，其事故的发生内因及所含的污染因素也可能较复杂或差别巨大，不同类型的突发环境事件在一定条件下还可以相互转化，甚至是不可分割、无法区分的。新时期下，更多的情况是不同类型的突发环境事件之间，甚至是突发环境事件与其他突发公共事件之间是共生或者相互衍生的关系。突发环境事件类型成因的复杂性赋予了突发环境事件新的内涵，为突发环境事件的预防、准备、处置和善后增加了困难，同时也为环境应急管理工作的发展提供了新的思路。

（三）时空分布的差异性

据统计，2006 年全国突发环境事件为 842 起，2007 年为 462 起，2008 年为 474 起，2009 年为 418 起，2010 年为 420 起，2011 年为 542 起，2012 年为 542 起，2013 年为 712 起，2014 年为 471 起，2015 年为 330 起，2016 年为 304 起，2017 年为 302 起，2018 年为 286 起，2019 年为 263 起，呈现出先增加后缓慢下降趋势。其中，浙江、江苏、广东、湖北、四川等地较多，突发环境事件在地域上呈现集中在经济发达省份的特点。时间和季节特点较为突出。每年"五一""十一"前夕和第四季度，安全生产事故、交通事故频发，引发的危险化学品污染事件较多；枯水期间，水污染事件较多；冬季，大气污染事件较多等。

（四）侵害对象的公共性

突发环境事件归根结底是突发事件的一种。因此，同其他突发事件一样，突发环境事件涉及和影响的主体可以包括个体、组织和社会等各种主体，可能影响面和涉及范围巨大。也有一些突发事件直接涉及的范围不一定很大，却因为事件的迅速传播引起社会公众的普遍关注，成为社会热点问题，并可能造成巨大的公共损失、公众心理恐慌和社会秩序混乱等。也就是说，突发事件可能源于他人、他地，但是在一个开放的社会系统中，突发事件使公众对事态的关注程度越来越高，甚至使公众的身心变得紧张，从而使政府有必要通过调动相当的公共资源，进行有序地组织协调妥善解决。

（五）危害后果的严重性

突发环境事件往往涉及的污染因素较多，排放量也较大，发生又比较突然，危害强度大。排放有毒有害物质进入环境中，其破坏性强，不仅会打乱一定区域内的正常生活、生产秩序，还会造成人员的伤亡、财产的巨大损失和生态环境的严重破坏。有些有毒有害物质对人体或环境的损害是短期的，有些则是累积到一定程度之后才能反映出来，而且持续时间较长，难以恢复。因此，突发环境事件的监测、处置比一般的环境污染事件的处理更为艰巨与复杂，难度更大。值得关注的是，随着经济的高速发展，目前我国正处于突发环境事件的高发期，对国家环境安全构成潜在的巨大威胁，成为我国和谐社会建设、生态文明建设的重大障碍（环境保护部环境应急指挥领导小组办公室，2011a；许静等，2018；韩从容，2012）。

第二节　突发环境事件应急处置

一、应急处置基本原则

突发环境事件应对工作坚持"统一领导、分级负责，属地为主、协调联动，快速反应、科学处置，资源共享、保障有力"的原则。突发环境事件发生后，各级人民政府和有关部门应立即按照职责分工和相关预案开展应急处置工作。

生态环境部负责重特大突发环境事件应对的指导协调和环境应急的日常监

督管理工作。根据突发环境事件的发展态势及影响，生态环境部或省级人民政府可报请国务院批准，或根据国务院领导同志指示，成立国务院工作组，负责指导、协调、督促有关地区和部门开展突发环境事件应对工作。必要时，成立国家环境应急指挥部，由国务院领导同志担任总指挥，统一领导、组织和指挥应急处置工作；国务院办公厅履行信息汇总和综合协调职责，发挥运转枢纽作用。

县级以上地方人民政府负责本行政区域内的突发环境事件应对工作，明确相应组织指挥机构。跨行政区域的突发环境事件应对工作，由各有关行政区域人民政府共同负责，或由有关行政区域共同的上一级地方人民政府负责。对需要国家层面协调处置的跨省级行政区域突发环境事件，由有关省级人民政府向国务院提出请求，或由有关省级生态环境主管部门向生态环境部提出请求。

根据突发环境事件的严重程度和发展态势，将应急响应设定为Ⅰ级、Ⅱ级、Ⅲ级和Ⅳ级四个等级。初判发生特别重大、重大突发环境事件，分别启动Ⅰ级、Ⅱ级应急响应，由事发地省级人民政府负责应对工作；初判发生较大突发环境事件，启动Ⅲ级应急响应，由事发地设区的市级人民政府负责应对工作；初判发生一般突发环境事件，启动Ⅳ级应急响应，由事发地县级人民政府负责应对工作。

二、应急处置基本程序

（一）应急响应程序

《国家突发环境事件应急预案》对突发环境事件应急响应工作做了详细规定。省生态环境厅负责参与特别重大或重大突发环境事件以及认为有必要参与调查的较大突发环境事件的调查处置工作。初判较大突发环境事件，由事发地设区的市级人民政府负责应对；初判一般突发环境事件，由事发地县级人民政府负责应对工作。《国家突发环境事件应急预案》将突发环境事件应急响应分为信息报告与通报、应急响应、后期工作三部分。

1. 信息报告与通报

突发环境事件发生后，涉事企业事业单位或其他生产经营者必须立即采取应对措施，并立即向当地生态环境主管部门和相关部门报告，同时通报可能受到污染危害的单位和居民。因生产安全事故导致发生突发环境事件的，安全监管等有关部门应当及时通报同级生态环境主管部门。生态环境主管部门通过互联网信息监测、环境污染举报热线等多种渠道，加强对突发环境事件的信息收集，及时掌握突发环境事件发生情况。

事发地生态环境主管部门接到突发环境事件信息报告或监测到相关信息后，应当立即进行核实，对突发环境事件的性质和类别做出初步认定，按照国家规定的时限、程序和要求向上级生态环境主管部门和同级人民政府报告，并通报同级其他相关部门。突发环境事件已经或者可能涉及相邻行政区域的，事发地人民政府或生态环境主管部门应当及时通报相邻区域同级人民政府或生态环境主管部门。地方各级人民政府及其生态环境主管部门应当按照有关规定逐级上报，必要时可越级上报。

接到已经发生或者可能发生跨市州行政区域的突发环境事件信息时，省生态环境厅要及时通报相关市州生态环境主管部门。

同时，对初判为特别重大或重大突发环境事件；可能或已引发大规模群体性事件的突发环境事件；可能造成国际影响的境内突发环境事件；境外因素导致或可能导致我境内发生突发环境事件；省级人民政府和生态环境部认为有必要报告的其他突发环境事件五类特殊突发环境事件，在信息报告方面《国家突发环境事件应急预案》中给出了更加严格的信息报告要求，明确以上五类事件信息，市州人民政府和省生态环境厅应当立即向省人民政府报告，省人民政府接到报告后应当立即向国务院报告，市州人民政府应对这些类型突发环境事件能力稍微薄弱，这些事件的应急处置往往需要投入省、市两级，甚至国家层面应急救援力量协助进行处置，国家明确要求相关部门收到这些突发环境事件信息后立即上报，可以为事件应急处置争取时间，有利于在最佳处置时间内将污染物控制和消除，避免环境污染和事件危害进一步扩大。

1）信息报告时限和程序

突发环境事件的信息报告时限可以概括为"4、2、1"三个数字。

"4"即对初步认定为一般或者较大突发环境事件的，事件发生地市州或者县市区生态环境主管部门应当在4小时内向本级人民政府和上一级生态环境主管部门报告。

"2、1"即对初步认定为重大或者特别重大突发环境事件的，事件发生地市州或者县市区人民政府生态环境主管部门应当在 2 小时内向本级人民政府和省级生态环境主管部门报告，同时上报省人民政府和生态环境部。省级生态环境主管部门接到报告后，应当进行核实并在 1 小时内报告省人民政府，同时报告生态环境部。

突发环境事件处置过程中事件级别发生变化的，应当按照变化后的级别报告信息。

突发环境事件发生后，事件信息首批接收者，会存在一时无法判明等级不知按照"4、2、1"中哪个时限上报信息的情况，那么针对这种情况，在考虑避免因不知信息报送时限而延误一些敏感突发环境事件信息报送工作，《国家突发环境事件应急预案》中有如下规定：

发生对饮用水水源保护区造成或者可能造成影响的；涉及居民聚居区、学校、医院等敏感区域和人群的；涉及重金属或者类金属污染的；有可能产生跨省或者跨国影响的；因环境污染引发群体性事件，或者社会影响较大的；地方生态环境主管部门认为有必要报告的其他突发环境事件。当一时无法判明上述突发环境事件等级时，事件发生地市州、县市区人民政府和生态环境主管部门应当按照重大或特别重大突发环境事件的报告程序上报。

2）信息报告方式和内容

突发环境事件的报告分为初报、续报和处理结果报告。

初报在发现或者得知突发环境事件后首次上报，续报在查清有关基本情况、事件发展情况后随时上报，处理结果报告在突发环境事件处理完毕后上报。

初报：应当报告突发环境事件的发生时间、地点、信息来源、事件起因和性质、基本过程、主要污染物和数量、监测数据、人员受害情况、饮用水水源地等环境敏感点受影响情况、事件发展趋势、处置情况、拟采取的措施以及下一步工作建议等初步情况，报送的信息要准确全面，强化信息审核，突出污染物质、污染范围、事发点周边敏感环境目标等信息核报，信息报告要附现场照片，必要时提供视频等材料。

续报：应当在初报的基础上，报告有关处置进展情况。

处理结果报告：应当在初报和续报的基础上，报告处理突发环境事件的措施、过程和结果，突发环境事件潜在或者间接危害以及损失、社会影响、处理后的遗留问题、责任追究等详细情况。

3）信息报告要求

突发环境事件信息应当采用传真或面呈等方式书面报告；情况紧急时，初报可通过电话报告，但应当在1小时内补充书面报告。

书面报告中应当载明突发环境事件报告单位、报告签发人、联系人及联系方式等内容，并尽可能提供地图、图片以及相关的多媒体资料。

具体报告时限、程序和要求根据《突发环境事件信息报告办法》要求执行。

2. 应急响应

1）先期处置

突发环境事件发生后，事发单位应当立即启动突发环境事件应急预案，指挥本单位应急救援队伍和工作人员营救受害人员，做好现场人员疏散和公共秩序维护工作；通报可能受到污染危害的单位和居民，按规定向当地人民政府和有关部门报告；控制危险源，采取污染防治措施，防止发生次生、衍生灾害和危害扩大，控制污染物进入环境的途径，尽量降低对周边环境的影响。

事发地人民政府接到信息报告后，要立即派出有关部门及应急救援队伍赶赴现场，迅速开展处置工作，控制或切断污染源，全力控制事件态势，避免污染物扩散，严防发生二次污染和次生、衍生灾害。组织、动员和帮助群众开展安全防护工作。

2）响应分级

根据突发环境事件的严重程度和发展态势，将应急响应设定为Ⅰ级、Ⅱ级、Ⅲ级和Ⅳ级四个等级，分别对应特别重大、重大、较大、一般突发环境事件。

初判发生特别重大或重大突发环境事件时，由省人民政府分别启动Ⅰ级或Ⅱ级应急响应。这时我们需要采取以下一些措施开展事件应对：

组织专家进行会商，研究分析突发环境事件影响和发展趋势。

根据需要，协调各级、各专业应急力量开展污染处置、应急监测、医疗救治、应急保障、转移安置、新闻宣传、社会维稳等应对工作。

根据需要，成立并派出现场指挥部，赶赴现场组织、指挥和协调现场处置工作。

统一组织信息报告和发布，做好舆论引导。

向受事件影响或可能受影响的省内有关地区或相近、相邻省区通报情况。

研究决定市州、县市区人民政府和有关部门提出的请求事项。

协助生态环境部开展事件调查和损害评估工作。

视情请求相近、相邻省区支援。

配合应急管理部或工作组开展应急处置工作。

初判发生较大突发环境事件时，由事发地市州人民政府负责启动Ⅲ级应急响应并负责突发环境事件的应对工作。采取措施可以参考Ⅰ级或Ⅱ级应急响应措施，但具体应根据各市人民政府《突发环境事件应急预案》中确定的应急响应措施开展应对。

初判发生一般突发环境事件时，由事发地县市区人民政府负责启动Ⅳ级应急响应并负责突发环境事件的应对工作。但具体应根据各县（区）人民政府《突发环境事件应急预案》中确定的应急响应措施开展应对。

突发环境事件发生在易造成重大影响的地区或重要时段时，可适当提高响应级别。应急响应启动后，可视事件损失情况及其发展趋势调整响应级别，避免响应不足或响应过度。

3）响应措施

突发环境事件发生后，各有关地方人民政府、有关部门和单位根据工作需要，组织采取以下措施。

（1）现场污染处置。

事发地人民政府应组织制订综合治污方案，采用监测和模拟等手段追踪污染气体扩散途径和范围；采取拦截、导流、疏浚等形式防止水体污染扩大；采取隔离、吸附、打捞、氧化还原、中和、沉淀、消毒、去污洗消、临时收贮、微生物消解、调水稀释、转移异地处置、临时改造污染处置工艺或临时建设污染处置工程等方法处置污染物。必要时，要求其他排污单位停产、限产、限排，减轻环境污染负荷。

（2）转移安置人员。

根据突发环境事件影响及事发当地的气象、地理环境、人员密集度等，建立现场警戒区、交通管制区域和重点防护区域，确定受威胁人员疏散的方式和途径，有组织、有秩序地及时疏散转移受威胁人员和可能受影响地区居民，确保生命安全。妥善做好转移人员安置工作，确保有饭吃、有水喝、有衣穿、有住处和必要医疗条件。

（3）医学救援。

迅速组织当地医疗资源和力量，对伤病员进行诊断治疗，根据需要及时、安全地将重症伤病员转运到有条件的医疗机构加强救治。指导和协助开展受污染人员的去污洗消工作，提出保护公众健康的措施建议。视情增派医疗卫生专家和卫生应急队伍、调配急需医药物资，支持事发地医学救援工作。做好受影响人员的心理援助。

（4）应急监测。

加强大气、水体、土壤等应急监测工作，根据突发环境事件的污染物种类、性质以及当地自然、社会环境状况等，明确相应的应急监测方案及监测方法，确定监测的布点和频次，调配应急监测设备、车辆，及时准确监测，为突发环境事件应急决策提供依据。

（5）市场监管和调控。

密切关注受事件影响地区市场供应情况及公众反应，加强对重要生活必需品等商品的市场监管和调控。禁止或限制受污染食品和饮用水的生产、加工、流通和食用，防范因突发环境事件造成的集体中毒等。

（6）信息发布和舆论引导。

通过政府授权发布、发新闻稿、接受记者采访、举行新闻发布会、组织专家解读等方式，借助电视、广播、报纸、互联网等多种途径，主动、及时、准确、客观向社会发布突发环境事件和应对工作信息，回应社会关切，澄清不实信息，正确引导社会舆论。信息发布内容包括事件原因、污染程度、影响范围、应对措施、需要公众配合采取的措施、公众防范常识和事件调查处理进展情况等。

（7）维护社会稳定。

加强受影响地区社会治安管理，严厉打击借机传播谣言制造社会恐慌、哄抢救灾物资等违法犯罪行为；加强转移人员安置点、救灾物资存放点等重点地区治安管控；做好受影响人员与涉事单位、地方人民政府及有关部门矛盾纠纷化解和法律服务工作，防止出现群体性事件，维护社会稳定。

4）响应终止

当事件条件已经排除、污染物质已降至规定限值以内、所造成的危害基本消除时，由启动响应的人民政府终止应急响应。

3. 后期工作

1）损害评估

突发环境事件应急响应终止后，要及时组织开展污染损害评估，并将评估结果向社会公布。评估结论可作为事件调查处理、损害赔偿、环境修复和生态恢复重建的依据。

突发环境事件损害评估工作按照生态环境部规定执行。

2）事件调查

突发环境事件发生后，根据有关规定，由生态环境主管部门牵头，可会同监察机关及相关部门，组织开展事件调查，查明事件原因和性质，提出整改防范措施和处理建议。

生态环境部负责组织特别重大和重大突发环境事件的调查处理；省生态环境厅负责组织较大突发环境事件的调查处理；市州生态环境主管部门视情况负责组织一般突发环境事件的调查处理。

上级生态环境主管部门可视情委托下级生态环境主管部门开展调查处理，也可对由下级生态环境主管部门负责的突发环境事件直接组织调查处理，并及时通知下级生态环境主管部门。下级生态环境主管部门认为需要由上一级生态环境主管部门调查处理的，也可报请上一级生态环境主管部门决定。

3）善后处置

事发地人民政府要及时组织制订补助、补偿、抚慰、抚恤、安置和环境恢复等善后工作方案并组织实施。保险机构要及时开展相关理赔工作。

第二章
突发环境事件应急处置技术方法

  应急处置技术是应对突发环境事件的"硬核心",在突发环境事件应对过程中选择适宜的环境应急处置技术,对提高事件的应急处置效率、效果具有决定性作用,综述现阶段我国突发环境事件应急处置技术研究现状可以得出,2005年松花江水污染事件后,突发环境事件应急处置理论和技术方面的研究逐渐增多。特别是近几年随着国家对环境安全和防范化解环境风险隐患的重视,专家学者针对突发环境事件基础理论研究逐渐成熟,对突发环境事件应急处置技术也有所探索研究,但缺乏引用实践的研究,特别是一些水处理、大气处理方面成熟技术在突发环境事件处理中应用的成体系研究报道较少,这方面研究的欠缺不能满足现阶段环境应急人员在开展现场处置时的现实需求。因此,对现阶段常用的环境应急处置技术方法进行归纳总结,形成了环境应急处置的基本方法,主要有陆地封堵、拦截、吸附、絮凝沉淀、稀释、焚烧、冷却防爆、中和等,本章详细阐述了每种技术方法的使用场景及使用方法,并配以典型案例应用场景进行说明。

  突发水污染事件是环境应急中比较常见的一种突发环境事件类型,相比于突发大气污染事件、土壤污染事件,突发水环境事件因污染物随水体流动,极易造成跨界突发环境事件发生或对河流饮用水源地水质安全造成威胁,危害大、处置难度大。回顾历史事件,突发水污染事件应急处置中,先期拦截、隔离污染团至关重要,只有控制或减缓污染团的流动,才能掌握处置主动权,很多处置案例暴露出,一些地方在处置中常常是"跟在污染团后跑",应急处置陷入被动。而要在有限的时间内，高效拦截、隔离污染团，对其相应的拦截、隔离工程设施的修筑进行研究、掌握必不可少。

处置突发环境事件，特别是处置突发水环境事件时，常用的应急工程设施主要有浮油－围油栏、截流坝、清水拦截坝、活性炭拦截坝、深水区漂浮物吸附、清水导流等，本章逐一列出了上述常用应急工程设施的修筑方式和修筑技术要点，并配以修筑设计图纸和典型案例应用场景。考虑应急工程设施修筑受地理位置、河流水量、污染物浓度以及事发地环境应急物资储备等的影响，因此根据不同影响因素给出了多种应急工程设施选择修筑的条件，帮助应急人员针对不同应急处置情景，选取不同的应急处理方法（何长顺，2011；环境保护部环境应急指挥领导小组办公室，2010a）。

第一节　环境应急处置基本方法

一、陆地封堵、拦截及其应用示例

陆地封堵、拦截就是采用一切可能的措施，将污染物控制在最小的范围之内，防止其扩散。常采用的措施如下：

（一）路边导流渠内设置围堰拦截

示例 1：2018 年 4 月 21 日凌晨 3 时 50 分左右，十堰－天水高速公路秦州服务区附近发生一起拉运危化品车（据初步核算，车内装有 31t 五硫化二磷）被同向行驶的白糖拉运车辆追尾事故，致使危化品车辆燃烧，现场产生大量烟气（图 2-1）。事发地距离附近灰水河约 70m（灰水河事发点处约 20km 汇入南沟河，后经 15km 左右汇入蔪河）。事发后，现场处置工作组，采取水泥封存事故车辆、调运水泥对路面燃烧遗留物进行覆盖处置、在高速公路路基下导流渠设置两道围堰拦截泄漏物（图 2-2）、紧急疏散事故点周边 100m 范围内杨川村居民等措施，全力拦截现场燃烧残留物、最大限度减小事件对周围环境和人民群众的影响。

图2-1　事发现场　　　　　　图2-2　路边和路边水渠设置围堰拦截

示例2：2011年1月1日凌晨5时，一辆由新疆哈密开往陕西榆林载有约30t煤焦油罐车，在行驶至连云港－霍尔果斯高速公路玉门东收费站向东3km处时发生侧翻事故，所载煤焦油全部泄漏至高速公路南侧排水旱渠内（污染长度约60m）（图2-3）。事故现场周边无居民、河流、饮用水源地及学校、医院等环境敏感点。由于现场气温较低，泄漏煤焦油挥发性不强且全部凝固，现场处置人员封锁现场，拦截泄漏到水渠的煤焦油（图2-4），收集清除现场泄漏所有煤焦油，及时清理被污染的土壤运往陕西榆林可接受煤焦油的公司再用。

图2-3　煤焦油流入高速公路排水渠中　　图2-4　围堰拦截泄漏到排水渠中的煤焦油

（二）封堵源头、拦截坝拦截

示例1：2009年4月25日，河北省张家口市某矿业公司职工发现公司尾矿库旧的排水斜槽进水，导致4000多立方米含氰化物尾矿废水泄漏，废水流入附近河流，受污染水体自尾矿库至下三道河，长约22km，距张家口市约50km。由于沿程张家口市河道施工截流和橡皮坝景观用水拦截，受污染的水被拦截在事发河流，没有进入下级河流。企业及当地政府迅速对泄漏点进行及时封堵和加固。事故发生 1 小时后，尾矿库废水回水系统的漏水口封堵加固任务基本完成，废水外排的局面得到有效控制。

示例 2：2008 年 7 月 22 日 5 时 30 分左右，位于陕西省山阳县的双河钒矿，因尾矿库 1 号排洪斜槽竖井井壁及其连接排洪隧洞进口端突然发生塌陷，约 9300m³ 的尾矿泥沙和库内废水泄漏，造成该县王闾乡双河、照川镇东河约 6km 河段河水受到污染，450 亩[①]农田被淤积淹没，危及出陕进入湖北郧西谢家河流域环境安全。抢险控污指挥部紧急会商确认塌陷点，分析论证污染防控方式，在充分听取专家意见的基础上，及时制定了塌陷点（图 2-5）封堵和污染物控制的具体工作方案。采取抛填充物料等方式，对塌陷斜槽实施了封堵，至 7 月 23 日 19 时，塌陷斜槽封堵成功，尾沙污水泄漏得到有效控制，尾矿库大坝排洪口出水正常，塌陷泄漏险情成功排除。同时，严格防止污染扩散。此次污染事故主要是氨氮超标。经拦蓄沉淀处理后，河水水质 pH、化学需氧量均达到《地表水环境质量标准》（GB3838—2002）中Ⅲ类水质标准，氨氮含量明显下降，当地农业生产基本未受影响（环境保护部环境应急指挥领导小组办公室，2011a）。

图2-5　事故现场图

（三）防止雨水冲刷扩散

示例：2012 年 8 月 10 日，湖南省资兴市三都镇某化工厂粗苯生产车间一储存罐阀门腐蚀断裂，导致约 200kg 粗苯泄漏，其中，约 60kg 粗苯流入附近

---

① 1 亩 ≈ 666.67m².

河流。事故发生后，当地政府进行紧急处置，全力封堵泄漏源和沿途取水口，处理污染物，动态监测空气和水质。10日泄漏源头即已得到控制。随后，事故处置工作重点转向污染源头的后续处置。事发车间距宝源河河岸约30m，为防范降雨影响，当地在粗苯泄漏罐区及外围斜坡区、河床围堵区搭建了雨棚，防止雨水冲刷地面残留粗苯。泄漏区受污染的土壤、砂石和残留水采取置换处理，污水和污泥依法运送至安全地区处置。泄漏区裸露的泥石斜坡段浇筑混凝土永久封闭。为防止清污作业时产生火花引燃残留粗苯，现场设置了一台泡沫灭火消防车监控待命，同时加设一道防爆隔离警戒线。相关部门也加大了鱼禽产品的排查和检验力度，以确保食品安全。

（四）过滤拦截、综合处置

示例：2015年3月7日10时左右，湖南省长沙市宁乡县（现宁乡市）经济开发区某新材料生产公司因硫酸与氧化钴反应爆炸引发大火，导致邻近的一大型车间也被烧毁。在距离火灾现场数千米范围内都能闻到刺鼻的气味，可能有有毒气体逸散。火灾发生后，消防部门迅速调集23台消防车150余名消防救援人员赶往现场进行处置。因火灾来势凶猛，当地环卫洒水车也被调动参与救火，经过3个多小时的救援，火灾基本得到控制。但新问题又呈现在人们的面前，该公司旁边的一条小河流有棕黑色污水流出，现场检测pH小于1，强酸性，如酱油般的疑似化工污水流往下游。当地政府迅速装来几大卡车河沙，装成沙袋丢入下水道，对污水进行过滤处理，设立多个围堤，阻止废水流入沩水河，加入石灰及氢氧化钠中和。最终，废水没有进入沩水河。

二、吸附

（一）公路上利用一切可以吸附的材料，因地制宜随时吸附

示例1：2016年11月15日14时，甘肃省兰州市城关区雁儿湾东出口向东500m、某小区对面50m处，某物流园内一辆散桶装三氯丙酮货车（图2-6）因装卸不当造成一桶跌落破损泄漏，桶内有三氯丙酮250kg，泄漏量约为3/4桶，污染面积约5m²。泄漏导致货车司机眼睛灼伤，送医院就医。当地政府应急办根据环保部门建议，对泄漏物质采用活性炭吸附（图2-7）和砂土覆盖

（图2-8）方式降低挥发，减少污染。同时利用砂土设置环形围挡，阻止泄漏液体进入下水管网。危废处置工作人员对砂土及泄漏物进行收集清扫装袋。随后采取活性炭（约600kg）对现场进行最终洒覆（图2-9）。

图2-6 肇事车辆

图2-7 活性炭吸附

图2-8 砂土覆盖

图2-9 活性炭洒覆

示例2： 2017年3月23日6时30分许，一辆载有二甲基二硫（160桶、32t）的半挂车沿连云港－霍尔果斯高速公路行驶至甘肃省张掖市山丹县时发生侧倾，导致8桶变形、4桶破裂，破裂严重的4桶造成约600kg二甲基二硫泄漏，漏至10余平方米范围内的高速公路路面和路肩；事故未造成人员伤亡，事故点周边7kg内无居民、河流、饮用水源等环境敏感点。事故发生后，当地市委带领相关部门，一是交通封闭；二是开展二甲基二硫包装桶的转移工作，对泄漏的二甲基二硫采取炉渣和活性炭混合吸附处置措施（图2-10）。收集吸附二甲基二硫的炉渣和活性炭混合物运至危废处理单位安全处置；未破损的桶装二甲基二硫就近送往某盐化公司。事故现场如图2-11所示。

图2-10　炉渣和活性炭吸附　　　　　　　　图2-11　事故现场

（二）水中利用活性炭等材料吸附

示例：2018 年 4 月 9 日 15 时 40 分许，陕西省某运输公司油罐车从银川开往汉中途中，行驶至泾川县内省道 304 线 1km+500m 处，与相向行驶的一辆翻斗车相撞肇事，导致油罐车油罐破裂、车辆倾斜，24t 柴油（油罐车实载柴油 31t，扶正后尚存 7t）泄漏至道路路面和汭河干河床，约 12.35t 柴油进入汭河（汭河先流入泾河，后在长庆桥进入庆阳市内，由长宁桥进入陕西省）。

事件发生后，县政府第一时间在泾河沿线布设三道油污吸附拦截坝（图 2-12）。平凉、庆阳两市先后在泾河罗汉洞丈八寺段至长庆桥出境断面设立拦截坝（带）72 道，在水体内布设吸油毡、吸油棒、棉被、活性炭、拦油索，

（a）　　　　　　　　　　　　　　（b）

图2-12　构筑不同形式的拦截坝

通过喷洒清洁剂等方式，过滤、吸附、消除水体表面浮油（图2-13）。并设立了两处水泥涵管桥（图2-14），放置活性炭，有效地降解了石油类浓度，此项处置措施为后期应急处置达标起到了决定性的作用。

（a）铺设吸油毡吸油带吸附

（b）捆扎玉米秸秆做拦油带

（c）捆绑活性炭袋吸附

（d）拦油索

（e）利用竹筐构筑吸附带

图2-13　过滤、吸附、消除水体表面浮油

(a) 钢管、塑料网箱构筑油污吸附拦截坝　　　(b) 依托涵管桥构筑吸附拦截坝

图2-14　因地制宜构筑吸附拦截坝

三、混凝沉淀

示例：2015年11月23日21时许，甘肃某尾矿库内溢流井水面下约6m处隐蔽部分封堵井圈出现破裂，导致溢流井周围大量尾矿砂流入隧洞，与库区内积水及库区外山体来水混合后先流入太石河，而后汇入西汉水，最终进入嘉陵江。污染水体流经甘肃段总长约120km，致甘肃省西和县、成县、康县，陕西省略阳县及四川省广元市流域锑浓度超标。重点处置措施为技术降污。先后沿河设置8处投药点，连续24小时投放硫酸、盐酸等pH调节剂以及硫酸亚铁、聚合硫酸铁（PFS）等助凝剂，采用混凝沉淀原理药剂按照一定比例溶解后，采用加药设施投放，如图2-15所示。

(a) 临时溶药池1　　　　　(b) 临时溶药池2　　　　　(c) 临时溶药池3

(d) 加药设施1　　　　　(e) 加药设施2　　　　　(f) 加药设施3

图2-15　混凝沉淀措施中的临时溶药池和加药设施

四、稀释

（一）自来水、消防水的小规模稀释

示例 1：2009 年 3 月 12 日 14 时 10 分，重庆市某药业有限公司原料供应商回收空桶，由于该回收公司搬运工操作不当，将一个装有 400kg 氨气的钢罐阀门撞坏并造成氨气泄漏，致使在场的搬运工人一死一伤，泄漏持续时间约 2min，泄漏量为 3 ～ 5kg。事故发生后，该公司立即采取紧急堵漏和救援措施，采用大量自来水冲散泄漏氨气，并将处置过程中产生的废水排入废水处理系统（环境保护部环境应急指挥领导小组办公室，2011a）。

示例 2：2009 年 8 月 5 日 8 时 45 分左右，一辆辽宁抚顺某化工厂装载约 30t 液态氨的罐装车在赤峰某制药厂卸载液态氨过程中，金属软导管突然发生破裂，造成液氨泄漏。截至 8 月 7 日 10 时，事故造成 21 人住院治疗，其中 3 人受伤较重，但无生命危险，88 人有刺激性反应在门诊观察，137 人离院回家。事故原因认定为：一是液氨罐车自带卸车金属软管存在质量问题。金属软管表面老化，磨损严重，局部有鼓包现象。二是罐体的紧急切断阀失灵。液氨泄漏后罐车司机马上到车尾部关闭紧急切断阀，阀门失灵，未能及时切断泄漏源。三是液氨罐车存在"超核定载重"现象。当地公安部门及时封锁控制现场，消防部门用消防水对泄漏液态氨进行降温稀释，控制氨气挥发。8 月 5 日 10 时 15 分左右罐车阀门被关闭，彻底切断了泄漏源。为防止含液氨消防冲洗水对污水处理厂造成冲击，相关人员立即通知赤峰市中心城区污水处理厂紧急关闭入水阀门，暂时停止运行，通知红山区红庙子镇水利公司关闭红庙子灌区进水口。应急专家组根据信息组提供的现场信息，提出了水污染应急处置方案和用盐酸溶液稀释建议，并通过综合协调组责成该制药厂应急车辆配制盐酸溶液。水污染事故处理组派出三组人员对流入英金河道的碱性消防冲洗水团进行追踪监测，对从红山根闸口开始向下游的 1500m、2500m、4000m、4900m 梯次进行了现场监测，随时掌握河道水质变化情况和污染水团运动规律，用 8t 盐酸溶液对污染水团进行了中和处理。通过稀释中和，并及时通报有关可能被危害的对象，减轻和消除了因液氨泄漏造成的周围环境污染。到 8 月 6 日，大气、地下水、地表水的监测结果均符合综合排放标准值（环境保护部环境应急指挥领导小组办公室，2011a）。

示例3：2006年5月31日10时，某化肥有限公司3号液氨储罐（图2-16）出口阀门阀体破裂，造成液氨泄漏。该液氨储罐设计容积为100m³，储量50t，事故发生时为6t。截至5月31日11时，储罐泄漏已完全控制。事故发生后，当地政府组织相关部门迅速启动应急救援预案，切断有关连接管线，采取向泄漏部位喷水吸收稀释的方法，迅速控制了险情，并立即组织开展环境应急监测（图2-17），测定周边环境中污染物浓度对伤员抢救及周围人员疏散。此次事故的消防用水（约50t）排入1800m³的循环池内存储并用酸中和（环境保护部环境应急指挥领导小组办公室，2011a）。

图2-16　发生泄漏的3号氨气罐　　　图2-17　环境应急监测车启动

（二）江河水域的大规模水利调蓄稀释

示例1：2013年7月1日17时，距广西贺州30km的八步区步头镇贺江断面网箱养鱼户出现网箱不明原因、数量不详的死鱼；7月5日中午起，距广西贺州70km的信都镇贺江断面网箱养鱼也出现死鱼现象。经现场调查勘测，扶隆码头部分断面（位于该区与广东省交界处贺江上游约500m）的镉浓度为0.01089mg/L，超标1.2倍，铊浓度达到0.000314mg/L，超标2.1倍。7月6日上午，与贺州接壤的广东省肇庆市封开县南丰镇河段出现少量鱼类死亡现象。根据《泛珠三角区域内地9省（区）突发事件信息通报制度》相关规定，7月6日上午，广西壮族自治区政府将污染相关情况通报广东省人民政府，建议下游政府马上采取应急措施。两省（区）相应启动贺江流域水质污染事件应急响应，将此次事件定性为铊、镉重金属流域水污染事件。

在接到广西方面关于贺江水污染事件的通报和南丰镇关于发现死鱼的情况汇报后，封开县立即启动应急预案，要求贺江沿线村民和餐饮单位停止食用贺江水和加工食用贺江水产品；及时打捞收集贺江流域出现的死鱼，并进行无害化集中处理。对于受此次事件影响最大的南丰镇，该镇在南丰镇自来水厂短暂停水后，每天从其他地方运送安全饮用水和矿泉水到此镇，并有秩序地发放到群众手中。相关单位加快了应急备用水源工程和自来水厂工艺改造工作的进度。采用碱性条件下化学氧化以及高效澄清工艺为核心的应急净化技术路线，对南丰镇、江口镇自来水厂进行工艺改造，降低出厂水铊、镉含量，实现在进厂水铊浓度超标 2 倍以下的情况下，出厂水能处理达到相关饮用水标准，为江口镇自来水厂、南丰镇自来水厂恢复常态供水提供技术支撑。同时，在江口镇和南丰镇开始建设应急备用水源工程。

　　科学调度流域水资源。根据铊、镉元素的特性，处置受铊、镉污染水体最有效的办法是调水稀释。针对贺江来水量大幅减少和合面狮水库拦蓄能力已超极限等水情动态变化情况，封开县根据两省（区）共同制订的《贺江应急水量调度方案》，充分利用贺江区间清洁水自然稀释特征污染物，在确保防洪安全前提下，在污染水团入库时尽量关闸蓄水，以增加各水库稀释作用。封开县积极与广西方进行配合，沟通相关部门进行应急水量的调度工作，加强贺江流域各控制断面的水量水质监控工作，联合广西的龟石水库、合面狮水库和爽岛水库对该县的江口电站、白垢电站、都平电站实施联合调度，有效延长贺江水质污染团滞留时间，使污染物在贺江河段浓度最小化。有效利用调水稀释污染物，确保了贺江封开以下河段水质达标。在切断污染源工作上，贺州方面在事件发生后立马对沿江企业进行拉网式排查，确定了本次事件的重要污染源（环境保护部环境应急指挥领导小组办公室，2015）。

　　示例 2：2018 年 1 月 17 日，河南省南阳市淇河发生有机磷污染事件，事发点距丹江约 30km、距丹江口水库约 75km。指挥部采取关闭电站闸坝、筑坝拦蓄、分流稀释等应急处置措施。在上河电站坝下 800m 处河道狭窄处建设围堰应急池，形成临时应急池。电站有两个分水通道，利用泄洪池把污水引入应急池，再利用引水渠引流清水，在电站坝下 1km 处实现清污配比，稀释排放。同时，围堰预留两个引流钢管，一高一低，一大一小，流量不同，可根据坝前水位和上游清水来量控制污水排放量，具体如图 2-18 所示[①]。

[①] 生态环境部环境应急指挥领导小组办公室. 2020. 突发环境事件典型案例选编（第三辑）（征求意见稿）.

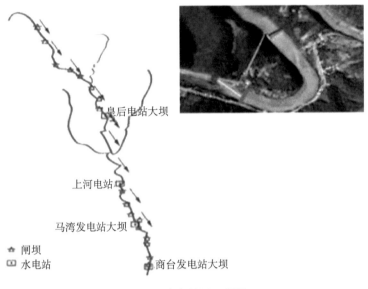

皇后电站大坝

上河电站

马湾发电站大坝

 🏛 闸坝
 🏭 水电站
商台发电站大坝

图2-18　应急处置工程图

五、焚烧

焚烧是针对可燃污染物较直接、快捷的处置方法。该方法主要针对石油及其他可燃化学品，但注意焚烧要远离居民点及其他敏感地点、在通风条件好的空旷地点进行。

示例： 2006年10月24日，四川省乐山市沙湾区省道103线顺河路段一辆运载三级危化品粗苯的罐车为避让一辆摩托车，与一辆东风大卡车相撞后冲出路基，造成粗苯泄漏（图2-19）。乐山市110指挥中心接到报警后，乐山市沙湾区交警、消防和巡警立即出动，沙湾区公安局调动了上百民警到达现场：巡警抢救4名伤者，消防车喷洒水龙（图2-20），交警在10min内把所有附近居民及围观群众撤离到安全地带，对公路实施了严厉的交通管制。乐山市环境保护局紧急指示：现场人员必须戴上防毒面具、湿口罩；粗苯易爆炸，现场绝不能有火花，关掉所有手机；立即堵住罐口渗漏处，把泄漏进泥土的粗苯彻底铲起来送回处理；将沿公路的排洪沟堵断，用河沙、木屑来吸附里面可能沾染粗苯的污水，最后将吸附物取出来焚烧以化解毒素。经过近4个小时紧张抢险，险情被成功排除（环境保护部环境应急指挥领导小组办公室，2015）。

图2-19 泄漏点　　　　　　　　　　图2-20 消防喷淋

六、冷却防爆

示例：2007年12月27日15时，山东省滨州市沾化县（现沾化区）内，1辆由滨州开往天津的客车超车时因大雾未看清路面，与1辆装有二甲苯的大型槽罐车发生相撞。事故造成6人当场死亡，21人受伤，槽罐车侧翻到公路旁沟壑里，罐体破裂，内装无色具有芳香烃类有机物所特有的特殊气味的二甲苯液体往外泄漏，多名乘客因吸入该气体产生咳嗽、咽痛、胸痛等症状，事发点周围无人群居住及饮用水源。滨州市疾病预防控制中心工作人员赶到现场时发现，在距事故发生点方圆约100m范围内便可明显闻到芳香烃类有机物所特有的气味；事发点公路一旁的沟壑内存有部分积水，积水面积约为10m×1m，水面上漂浮约3cm厚的油状物。

根据滨州市疾病预防控制中心测定的分析结果显示：空气、土壤以及水面上的油状物均检测出二甲苯，证实罐内液体主要成分为二甲苯；在距事发点约5m、10m、50m、100m处空气中二甲苯的浓度分别为110.3mg/m³、92.7mg/m³、61.2mg/m³、32.0mg/m³。居住环境大气中二甲苯最高容许浓度为0.3mg/m³，表明该事发地的空气、土壤等环境已严重受二甲苯污染。

交警部门联合医疗、消防救援人员迅速撤离泄漏污染区无关人员至安全区（图2-21），并进行隔离，严格限制出入，切断火源；应急处理人员佩戴自给正压式呼吸器，穿消防防护服进入现场；喷水冷却槽罐，切断泄漏源，防止其进入下水道、排洪沟等限制性空间；消防人员对破裂罐车进行喷水冷却、防爆、堵漏处理，并将罐内剩余二甲苯转移到另外一辆罐车里（图2-22），18时安全运离现场；积水中的二甲苯用活性炭吸收；将二甲苯污染范围内的土壤（约20cm深）收集起来，转移到安全地带；对处理后的污染区域加强通风及阳光照射，以将挥发到空气中的二甲苯吹散、光解；同时在污染区域设置隔离带及警示牌直到二甲苯完全消除，提醒过往的行人勿在该地长时间停留，以防中毒（环境保护部环境应急指挥领导小组办公室，2011a）。

图2-21　转移受伤人员　　　　　　　　图2-22　吊移罐车

七、中和、漂白粉解毒

示例1：2014年12月6日，甘肃省陇南市两当县发生一起硫酸罐车侧翻事故（图2-23），约5t硫酸进入两当河。事故发生后当地政府开展了以下措施：一是设置警示标识，划定周边（图2-24）人群安全活动范围；二是构建围堰，防止泄漏硫酸继续流入排水管网；三是调集10t纯碱和20t石灰对进入排水管网的硫酸进行中和（图2-25）；四是对围堰内硫酸中和搅拌后合理处置；五是两当河布设3个地表水监测断面连续24小时监测。

图2-23　事故现场　　　　　　　　图2-24　事发地周边环境

图2-25 石灰中和

示例2： 2010 年 7 月 3 日凌晨 2 时左右，某矿业公司金铜矿湿法厂的排洪涵洞，渗漏含铜酸性溶液约 9100m³，历时约 36 小时；7 月 16 日 22 时 30 分，该厂第二次发生渗漏，渗漏含铜酸性溶液约 500m³（图 2-26）。两次共渗漏含铜酸性溶液约 9600m³，均通过排洪涵洞流入汀江。

经核查，造成污染事件的直接原因是：企业违规设计、施工，溶液池防

图2-26 渗漏事故现场

渗结构基础密实度未达到设计要求，高密度聚乙烯（HDPE）防渗膜接缝、施工保护存在施工质量问题，加之受 6 月强降雨影响，导致溶液池底垫防渗膜破裂，致使大量含铜酸性溶液泄漏，并通过人为非法打通的 6 号渗漏观察井与排洪涵洞通道外溢，直接进入汀江，引发重大泄漏污染事件。事故发生前，企业建有临时应急池，但未做防渗处理；事故发生后，对临时建设的用于事件抢险的 3 号应急中转污水池仅作了简单的防渗处理，致使 7 月 16 日防渗膜出现破裂，又造成约 500m³ 含铜酸性溶液泄入汀江。

事故采取了以下应急处置措施。封堵污染源、及时有效堵漏截流，开展现场应急监测；并责令企业立即停产，启用临时应急池，减少含铜酸性溶液外排量；投放碱性化学药剂对废水进行中和处理，降低溶液中铜的浓度；筑坝围堵，阻止渗漏含铜酸性溶液流入汀江。至 7 月 4 日 14 时 30 分，污水流入汀江

情况基本得到控制；7月17日7时，用于"7·3"泄漏污染事件抢险的3号应急中转污水池渗漏问题也基本得以解决。

为保护上杭县南岗自来水厂、东门自来水厂供水居民的身体健康和汀江地表水安全，加强与铜伴生的铅、镉、汞等一类污染物的跟踪监测。经过污染应急处置之后，这些重金属可能会从水体进入沉积物，在适当的环境条件下还可能释放回水体，或被鱼类吸收富集（图2-27），通过食物链危害人体健康（环境保护部环境应急指挥领导小组办公室，2011a）。

示例3：2008年7月15日8时，辽宁省东港市某尾矿库溢洪管发生破裂，12万～13万 m^3 尾矿渣经溢洪道进入板石河（图2-28）。板石河流量为 $4m^3/s$，流向铁甲水库。该水库为东港市（县级市）的饮用水水源地，库容2亿 m^3，供水人口15万人。尾矿库距离铁甲水库入库口7km，入库口距离饮用水源取水口6km。事发后，辽宁省环境保护局（现辽宁省生态环境厅）立即启动应急预案，当地政府立即采取紧急防控措施。7月15日11时监测结果表明，尾矿库坝下氰化物严重超标，流入板石河下游100m处也相应超标，更严重的是取水口氰化物浓度也呈现超标现象。

图2-27　渗漏事故造成大量死鱼

图2-28　尾矿渣经溢洪道进入板石河

在尾矿泄漏后第一时间，省市有关部门迅速向周边沈阳、锦州等地紧急调运100t漂白粉及活性炭、液氯等物资，对污染物进行了洗消处理，对自来水厂采取应急措施，并尽最大力量封堵泄漏点。由当地政府组织2000多名武警官兵在尾矿库坝至铁甲水库入库口6100m范围内构筑了8道由活性炭、漂白粉等填充的拦截坝。7月15日19时，泄漏的溢洪管被封堵。7月16日凌晨3时许，被封堵的泄漏点再次发生泄漏，当地政府立即组织人员进行封堵。7月16日

13 时，利用两台大功率水泵将少量外泄的污水重新打回尾矿库。至 7 月 17 日凌晨 2 时，尾矿库废水泄漏点已被封死，废水不再排入板石河，在尾矿库溢洪口下方已筑起 3 道拦截坝，在板石河筑起 11 道活性炭、漂白粉坝，对下泄的污染物进行洗消处理。

为确保东港市饮用水安全，省市相关部门迅速采取紧急措施，于 7 月 15 日 19 时关闭了水库取水口，停止了该水源对东港市的供水，停止捕鱼，并通知市民暂时停止食用水库鱼。同时，丹东市自来水有限责任公司紧急启动另一条供水管道，调集了 190 多吨活性炭等物资，在自来水厂的沉砂池投放粉状活性炭和液氯，砂滤池投放颗粒活性炭和液氯，在确保水质绝对安全的前提下，由丹东市对东港市临时供水。

当地政府和环保部门实施了应对措施：一是减轻尾矿库坝体的压力，从 7 月 21 日 11 时起，停止将尾矿库漏点泄出的尾矿浆向尾矿库内反提作业；二是进一步处理尾矿浆，去除河水中的氰化物，即在下游板石河新筑 4 道拦截坝，阻滞河水流速，并向水坝内继续抛撒漂白粉、次氯酸钠、活性炭等药剂；三是加强应对东港地区可能出现暴雨天气的工程措施，又增加两台 110kW、流量为 280m³/h 的水泵，以备强排。

事故发生 1 小时后，尾矿库废水回水系统的漏水口封堵加固任务基本完成，废水外排的局面得到有效控制。尾矿库漏水点于 7 月 17 日用混凝土封堵彻底（图 2-29），7 月 19 日完成漏水口混凝土墙封堵。

图2-29 尾矿库闭库

加强应急处置。政府沿清水河断面分别设 3 个点（上两间房、水晶屯、西甸子）向受污染水体投撒漂白粉共 6t 多，进行降解消毒（环境保护部环境应急指挥领导小组办公室，2011a）。

八、清污

突发环境事件发生后，要及时清理泄漏的污染物。

示例： 2015 年 11 月 23 日 21 时许，甘肃某尾矿库内溢流井水面下约 6m 处隐蔽部分封堵井圈出现破裂，导致溢流井周围大量尾矿砂流入隧洞，与库区内积水及库区外山体来水混合后先流入太石河，而后汇入西汉水，最终进入嘉陵江。污染水体流经甘肃段总长约 120km，致使甘肃省西和县、成县、康县，陕西省略阳县及四川省广元市流域锑浓度超标。

在采用一系列应急措施过程中，同时采用河道清污。制定了《河道污染底泥清理技术要点》，抢抓太石河断流时机，组织西和县 20 个乡镇及沿河群众 4000 余人，对裸露河道受污染底泥、围堰沉积物进行清理收集（图 2-30），全部送到固定场地进行集中处理。

(a) 河道清淤   (b) 泄漏涵洞口清淤

图2-30 河道清污

第二节 主要应急工程设施的修建方法

一、浮油收集–围油栏法

将围油栏两头固定在岸边选用的混凝土桩、树木或者构筑物上后，再放入水中，用粗钢丝绳将围油栏和混凝土桩、树木或者构筑物相连。修建示意图详见图 2-31。围油栏可以很好地阻截大面积的漂浮油，并可抵抗较大波浪。

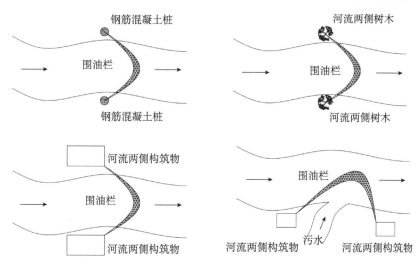

图2-31　围油栏设置示意图

应用示例：南通海事局及时处置水体污染事件。

2017 年 8 月 24 日 8 时左右，江苏省南通市江海大道兴南桥附近发生一起道路交通事故，事故造成 8t 汽油泄漏，部分燃油泄漏至附近河道，造成水体污染。事故发生后，南通海事局立即派出三艘海巡艇前往应急处置。

通过布设围油栏、投放吸油毡等措施及时控制燃油污染水域面积，有效地控制了泄漏燃油对通吕运河水体的危害。同时，海事部门加强对事发水域的交通管控，防止其他船舶误入该水域引起事故扩大。

截至当天 17 时，经环保部门现场取样检测，事故水域水质达标，海事部门解除该水域管控，完成该起道路交通事故水上应急处置[1]。

二、截流坝

当污染河段水流较小，可以完全截流时，就修建截流坝，对河道中的清水与污水分别截流。

---

[1] 生态环境部环境应急指挥领导小组办公室. 2020. 突发环境事件典型案例选编（第三辑）（征求意见稿）.

（一）构筑清水拦截坝

清水拦截坝主要用于清污分流，即防止污染点上游水体对污染物的冲刷，减小或减缓污染物移动速度，为应急处置争取时间并创造有利的应急措施实施环境条件。清水拦截坝建造时可根据现场情况修筑为土石坝、砌石坝，若现场无材料可直接用砂石填充的麻袋进行堆坝。清水拦截坝的修建为上窄下宽，以加强坝的稳定性。

水量较大时，也可采用橡胶坝。修建说明：①橡胶坝是使用胶布按照设计规定的尺寸，锚固定于地板上成封闭状坝袋，用水或气充胀形成的袋式挡水坝，如图 2-32 所示。②坝袋充水（或气），作用在坝体上的水压力，通过锚固螺栓传递到混凝土基础底板上，使坝袋得以稳定。③不需要挡水时，放空坝袋内的水（或气），便可恢复原有河渠的过流断面。

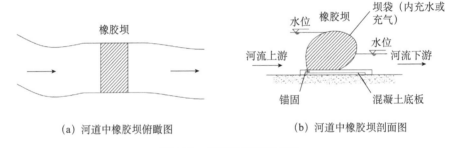

（a）河道中橡胶坝俯瞰图   （b）河道中橡胶坝剖面图

图2-32　橡胶坝使用示意图

应用示例：2019 年丹江口水库安全保障区跨市联动环境应急演练。

豫陕交界丹江水质自动监测站数据显示，入河南省内丹江水质氨氮浓度持续升高。处置措施如下：商洛市关闭莲花台水电站，拦蓄上游清水，筑坝拦截湘河及境内受污染水体。南阳市关闭小武当水电站，将污染团拦截在水电站拦截坝上。将污染团引流至水电站引水渠，多级筑坝截蓄并分质处理。污染团引流后，上游来水经水电站退水口引流至下游，如图 2-33 所示[①]。

---

① 生态环境部环境应急指挥领导小组办公室. 2020. 突发环境事件典型案例选编（第三辑）（征求意见稿）.

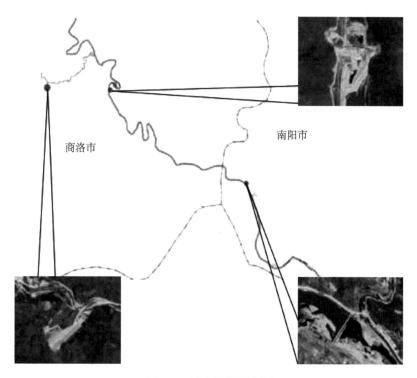

图2-33 清水拦截坝应用

（二）构筑污染水截流坝

　　修建围坝堵截工程：按水流方向迅速建立若干道截流坝，对污染物进行围堵，减缓污染物扩散速度。此工程适用于能将污染水全部截流的情况。河水流量小时，直接用砂石填充的麻袋进行堆建，流量大时，也可使用橡胶坝。截流坝也可利用填充活性炭等的麻袋等修建成吸附坝（图2-34），也可增加絮凝剂、降解剂等药物构成反应坝（图2-35）。

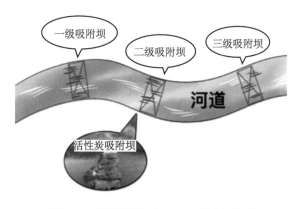

图2-34 多级吸附坝在应急处置中的使用

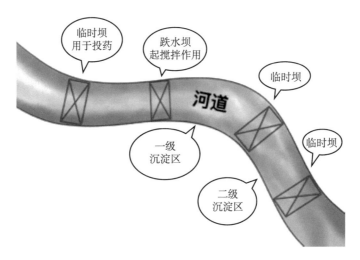

图2-35　多级反应坝在应急处置中的使用

应用示例：2018年庆阳市"5·30"非法倾倒含油废水事件。

2018年5月29日17时20分，有群众向甘肃省庆阳市华池县环境监察大队反映，悦乐镇新堡村新堡桥下游400m处近期夜间有多次偷排污水现象。接到举报当晚，华池县环境保护局（现华池县生态环境局）沿河进行现场蹲点排查。5月30日2时30分，蹲守人员在新堡桥下发现两辆形迹可疑车辆，其中一辆改装罐车正在向柔远河水体排放含油污水。蹲守人员到达现场时，驾驶人员丢弃改装罐车逃逸。初步估算约19m³含油污水排入柔远河，而后汇入马莲河。

当地政府采取在柔远河布设8道拦油网、1道拦油坝等方式拦截水面污染团（图2-36），在柔远河、马莲河构筑6道活性炭截流坝，投放活性炭、无磷洗涤剂等方式吸附、降解水体中污染物，并在事发点截流坝上游修筑导流渠导流上游来水，对事发点截流坝内大量拦截污染水体投撒活性炭集中进行处理。同时，组织专家分析查找事发点持续超标原因，适时加固、改进活性炭拦截坝，有效降低了事发点污染物浓度。6月2日15时，现场处置产生的固体废物及垃圾已全部清理，柔远河、马莲河石油类浓度全线持续达标18小时，应急响应终止。

（a）土筑截流坝1　　　（b）土筑截流坝2　　　（c）沙袋钢管构筑截流坝

图2-36　截流坝

三、清水拦截坝内的清水引流

　　清水拦截坝内的清水必须通过引流的方法，及时绕过污染区域，一是减缓污染的扩散，二是避免小河上游清水流经事发点，被河床和围堰残留的污染物污染。根据引流方式的不同，可分为河道外与河道内引流以及河道永久性改道。实际中可以根据水量与地理条件选择使用（王江，2013）。

（一）河道内引流

　　当污染河段不太长时，可采用河道内引流的方式，即先在小河上游建造清水拦截坝，采用钢管或者其他管道将清水拦截坝内的清水引流至污染区下游。

　　河道内引流管及其引流管修建方式见图2-37。

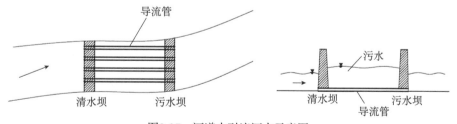

图2-37　河道内引流河水示意图

　　导流管数量根据河流宽度与水量、导流管管径等因素变化，以能将上游清水畅通引至事发地下游为原则。

（二）河道外引流

河道外引流就是事发地小河临时改道。当污染河段太长、河水量太大或者其他原因无法采用河道内引流时，可以在河道外侧开挖一条应急引流渠，将小河上游清水引入下游未污染河流中，详见图2-38。

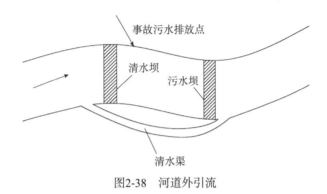

图2-38 河道外引流

（三）河道永久性改道

若污染严重，可以启动河道永久性改道工作，通过在原河道和新河道之间砌筑河堤的方式，将河道向远离事发地方向改道。

应用示例1：2015年甘肃陇星锑业有限责任公司尾矿库尾砂泄漏重大突发环境事件。

2015年11月23日，甘肃陇星锑业有限责任公司尾矿库内溢流井水面下约6m处隐蔽部分封堵井圈出现破裂，导致溢流井周围大量尾矿砂流入隧洞，与库区内积水及库区外山体来水混合后先流入太石河，而后汇入西汉水，最终进入嘉陵江。致使甘肃省西和县、成县、康县，陕西省略阳县及四川省广元市流域锑浓度超标。甘肃省切断源头，在尾矿库涵洞出口下方设置7个围堰，成功截流近19000m³高浓度含锑污染废水，投药处理后排放，并作为转入常态后的长期污水处理设施。先后建临时拦截坝198座，在有效减缓污水下泄、为下游应急处置争取时间的同时，也为在河道通过技术措施实现降污目的的创造了条件。陕西省在西汉水段构筑了临时拦截坝四座，有效拦截降污。截流尾矿库上游山泉水实现与受污染区域隔离。采取引流措施，通过铺设管道（图2-39）、开挖防渗沟渠（图2-40）、修建防渗坝体对事发地上游清水进行引流，将尾矿库上游山泉水改道分流，减少尾矿库上游来水，阻止山泉水继续进入排水涵洞冲刷残存尾矿浆、将尾砂冲入河道造成污染。另外，在尾矿库下游围堰一侧铺设波纹管和修筑一条引流渠，使太石河上游未污染河水绕开坝内污水，防止将坝内污染冲入下游造成污染。

图2-39　波纹管引流清水

图2-40　开挖水渠引流清水

应用示例 2：2015 年陕西渭南"12·2"含镉废水污染汶峪河事件。

2015 年，陕西省渭南市华县某废石场废水镉超标排放，致使汶峪河污染。当地在汶峪河橡皮坝上游修筑拦水坝拦截污染团，在汶峪河河道内安装导流管道（$\Phi630$ 高分子聚乙烯管道）（图 2-41）。河道上游来水经导流管至污染团下游，不再进入橡皮坝污染区域内。污染团被隔离后，当地采取综合措施降污，事件得到妥善处置，未造成洛河省界污染[①]。

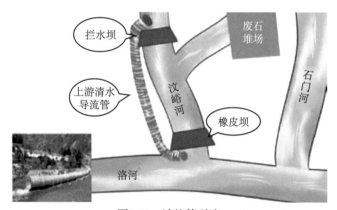
图2-41　波纹管引流

---

① 生态环境部环境应急指挥领导小组办公室. 2020. 突发环境事件典型案例选编（第三辑）（征求意见稿）.

四、污染水截流坝内漏油的处理

（一）截流坝内处理

围油栏可以很好地截流大面积的漂浮油，也可以采用吸附材料吸附。一般情况下采用吸油毡（图2-42）、活性炭等吸附材料对可浮油进行吸附，紧急情况下也可采用玉米秸秆、小麦秸秆进行吸附。也可采用混凝吸附：投加絮凝剂配合吸附，可以更好地去除乳化油。投加工程菌：最后投加专项微生物（工程菌），以降解溶解油。

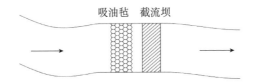

图2-42　河道中截流坝内采用吸油毡处理示意图

（二）截流坝外修建截流坑处理

如果地理条件允许，可在污染水截流坝旁边构筑截流坑（图 2-43）。截流坑挖好沟后应及时用土工膜敷设于沟槽及坑内外，防止污染地下水。

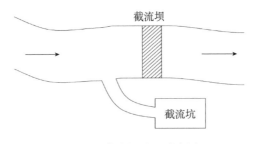

图2-43　截流坑处理示意图

将截流坝内的污染水引到截流坑内，在截流坝和截流坑内同时拦截、吸附处理污染水。也可将污染水全部引入截流坑内，按需要程序处理，及时恢复河道畅通。

应用示例：江西省弋阳县交通事故导致氰化钠泄漏事件。

2008 年，一辆装载 8t 30% 液态氰化钠的槽罐车在江西省上饶市弋阳县侧翻（图 2-44），致使氰化钠泄漏。在应急工作组的指导下，疏散了现场围观群众，封锁了事故现场，禁止人畜接近或接触事故现场及其周边 1km 范围内所有水源及地下水。采取在泄漏处抛洒硫代硫酸钠和漂白粉进行氧化处置，并调集消防车用清水自泄漏处向下水道反复灌水冲洗，冲洗的废水排入下水道出口处（图 2-45）开挖的土坑后再用槽罐车运走（图 2-46），冲洗至无氰化钠检出后结束。以上工作完成后，将事故现场土壤全部清理运到恒安金矿存放、处置，严防二次污染发生（环境保护部环境应急指挥领导小组办公室，2011a）。

图2-44 事故现场　　　　　　　　　　　图2-45 下水道出口

图2-46 现场开挖土坑

五、活性炭吸附坝的做法与使用

当污染河段水流较大，使用截流坝无法完全截流时，就要采用河水过流吸附的处理方式，常见的是活性炭吸附坝处理方式。

活性炭吸附坝是突发环境事件应急处置中经常用到的一种设施。活性炭可分为粉末状、颗粒状、不定型、圆柱形、球形等形状，突发环境事件应急处置中建议选用煤质颗粒状活性炭作为填充物，即应当选取颗粒活性炭（粒径2～4mm）进行袋装筑坝，以免引起水力阻力过大而使吸附坝垮塌。

向截流坑（池）、河道内截流坝，甚至流动水体中高浓度区投加絮凝剂时，也可配合使用活性炭进行吸附（Gao et al.，2018）。

（一）河道外引流坝修筑吸附

选河流落差较大一段，在岸边挖个大坑，设置引流渠，通过落差可以将河流中的水自流进入坑内；坑的另一侧用装有颗粒活性炭的麻袋封堵成透水坝，当坑中的水流出时，水中的油被活性炭吸附（图2-47）。

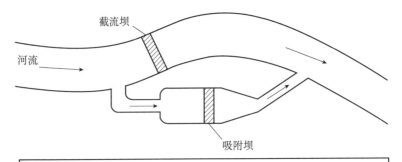

修建引流坝注意事项：
①开挖时应先在岸边挖好坑，堆叠好装有活性炭的麻袋后将水引入。
②堆叠装有活性炭的麻袋时应该错缝码砌，如有必要还应做加固处理。
③引入水流时应缓慢，以减小水流对麻袋吸附坝的冲力。

图2-47　高落差引流坝修筑示意图

河流较平坦、落差很小时，活性炭出水坝的水无法回流到河流中去。此时可以采用水泵提升的方法修筑引流坝（图2-48）。

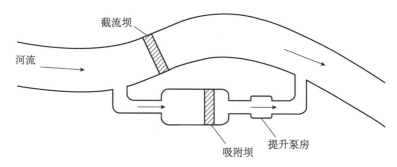

图2-48　低落差引流坝修筑示意图

（二）河道内筑坝吸附

（1）按水流方向利用填充活性炭等吸附剂的麻袋等迅速建立若干道吸附坝，减缓污染物扩散速度（图2-49）。

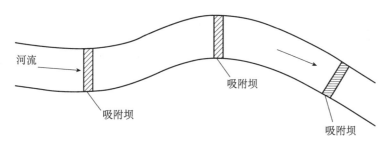

图2-49　直接吸附坝修筑示意图

（2）为了减缓河流水的冲击，可将筑坝断面的河道扩宽，详见图2-50。

（3）活性炭吸附坝修筑要点：①临时拓宽河道采用机械开挖，河道拓宽区为原宽度的 1.5 ～ 2 倍。②活性炭填装麻袋时不应太满，以平放无圆鼓为宜。③根据实际情况用铁丝串联同层麻袋进行加固，铁丝两端固定于河岸；也可用钢管和扣件搭建一个脚手架框架，将钢管框架横向固定于水中（适用于水流较小的河流），框架迎水面用装有颗粒活性炭的麻袋堆砌成坝，详见图2-51。④河道水量不大时，同一拓宽区可设多级进行吸附。

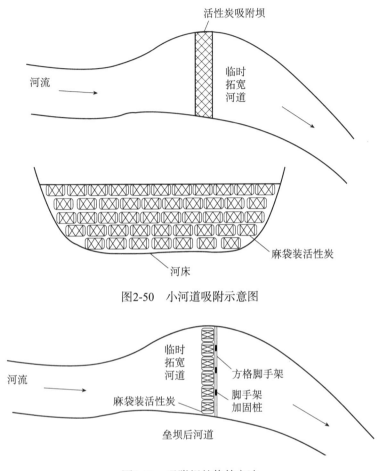

图2-50　小河道吸附示意图

图2-51　吸附坝的修筑方法

（4）注意事项：①筑坝时不可完全将水流堵死，袋与袋之间应有一定间隙使水流通过；②筑坝人员应做好防护，防止污染水体对人造成伤害；③应急结束应对拓宽河道进行恢复，以防生态破坏。

（三）利用桥梁建筑物构筑吸附坝

可以合理利用污染河流原有设施进行拦截坝或吸附坝的建造（图2-52）。桥梁往往是常用且较佳的坝体依靠，但要注意修建坝体后水流对坝体的冲击要保证在桥体安全的范围内。

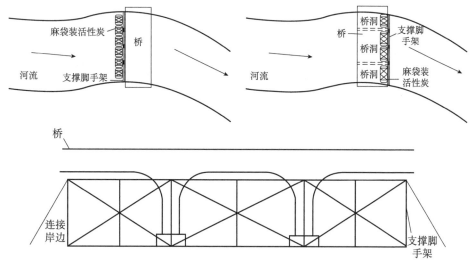

图2-52　利用桥洞的吸附坝示意图

方格脚手架搭建拦截坝注意事项：①搭设过程中要及时设置斜撑杆、剪刀撑以及必要的加固结构。②严格按规定的构造尺寸进行搭设，一定要遵循横平竖直的原则。③采用脚手架制作吸附坝的形式，最高高度不能太大。

应用示例1：花都区花东镇槽罐车二甲苯泄漏污染事件处置案例。

2006年，一辆装载有11t化学危险品二甲苯的槽罐车，司机把车停在公司的大门口，下车到门卫处进行登记，刚到门岗，就发现车子慢慢向后滑，司机慌忙向车子跑去，但为时已晚，槽罐车滑入公司前的一条水沟（图2-53），二甲苯立刻通过槽罐车顶部直径约3cm的三个通气阀急速流入水渠，造成严重的环境污染。事故发生后将泄漏罐车起吊起来（图2-54），并紧急调运活性炭、吸油毡等处理材料，对下游水闸、人工临时水坝敷设吸油毡、稻草，加大活性炭、木屑等吸附物的投放量，增强吸附能力；分别在事发地点下游约8km处的清布桥和12km处新雅大桥前的橡皮坝附近设置了拦截带，并投放了大量竹木、活性炭、木屑、稻草等；从事发地到新雅大桥之间13km区间内共设置了5条防线，投放了活性炭19t、木屑近1000包、稻草7000多千克（环境保护部环境应急指挥领导小组办公室，2011a）。

图2-53　事故现场

图2-54　起吊泄漏罐车

应用示例2：2016年新疆伊犁哈萨克自治州"11·7"218国道柴油罐车泄漏事件。

2016年，新疆维吾尔自治区伊犁哈萨克自治州218国道一辆柴油车侧翻，导致约30t柴油泄漏进入伊犁河主要支流巩乃斯河。有关部门通过污染源阻断、优化水利调度、多级拦河吸油等方式进行处置，根据河道自然特征，利用两道拦河坝建堰塞湖，截断污染源；清理事故点污染土壤；并在堰塞湖内用吸油毡等处理高浓度污染水体，现场应急处置措施如图2-55所示[①]。

图2-55　现场应急处置措施

六、深水区船等漂浮物吸附

对于大河流中浮油的吸附，也可采用船载活性炭的吸附方式（图2-56）。

---

① 生态环境部环境应急指挥领导小组办公室. 2020. 突发环境事件典型案例选编（第三辑）（征求意见稿）.

但要注意：①船舷上悬挂活性炭麻袋的数量应根据船自身载重校核，保证行驶安全；均分各麻袋活性炭质量，保证船载重平衡均匀且单个麻袋所装活性炭不过满过重；②挂船侧大钩根据船舷薄厚情况具体采用钢制材料弯制；③麻袋悬挂后应将船舷挂钩加以固定，防止中途侧滑后移造成船尾重船头轻；④吸附2小时后应翻转麻袋，将初始贴船侧翻至水流侧。

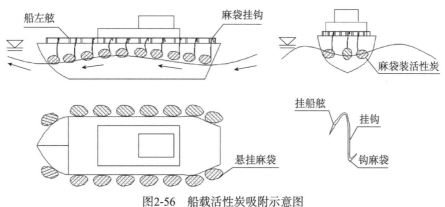

图2-56 船载活性炭吸附示意图

七、混凝吸附系统的修建

废水流出小河、汇入大河前，往往会经历一段中等规模的河流（简称中河）。在此段河流中，应急措施以原位混凝吸附去除污染物为主，即通过物理及化学手段在构建的拦截工程中使污染物絮凝，强化吸附的效果，增加可浮油成分的去除。主要措施是根据流量和污染物浓度数据，在水流湍急区投加适量絮凝剂，增加下游吸附坝的吸附处理效果。

（一）絮凝剂制备系统的构建

絮凝剂制备系统包括絮凝剂溶解池与调配池。

絮凝剂溶解池构建：由于液体危险物品无法通过高速公路运输及时使用，应急现场的絮凝剂大多是固体状态，使用前需要溶解，所以在截流坝或者吸附坝等需要投加絮凝剂的地点，选择一适当地方修建一定容积的絮凝剂溶解池，池内铺土工膜，采用水泵抽水循环搅拌或者人工搅拌。常见的絮凝剂，如硫酸亚铁、聚合硫酸铝铁（PAFS）、聚合氯化铝（PAC）、氯化铁（$FeCl_3$）等絮凝剂溶解速度较慢，在遇到冬季气候条件时溶解速度更慢，需要加热与保温。目前市场上严重缺乏大型加热快速溶药设备，所以要及时多准备一些替代的小型设备，如水泥搅拌机等。根据 2015 年 11 月 23 日发生的甘肃陇星锑业有限责任公司尾矿库尾砂泄漏重大突发环境事件的应急经验，也可通过在溶解池水面上漂浮若干个内置点燃的木炭（或煤炭）的铁皮桶对水体进行加热，以加速絮凝剂的溶解。

图 2-57 为某突发环境事件应急处置时的絮凝剂溶解现场。

图2-57 絮凝剂溶解现场

（二）投药及扩散方式

絮凝剂的投加方式直接关系污染物的絮凝沉淀效果。当河流较小时，可在岸边直接向截流坑（池）、河道内截流坝甚至流动水体中高浓度区投加絮凝剂（图 2-58），需要时可配合使用活性炭进行吸附。

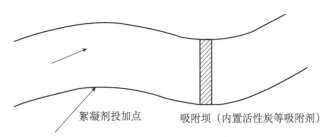

图2-58 河道边投加絮凝剂示意图

为达到絮凝剂与河水快速混合的目的，河道上絮凝剂的投加可采用沿河横向布置的穿孔压力管投加方式（图 2-59）。在河流扰动较大的一定范围内采用沿河纵向布置、多点投加的方式，可达到全水面覆盖的效果，有利于下游吸附坝的吸附。若应急处置河段内有水电站，可在各水电站消力池内投撒药剂，从而增强混合效果。

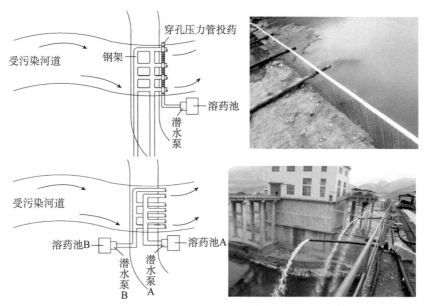

图2-59 河道上采用穿孔压力管投药示意图

应用示例：2020年黑龙江伊春鹿鸣矿业有限公司"3·28"尾矿库泄漏事件。

2020年3月28日，黑龙江省伊春市鹿鸣矿业有限公司尾矿库4号溢流井挡板开裂，致使约253万 m³ 尾矿砂污水泄漏。围绕"不让超标污水进入松花江"的目标，当地全力实施筑坝拦截、絮凝沉降的"污染控制、削峰清洁"两大工程，在依吉密河筑坝拦截污染物，投加聚丙烯酰胺（PAM）和聚合硫酸铁，进行泥水分离，降低钼浓度；在呼兰河干流利用闸坝、桥梁等构（建）筑物，设置5个投药点（图2-60），确保呼兰河入松花江水质达标，现场处置措施[1]如图2-61所示。

图2-60 投药点处投药设施

---

[1] 生态环境部环境应急指挥领导小组办公室. 2020. 突发环境事件典型案例选编（第三辑）（征求意见稿）.

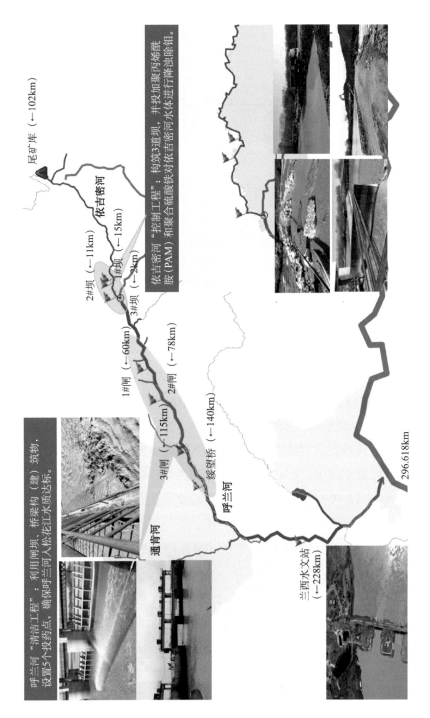

图2-61 现场处置措施

尾矿库（←102km）

依吉密河

2#坝（←11km）
1#坝（←15km）
3#坝（←24km）

依吉密河"控制工程"：构筑3道坝，并投加聚丙烯酰胺（PAM）利聚合硫酸铁对依吉密河水体进行降浊除铬。

1#闸（←60km）
2#闸（←78km）
3#闸（←115km）
绥望桥（←140km）

通肯河

呼兰河

呼兰河"清洁工程"：利用闸坝、桥梁构（建）筑物，设置5个投药点，确保呼兰河入松花江水质达标。

兰西水文站（←228km）

296.618km

八、主要应急工程设施修建选择

主要应急工程设施的修建，主要依据事故泄油量及其污染河流的流量大小。在泄油量较大情况下，河流水量的大小直接影响着事件等级与影响范围的大小。研究过程中，要针对不同流量的污染河道，采用不同的应急处理方法（何长顺，2017；郑洪波，2015）。

（一）小径流河道

事发时河道径流量小于 0.1m³/s，可以实现完全截流。应追踪污染水团，并立即在污染区上下游分别构筑简易坝并布设导流管，将上下游来水导流至污染区以下，将污染区域受污染的水抽至安全地方无害化处置。若污染带延伸较长，导流困难，可将上下游未污染来水抽离河道。

（二）中等径流河道

事发时径流量在 0.1 ~ 10m³/s，完全截流难度大。追踪污染水团并在污染水团下游构筑简易坝收缩水流面积，在过流处布设过滤活性炭吸附装置，并在坝前抛洒活性炭颗粒和对应的絮凝药剂（氧化还原剂、混凝剂、絮凝剂等），可布设多级抢险坝增加处置效果。

（三）大径流河道

事发时径流量大于 10m³/s，无截流条件。应追踪污染水团，沿污染水团投加对应的解毒药剂或活性炭，并关闭下游取水口。根据污染物量和毒性，判断对下游水库的影响，必要时下游水库泄洪转移蓄水。引水渠道立即关闭污染区上下游水闸，就地投加絮凝剂进行无害化处置，或将污染水体抽到安全地方进行无害化处置，或在河道内进行船载活性炭进行吸附。

总之，泄漏区应根据具体现场环境灵活布置截水坝、引流渠（管）、截流池；泄漏区的应急吸附可采用玉米秸秆、小麦秸秆进行吸附，到现场后应采用吸附药剂。

突发环境事件典型污染物应急处置手册

第三节　常见吸附材料性能与设备使用方法

当某些固体与某些液体接触后，液相中的溶质就会在固体表面或其内部聚积，这种现象被称为吸附。通常固体表面都是不均匀的，因而固体表面的分子或原子的受力也是不对称的，导致固体表面存在剩余的表面自由能。当某些液相溶质碰撞到固体表面时，受到表面这些不均衡力的吸引，而被截流在固体表面上，固体表面的自由能也会下降。具有一定吸附能力的固体被称为吸附剂，吸附在固体表面的物质被称为吸附质。

一、常见的石油类吸附材料及其性能

（一）常见的吸附材料及其性能

活性炭是一种含碳的多孔性物质。碳是活性炭的主要成分，此外还存在少量的氧、氢、硫等。活性炭之所以吸附能力强，是由于其具有大的比表面积（$800 \sim 3000 m^2/g$）和特别发达的孔隙结构。

由于原料来源、制造方法、外观形状和应用场合不同，活性炭的种类很多，到目前为止尚无精确的统计数据。按原料来源可分为木质活性炭、煤质活性炭、果壳活性炭等。按制造方法可分为化学法活性炭（化学炭）、物理法活性炭、化学–物理法活性炭。按外观形状可分为粉状活性炭、颗粒活性炭、不定型颗粒活性炭、圆柱形活性炭、球形活性炭、蜂窝活性炭等。

不同种类的活性炭有着不同的用途。圆柱形活性炭、蜂窝活性炭适用于废气处理；椰壳活性炭等果壳活性炭适用于净水处理；粉末活性炭和颗粒活性碳适用于污水处理。粉状活性炭的吸附效果好于颗粒活性炭，在选用过程中应根据实际使用情况加以区分。

粉状活性炭对石油类物质的吸附效果较好；秸秆、稻壳、羊毛纤维等天然物品也有较好的吸油效果（表2-1）。

表2-1　吸油剂种类及吸附能力比较

种类	吸油剂名称	吸附对象	吸附能力/（g/g）
无机吸油剂	粉状活性炭	石油	12
	蛭石	植物油和机油	3.5～3.8
	膨润土	机油	0.15～0.176
合成吸油剂	废旧轮胎	石油	2.2
	聚丙烯	石油	7～9
天然吸油剂	秸秆	原油	11.23～12.2
	稻壳	重油	6
	羊毛纤维	轻质原油	32～33

由表 2-1 可见，天然吸油剂的吸附能力较强，而且像秸秆、稻壳之类的材料易得、廉价，条件允许时应该首先采用。

（二）吸附材料使用方法

一般情况下，要先使用吸油毡处理，然后采用吸油剂。吸油剂一般选活性炭，若购买不方便则可就地取材选择大麦秸秆、稻壳、小麦秸秆或玉米秸秆等代替活性炭来吸附石油。

1. 吸油毡的使用方法

使用吸油毡时，操作人员可以在船上或岸上向水面抛洒。最好能将吸油毡直接投放在溢油上，尽量向溢油多的地方投放，并且最好加以搅动以便吸收更多的溢油。投放吸油毡应适量，使吸油毡处于吸油饱和状态。吸油毡的吸油量达到饱和后，应尽快捞出水面，避免长时间停留在水中。

注意：使用吸油毡时，尽量避免同时使用溢油分散剂，以免降低吸油毡的吸油能力。依据溢出油量、河流流速与流向，及时使用和及时回收吸油毡。

2. 吸油毡吸油后的处理

吸油毡吸油后，可将油挤出，重复使用，用完后的吸油毡最终回收后应及时集中用焚烧炉进行焚烧处理，防止二次污染。

3. 活性炭的使用方法

在应急过程中，可向无法筑坝的河道直接投加粉状活性炭进行低浓度石油污染物的达标处理。若采用活性炭构筑活性炭吸附坝，应当选取颗粒活性炭（粒径 2～4mm）进行袋装筑坝，以免引起水力阻力过大而使吸附坝垮塌。

（1）粉状活性炭可直接用铁锹和盆等工具抛洒于水中。

（2）将果壳活性炭用麻袋装起来封口，将麻袋装固定于水中，垒成过滤式吸附坝。

注：市场上活性炭一般一袋 25kg，而且外包装里面有一层塑料膜，投加前，需要将活性炭翻袋重装。

4. 其他吸附材料的使用方法

（1）大麦秸秆、小麦秸秆和玉米秸秆等应该捆扎成一捆一捆地放入水中，便于吸附完油污后打捞。

（2）稻壳类似于活性炭，可装入麻袋中使用。

二、常见的重金属吸附材料及性能

采用吸附技术来处理含重金属的废水是一种非常有效的环境应急处理方法。吸附法具有如下优点：①用作吸附剂的材料来源广泛、种类繁多；②吸附效果好、操作简便、不需要复杂的装置、能耗低；③二次污染小；④吸附剂可重复使用；⑤吸附的金属易于洗脱，可回收贵重金属等。

吸附在重金属污染突发环境事件应急处置过程中是一种常用的方法。吸附材料很大程度上影响着吸附效果。吸附材料在日常生产生活中已经具有非常普遍的应用，根据化学属性不同，吸附材料可分为碳质吸附材料、无机吸附材料、高分子吸附材料。在重金属污染水环境应急过程中，吸附材料的选择范围大大超出了石油突发环境污染事件应急时的范围，但应根据实际情况选择易于获得、价廉物美的吸附剂。

（一）碳质吸附材料

在突发重金属污染水环境的应急过程中，选用木质或煤质（优先选用木质）活性炭可以达到较好的吸附效果，若条件允许可采用对重金属吸附效果最好的椰壳活性炭。

粉状活性炭的吸附效果好于颗粒活性炭，引入活性官能团的活性炭吸附效果会显著提高。

（二）无机吸附材料

无机吸附材料种类繁多，具有来源广泛、价格低廉等优势，同时也具有一定的吸附能力，在重金属废水处理中也具有广泛的应用。

1. 矿物材料

常见的可用于废水处理的矿物材料见表2-2。这些矿物材料来源广泛、种类多，最重要的是价格低廉，因而在废水处理方面得到了国内外研究者们极大的重视，应急使用中也具有十分重要的发展潜力。

表2-2　常见的可用于废水处理的矿物材料

序号	名称	CAS代号	分子式	备注
1	沸石	1327-44-2	$AlKO_6Si_2$	别名：分子筛
2	膨润土	1302-78-9	$Al_2H_2O_{12}Si_4$	别名：皂土；斑脱岩
3	高岭土	1332-58-7	$Al_2H_4O_9Si_2$	别名：瓷土；白土；观音土；陶土；阁土粉
4	蒙脱土	1318-93-0	$Al_2H_2O_{12}Si_4$	别名：K-催化剂
5	海泡石	63800-37-3	$H_2O_3Si \cdot xH_2O \cdot 2/3Mg$	
6	羟基磷灰石	1306-06-5	$Ca_{10}(PO_4)_6(OH)_2$	别名：碱式磷酸钙；羟基磷酸钙；羟灰石

矿物材料通常具有如下特性：对阳离子具有可交换性，表面带负电荷，表面具有活性羟基，大的比表面积和通道结构（这是矿物材料对废水中的重金属离子具有一定的吸附能力的主要原因）。但是，未经处理的矿物材料通常吸附量比较低，因而大部分研究集中在采用不同方法改性以增强其吸附能力，其中，无机和阴阳离子表面活性剂的改性是最常见的改性方法。但在实际应急

中，改性矿物材料往往难以获得，对应急工作作用不大，原始矿物吸附材料可直接运用到应急过程中。

2. 金属基材料

应用在废水处理方面的金属基材料主要包括金属离子及其氧化物。

金属离子一般作为无机组分用在复合材料中时，通常起到两方面作用：一方面是作为复合材料的一部分，发挥吸附作用，常用的多为高价金属离子，如Fe^{3+}、Al^{3+}等。这些金属离子在水溶液中容易水解而形成多齿配位体，具有离子交换和螯合作用。另一方面是以金属离子作为模板制备离子印迹吸附剂。离子印迹吸附剂的优点在于它可以选择性识别特定的重金属离子，从而达到选择性去除的目的，甚至回收某种具有使用价值的贵重金属。

金属氧化物包括单金属氧化物和复合金属氧化物。常见的单金属氧化物有氧化铁、氧化铝和氧化锰等。铁、锰、铝的氧化物能与砷形成难溶性沉淀物增强其吸附效果。复合金属氧化物又可以分为铁基复合金属氧化物和其他复合金属氧化物。金属氧化物具有特殊的表界面特性和反应活性，并且具有较高的比表面积，对砷具有较好的吸附效果。

铁氧化物具有较多的表面电荷和较大的比表面积，具有一定的吸附能力，是一种较好的除砷吸附剂。针铁矿、赤铁矿和磁铁矿等都属于铁氧化物。其不仅具有吸附作用，还具有磁分离作用。

活性氧化铝是$Al(OH)_3$的热解产物的总称，是一种多孔性高分散度的固体物料，比表面积大，热稳定性好。因此，活性氧化铝已成为一种理想的除砷吸附剂。较大的比表面积是对As（V）较高去除率的原因之一，但是主要的原因还是表面羟基的吸附以及扩散作用。溶液pH在接近中性时，氧化铝对As（V）的吸附效果最好。

锰氧化物是一种有大比表面积和强表面活性的过渡金属氧化物，已被广泛应用于水中重金属的去除。然而，颗粒状锰氧化物的氧化和吸附能力相对较低，影响了其在水处理中的性能。而纳米氧化锰可以克服这个缺陷，在处理As（Ⅲ）时，首先是将其氧化成As（V），再通过吸附剂表面的羟基和络合作用共同去除。但在去除过程中同样受pH和共存离子的影响，酸性条件更有利于砷的去除。

铁基复合金属氧化物在去除水中砷的方面应用最多的是铁锰复合金属氧化物和铁铝复合金属氧化物。铁锰复合金属氧化物在除去 As (Ⅲ) 和 As (Ⅴ) 时，MnO_2 先将 As (Ⅲ) 氧化成 As (Ⅴ)，再通过吸附剂表面的羟基和络合反应将 As (Ⅴ) 去除，在酸性的条件下更加适合 As (Ⅲ) 和 As (Ⅴ) 的吸附。铁铝复合金属氧化物比表面积比铁氧化物要大很多，在同时去除 As (Ⅲ) 和 As (Ⅴ) 时，As (Ⅴ) 去除率明显要高于 As (Ⅲ)。As (Ⅴ) 的吸附是由于静电相互作用，而 As (Ⅲ) 的吸附并不是靠化学吸附力，而是受到扩散的影响。

3. 高分子吸附材料

高分子化合物（简称高分子）有天然和人工合成之分。天然高分子是指天然存在于动植物和微生物体内的大分子有机化合物，具有天然来源、储量大、富含官能团、易生物降解、对环境无污染等优点。作为吸附材料用在废水处理中的天然高分子主要有淀粉、纤维素、木质素、甲壳素、壳聚糖、海藻酸等，将其制备成吸附性材料用于废水处理中，是取之自然，回归自然的过程。

人工合成的高分子吸附剂在废水处理中最常用的就是各种功能性树脂，如离子交换树脂、螯合树脂等。树脂作为传统的吸附材料被研究了很多年，因其具有较高的吸附能力、高的机械强度、更易于分离和重复使用等优势，成为一种高效和具有发展潜力的吸附材料。

在环境应急中，由于污染面积广，对吸附剂需求量大，人工合成树脂并不适合，可考虑选用天然高分子材料在应急过程中加以运用。

若在重金属污染水环境中使用活性炭，优先选用椰壳活性炭，其次是稻壳基活性炭、咖啡渣活性炭、改性壳聚糖、改性沸石、活性氧化铝、膨润土等固体材料，同时可使用玉米秆、高粱秆进行临时应急吸附，可以达到很好的吸附效果。

常用的吸附材料有活性、改性壳聚糖，改性沸石，活性氧化铝，膨润土固体材料等，一些农业、工业和市政废弃物或副产品也可以用作环境应急过程中使用的吸附剂。表 2-3 对比了部分不同来源的吸附剂对重金属离子的最大吸附量。

突发环境事件典型污染物应急处置手册

表2-3　不同来源的吸附剂对重金属离子的最大吸附量

吸附剂来源		吸附量/（mg/g）						
		Cd^{2+}	Cr（Ⅵ）	As（Ⅴ）	Hg^{2+}	Pb^{2+}	Cu^{2+}	Zn^{2+}
农渔业废弃物	稻壳	14.4				54.0		
	木屑	5.76				15.9		
	杧果皮	68.92				99.05		
	蟹壳							182.5
工业和市政废弃物	粉煤灰				2.82			
	红泥	10.57					19.72	12.59
	高炉矿渣			7.5		40		
金属氧化物	Al$_2$O$_3$	8.24				13.11		7.60
	磁性锆			45.6				
	TiO$_2$				101.1			
天然分子	表氯醇交联壳聚糖					10.21	35.46	10.21
	磁性交联壳聚糖聚糖 聚糖球			69.4				
	丹宁/黏土			24.09				
	丹宁树脂					138.9	45.44	35.51
碳基材料	活性炭				151.5			
	碳纳米管					17.5		
矿物材料	膨润土	13.15						
	坡缕石	52						
	蒙脱石	33.2				34.0	32.3	
微生物	马尾藻	38.4				38.2		34.1
	球衣藻						60	
	黑曲霉						23.62	

资料来源：李晓丽，2013。

三、灭火器使用方法

灭火器是石油泄漏环境应急中的一个主要设备，要按照正确的使用方法操作。

（一）干粉灭火器

适用范围：适用于扑救各种易燃、可燃液体和易燃、可燃气体火灾，以及电气设备火灾。

（1）右手托着压把，左手托着灭火器底部，轻轻取下灭火器。

（2）右手提着灭火器到现场。

（3）除掉铅封。

（4）拔掉保险销。

（5）左手握着喷管，右手提着压把。

（6）在距离火焰2m的地方，右手用力压下压把，左手拿着喷管左右摆动，喷射干粉覆盖整个燃烧区。

（二）泡沫灭火器

适用范围：适用于扑救各种油类火灾、木材、纤维、橡胶等固体可燃物火灾。

（1）右手托着压把，左手托着灭火器底部，轻轻取下灭火器。

（2）右手提着灭火器到现场。

（3）右手捂住喷嘴，左手执筒底边缘。

（4）把灭火器颠倒过来呈垂直状态，用劲上下晃动几下，然后放开喷嘴。

（5）右手抓筒耳，左手抓筒底边缘，把喷嘴朝向燃烧区，站在离火源8m的地方喷射，并不断前进，兜围着火焰喷射，直至把火扑灭。

（6）灭火后，把灭火器卧放在地上，喷嘴朝下。

第三章
突发事件中供水保障技术

　　城市供水是城市的生命线，近年来，我国供水源地突发性污染事故频发，对城市供水安全造成严重威胁。按照国务院关于加强应急体系建设的总体部署，为健全城市供水保障体系，为各地在突发水污染事件中的应急供水保障工作提供借鉴参考，作者收集国内相关科研成果，形成了由六类应急技术组成的突发事件供水保障技术体系，包括：应对可吸附有机污染物的活性炭吸附技术、应对金属非金属污染物的化学沉淀技术、应对还原性污染物的化学氧化技术、应对微生物污染的强化消毒技术、应对挥发性污染物的曝气吹脱技术、应对高藻水源水及其特征污染物（藻、藻毒素、嗅味）的综合处理技术。该技术体系基本涵盖了可能威胁饮用水安全的各种污染物种类，并列出了突发事件中水厂应急设施改造与运行控制以及供水保障的质量控制。

　　在参考本手册应对突发性水源污染事故时，要因地制宜，选择适用的应急净水技术措施，并进行现场试验，在取得良好试验效果并确保供水安全的前提下予以应用（李灵芝等，1998；黄美丽，2003；黄海明等，2008）。

第一节　饮用水源应急工艺选择

一、应对可吸附有机污染物的活性炭吸附技术

　　采用粉状活性炭，在取水口或净水厂进水处投加（推荐在取水口投加），

吸附去除大部分有机物。活性炭吸附可有效去除饮用水标准中涉及的 80 多种污染物。此技术包括：①污染物是否可以被吸附去除的可能性判定；②活性炭种类筛选；③活性炭吸附时间与吸附容量确定；④可承受最大污染倍数等。

上述参数要依据具体污染物、水质、水温等条件，经过实验确定。

常见的活性炭吸附处置流程如图 3-1 所示。

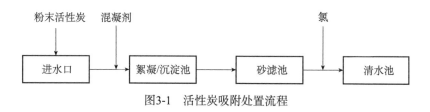

图3-1　活性炭吸附处置流程

应用示例：2005 年松花江水污染事件。

2005 年 11 月 13 日，吉林石化公司双苯厂一车间发生爆炸。截至同年 11 月 14 日，共造成 5 人死亡、1 人失踪，近 70 人受伤。爆炸发生后，约 100t 苯类物质（苯、硝基苯等）流入松花江，造成了江水严重污染，沿岸数百万居民的生活受到影响。

松花江水污染事件应急处置中，城市供水的应急处置经验是在取水口处投加粉状活性炭，利用水源水从取水口到净水厂的输送距离，在输水管道中完成吸附过程，等于把应对硝基苯污染的安全屏障前移，这成为应急处置取得成功的关键措施。粉状活性炭对水源水中硝基苯的平均去除率为 98.5%，出水硝基苯平均浓度为 0.0019mg/L，再经过炭滤池，出水硝基苯平均浓度为 0.0009mg/L，总的去除率平均达到 99.4%[①]。

二、应对金属非金属污染物的化学沉淀技术

采用化学沉淀法，可有效去除约 30 种金属非金属污染物。该方法的关键是要确定正确的工艺参数，包括适宜的 pH、混凝剂的种类和剂量等。

除镉应急处置技术要点：在弱碱性条件净水除镉，控制 pH=9.0，混凝前加碱将源水调成弱碱性，要求絮凝反应的 pH 严格控制在 9.0 左右，在弱碱性条

---

① 生态环境部环境应急指挥领导小组办公室 .2020.突发环境事件典型案例选编（第三辑）（征求意见稿）.

件下进行混凝、沉淀、过滤处理，以矾花絮体吸附去除水中的镉。过滤后加酸回调水的pH，把pH调回到7.5～7.8（生活饮用水标准的pH范围为6.5～8.5），满足生活饮用水的水质要求。

除砷应急处置技术要点：采用预氯化－铁盐混凝的强化常规处理工艺；由于三价砷不能被混凝沉淀去除，先采用氯化氧化的预处理技术把三价砷氧化成五价砷，再用铁盐混凝剂混凝沉淀去除五价砷，铝盐除砷效果不好。

常见的化学沉淀技术处置流程如图3-2所示。

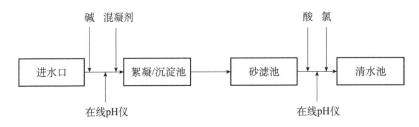

图3-2　化学沉淀技术处置流程

其他处置过程详见"第六章　重金属突发环境污染事故应急"相关内容。

三、应对还原性污染物的化学氧化技术

对于硫化物、氰化物等还原性污染物，在取水口或净水厂进水处投加氧化剂，如高锰酸钾、氯等，这些方法都具有很好的去除效果。

该类应急处置方法的技术控制要点：①最佳氧化剂种类的筛选。②根据水源水质变化动态调控氧化剂投加量。氧化剂加量过多时，氧化剂过量；加量不足时，达不到处理效果。③还要注意氧化剂带来的次生污染问题。

常见的化学氧化处置流程如图3-3所示。

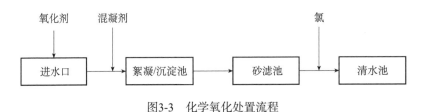

图3-3　化学氧化处置流程

四、应对微生物污染的强化消毒技术

医疗污水、生活污水、高浓度有机物都可导致水源水中生物过量繁殖。此时要采用强化消毒手段，即增加消毒剂投加剂量并保持较长的消毒接触时间，此法可在绝大多数情况下保障供水水质的微生物学安全。消毒剂首选药剂为氯，稳定型二氧化氯也可以考虑，臭氧、紫外线消毒需现场安装设备，应急事件中不便采用。

当原水中有机污染物严重超标时，就像甘肃某地发生的情况，不仅水源水中微生物超标，一些线虫类的高等生物也会出现，此时采用强化消毒的手段无法杀灭线虫等生物，而这些线虫还会在砂砾中穿行，进入清水池，进而流入供水管网。此时要在强化消毒基础上，采用膜过滤手段。同时尽快更换水源。

强化消毒处置流程如图 3-4 所示。

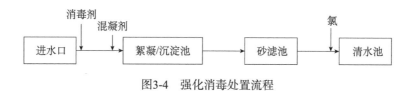

图3-4 强化消毒处置流程

五、应对挥发性污染物的曝气吹脱技术

对于难以吸附和氧化的挥发性污染物，如卤代烃类、烷类、芳烃类、脂类、醛类等，应在取水口外水源地设置应急曝气设备，吹脱去除。

曝气吹脱的主要缺点是需要设置曝气设备，应用受到现场条件限制。

曝气吹脱处置流程如图 3-5 所示。

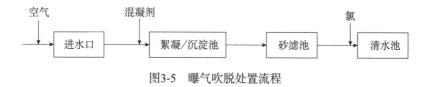

图3-5 曝气吹脱处置流程

六、应对高藻水源水及其特征污染物（藻、藻毒素、嗅味）的综合处理技术

引起高藻水的主要因素包括藻、代谢毒性物质（藻毒素等）、代谢致臭物质（2-甲基异莰醇、土臭素等）、腐败恶臭物质（硫醇、硫醚类等）。应急时必须确定主要污染物种类，再根据其去除特性，综合采用多种处理技术，形成应急处置工艺。

膜过滤：当藻类污染严重时水厂可在混凝沉淀后采用超滤膜对水进行净化。

化学处理：对富营养化较轻的源水采用化学药剂法，在水源地或进厂源水中投加藻类生长抑制剂或致灭剂，如硫酸铜、氯、二氧化氯等。

生物处理：针对富营养化严重的水体，采用生物接触氧化、活性炭吸附法处理，该类方法可同时去除藻类、有机物、氨氮、致突变物质、嗅味等污染。

气浮法：对低浊高藻水多利用气浮法去除。水厂可临时改造沉淀池为气浮池，也可在原处理系统前增加气浮工艺，从而达到去除藻类的目的。

第二节 水厂应急设施改造与运行控制

根据中华人民共和国住房和城乡建设部《城镇供水设施建设与改造技术指南》，水厂应急设施改造与运行控制应做到：

（1）根据突发性污染的风险类型及发生频率，合理确定应急处置的规模和能力，在重要的取水设施和水厂应预先配置应急设施。

（2）对于水源存在农药、苯系物等可吸附污染物风险的水厂，应设置粉状活性炭投加设施。

（3）对于水源存在重金属等污染风险的水厂，应设置碱性药剂投加设施，并根据污染物性质，设置氧化剂或还原剂投加设施，通过沉淀去除污染物。

（4）对于水源存在硫化物、氰离子等可氧化污染物风险的水厂，应设置氧化剂投加设施。

（5）对于水源存在突发性致病微生物污染风险的水厂，应设置强化消毒设施。

（6）对于水源存在油污染风险的水厂，应在取水口处储备围栏、撇油装置，并在取水口或水厂内设置粉状活性炭投加装置。

（7）应在水源或水厂设置人工采样监测与在线监测相结合的水质监测系统。

第三节　供水保障的质量监控

应急时，供水保障的质量监控主要包括对市政集中供水与分散式供水进行监控。

一、监测目的与工作原则

通过监测及时掌握突发环境事件对饮用水水源水质的影响，最大限度减少因饮用水污染物超标对公众健康的影响，确保公众饮用水卫生安全，维护社会稳定。按照预防为主，统一领导，分工合作，反应及时的工作原则进行监测。

二、监测点的选择

（一）监测点设置

市政供水：对集中式自来水厂的出厂水与供水管网末梢水，适量设置监测点位及频次。

自备水厂及分散式供水：对自备水厂及分散式供水，适量设置监测点位及频次。

（二）监测点启动

按污染水团到达水源保护区的时间，以确保出厂水与供水管网末梢水达标为原则，适时启动监测点位。

（三）监测频率

按污染水团到达水源保护区的时间及浓度，确定监测频次。一般水源超标时，应加大水厂监测频次，同时启动末梢水监测；水源水中污染物浓度正常后，可降低监测频次。

（四）监测内容

水样的采集、保存和运输：集中式、分散式供水监测点适时采水样 1 份，并采平行样。具体方法按照《生活饮用水标准检验方法》（GB/T 5750.1—2006 ～ GB/T 5750.13—2006）进行。

监测指标：根据突发环境事件特征污染物，以及处置相关措施来定。

指标全分析：污染水团抵达取水口后或者出厂水重点监测指标合格、稳定后 1 次。

（五）检测方法与评价标准

按《生活饮用水标准检验方法》检测。出厂水、末梢水按《生活饮用水卫生标准》（GB 5749—2006）评价，水源水、地表水按《地表水环境质量标准》（GB 3838—2002）评价，地下水按《地下水质量标准》（GB/T 14848—2017）评价。

（六）监测信息报告

检测结果出来后由地方疾控中心将结果报至地方卫生监督所，地方卫生监督所报告地方卫生局和应急指挥部。

一旦发现目标污染物及其他监测结果超标，应立即上报。

第四章
突发事件的社会危机管理体系的建立与运行

党的十七大明确提出要保障公民的知情权、参与权、表达权和监督权。如何通过有效的危机传播化危机为转机，是政府、媒体应当认真对待、大胆探索的一个重要问题。随着经济社会快速发展，我国已经迈入一个高度"媒介化"的社会阶段。以互联网为代表的"网络媒介"和以手机为代表的"随身媒介"的兴起，把人们裹挟到一个媒介高度饱和的生存状态。在突发事件的处理过程中，大众媒介拥有了强大的话语权和影响力，这就要求我们要不断提高应急信息发布机制的科学性。突发环境事件的信息发布机制包括几个核心的支撑结构，即应急信息处置机制、境内外舆情收集研判机制、信息发布协调机制和媒体管理机制。这些机制形成一个系统，有效地支撑着突发环境事件信息发布工作的顺利开展，也保证了其他应急工作的有序进行。

《突发环境事件应急管理办法》明确要求：突发环境事件发生后，县级以上地方环境保护主管部门应当认真研判事件影响和等级，及时向本级人民政府提出信息发布建议。履行统一领导职责或者组织处置突发事件的人民政府，应当按照有关规定统一、准确、及时发布有关突发事件事态发展和应急处置工作的信息。"11·4"福建泉港碳九泄漏事故发生后生态环境部印发了《关于做好2019年突发环境事件应急工作的通知》，明确规定："发生重特大或者敏感事件时，5小时内要发布权威信息，24小时内要举行新闻发布会"，对突发环境事件信息公开时限做出明确要求。

作者在总结多起突发环境事件信息公开与公众参与的基础上，从突发环境事件的科普宣传、社会舆论引导以及如何提高民众风险意识三个方面，阐述了如何从事前、事中和事后三个方面做好突发环境事件的信息公开工作，防范和化解由于信息缺失或传达不及时造成的社会危机（李云和刘霁，2010；马安安和曾维华，2010；马文笑和王德鲁，2017）。

第一节　事件信息公开与公众参与

环境信息的公开不仅是公众环境知情权实现的重要方式，也是公众在突发环境事件产生后，维护自身生命健康和财产安全等权益以及积极有效参与事件处置的前提。要建立和完善突发环境事件的环境信息制度，就必须结合这类事件的特殊性，在尊重政府信息公开法律制度共性的前提下，尤其要强调突发环境事件处置过程中，环境信息公开的真实性、准确性、完整性和及时性。

一、突发环境事件信息公开的必要性

《中华人民共和国环境保护法》第五十四条规定："县级以上人民政府环境保护主管部门和其他负有环境保护监督管理职责的部门，应当依法公开环境质量、环境监测、突发环境事件以及环境行政许可、行政处罚、排污费的征收和使用情况等信息"。法律上强调突发环境事件信息公开的必要性主要有以下几点。

（一）环境信息的公开与公众人身、财产利益保护

公众对其工作和居住地环境污染信息的了解，有助于他们认识到其所承受的环境风险，一方面，公众可以基于对人身及财产权利保护，主张排污者采取防范性措施消除环境污染；另一方面，公众也可以通过对周围环境信息的掌握和分析采取适当的预防侵害的措施。

对于这些突发性的环境污染事件，如果能及时地向可能遭受污染危害的公众发布信息，则有可能大大地减少人身和财产的损害；如果可能受到环境污染影响的公众不能及时准确地获知环境污染信息，则会大大加重其人身及财产的损失。

一旦公众受到环境污染的侵害必然要寻求法律的救济，此时，排污者的确定以及其排污行为相关信息的获取对于受害人来说就是至关重要的。环境知情权的确立：环境保护部门应主动向公众披露信息从而使其对周围的环境信息有所了解。一旦环境被污染危害，为了确定排污者主体或为收集排污的相关信息，公众可以要求环境保护部门提供排污者排污的相关信息，包括排污数量、排污时间、排放的各种物质以及排污的方向等信息，这些为其获得民事救济将提供极大的帮助。

（二）环境信息的公开与社会秩序的稳定

突发环境事件的不可预知性，使其在发生之时就引起了公众对事件相关信息知情权的极度渴望，因为它与公众的利益密切相关，人们自我保护的本能在事件发生时，第一反应和最大需求就是了解信息，了解真实的信息、准确的信息和权威的信息。作为掌握环境信息的政府部门就应该公开拥有的环境信息。相反，如果不能及时、准确地向公众公布环境污染信息，甚至进行信息的隐瞒和封锁，不难想象人们在不知情的情况下可能做出不理智的行动。

（三）环境信息的公开与公众参与突发环境事件的解决

对于突发环境事件的应对，国内外的经验表明，不能仅仅依靠各级政府的力量，广泛的公众参与和支持对有效应对事件的作用是非常关键的。而公众能够恰当地参与到环境污染事件中去的前提之一就是他们能够真实、准确和及时地获得关于突发性事件的信息。公众只有获得全面而准确的环境信息，了解了突发事件本身的情况，同时也很清楚政府正在采取的和即将采取的紧急措施，才能做出正确的反应，知道如何行动来配合政府的应对措施。

对于突发环境事件来说，环境信息的公开具有多方面的意义，因此，各国法律特别是突发性事件应急管理法律都特别注重相关信息的公开。我国《国家突发公共事件总体应急预案》中也做出规定："突发公共事件的信息发布应当及时、准确、客观、全面。事件发生的第一时间要向社会发布简要信息，随后发布初步核实情况、政府应对措施和公众防范措施等，并根据事件处置情况做好后续发布工作。"

二、突发环境事件信息公开的规范性

在突发环境事件出现后,公众不仅需要政府公开相关环境信息以实现其环境知情权,而且要求政府提供的环境信息具有合法性。这种合法性的衡量标准就是环境信息公开的统一性、真实性、准确性、完整性以及及时性。国务院发布的《国家突发环境事件应急预案》中也明确要求,要"主动、及时、准确、客观向社会发布突发环境事件和应对工作信息,回应社会关切,澄清不实信息,正确引导社会舆论"。

(一)环境信息公开的统一性

环境信息公开的权力由应急机构统一行使,其他任何机构都没有信息发布权。当突发环境事件发生后,按照《国家突发环境事件应急预案》,突发环境事件应急处置中,应成立新闻宣传组,专门负责组织开展事件进展、应急工作情况等权威信息发布,正确引导舆论,做好相关知识普及,及时澄清不实信息,回应社会关切。有权公开环境信息的机构应该在第一时间向社会公开简要信息,随后公开初步核实的情况、政府应对措施和公众防范措施,并根据事件处置情况做好后续的信息公开。至于环境信息发布的形式可以采取多种方式,主要包括授权发布、散发新闻稿、杂志报道、接受记者采访、举行新闻发布会等。

环境信息的公开作为应急处置的一个重要方面,应该根据事件应急处置的总体部署,选择适合的时间、地点与内容进行公开,不宜随意进行。

(二)环境信息公开的真实性

环境信息公开的初衷在于使公众获得可以依靠的环境信息,因此环境信息的真实性是环境信息公开的最根本也是最重要的要求,以至于它可以被视为突发环境事件信息公开制度的前提性假设。真实性要求政府在公开环境信息时,应该以客观事实或具有客观事实基础的判断与意见为基础,以没有扭曲和不加粉饰的方式再现或反映真实状态。

（三）环境信息公开的准确性

环境信息公开的准确性要求政府在突发环境事件出现后公开信息要用精确不含糊的语言表达其含义，在内容与表达方式上不得使人产生误解。

当突发环境事件发生后，人民的生命健康和财产面临着严重的威胁，作为掌握环境信息的政府要根据环境污染本身的特点，利用广播、电视、报纸、互联网、宣传手册等多种形式对社会公众广泛开展突发环境事件风险知识的普及教育，指导公众以科学的行为和方式对待污染事件。让公众明确政府所采取的各种安全措施，包括疏散撤离方式、程序，组织、指挥疏散撤离的范围、路线、紧急避难场所等，使社会公众在突发环境事件面前能够保持冷静的态度和清醒的头脑，接受政府的安排，避免发生混乱。

（四）环境信息公开的全面性

环境信息公开的全面性是指政府在突发环境事件出现以后，应当将有益于公众生命健康和财产权益保护以及公众有效参与事件处理的所有环境信息予以公开，并且在公开某一项具体环境信息的时候，必须对该信息的所有方面进行周密、充分的揭示；不仅要公开突发环境事件处理中的积极性的正面信息，更要公开对公众利益影响的消极的负面信息，包括各种潜在的或现实风险因素，不能有所遗漏。当然，环境信息公开的全面性是否意味着政府在处理环境污染事件过程中事无巨细地向公众公开所有掌握的环境信息？答案是否定的。这里实际上涉及两个问题：第一个问题是哪些环境信息政府具有公开义务；第二个问题是环境信息公开是否有例外。

第一个问题实质上涉及政府公开环境信息的范围问题。为实现公众的环境知情权，政府管理部门通过各种方式向社会公开其所掌握的环境信息。然而，哪些环境信息是可以让公众知悉的，哪些环境信息必须要保密的，其中必有一个合理界限，这个界限就是环境知情权的客体范围。

第二个问题涉及环境信息公开之例外，也可以说是在利益衡量下对公众环境知情权的限制。从各国法律规定看，主要有两方面的例外。

其一是公共利益对环境知情权的限制。建立了信息公开法律制度的国家，都是在调整因公开所获得的利益和因不公开所被保护的利益的基础之上来对公众知情权进行适度的限制，以公共利益的维护来限制环境知情权，在环境信息法上都有体现。需要说明的是，这里的公共利益应是广义上的理解。以《德国环境信息法》来说，在以下几种情形下的环境信息是不能被公开的。第一，当公开的环境信息对国际关系、国防、政府主管部门的可信度有影响时，或危及公众安全时。第二，当公开的环境信息属于在法庭审理过程中，或审讯罪犯调查过程中，或政府主管部门执行行政管理时。第三，当公开的环境信息会对水域、空气、土壤、动植物群落及栖息物的现状造成明显的或持久的损害；或者对政府保护环境的行动及举措，包括环境保护行政措施及计划产生威胁时。

其二是私人利益对环境知情权的限制。从前面的论述可以知道，政府掌握的大量环境信息有些构成个人的隐私，有些则是企业法人的商业秘密，还有的尽管不一定属于隐私和商业秘密的范畴，但是，在某一特定时间内公开则可能给申报人的利益带来损害，如环境信息的公布将很可能妨碍提供信息人或代表提供信息人的正在进行的契约或其他协议的成立或履行等。通常各国信息公开法以及环境信息法等环境立法中都基于对私人利益的保护，规定涉及个人环境信息以及企业的商业秘密时，不允许向公众公开。

事实上，在突发环境事件出现以后，对于环境信息的公开例外可能更多地表现为公共利益的维护对公众环境知情权的限制。然而，由于公共利益概念在现实中的模糊性，往往成为重大环境信息被隐瞒或遗漏的借口。当突发环境事件发生后，政府在涉及环境信息的公开中，总要面临着不同利益的冲突与协调问题。这种利益的冲突与协调既存在于公共利益与私人利益之间，也反映在不同类型或不同范围的公共利益之间。处理这种冲突的基本原则应当是私人利益服从公共利益，小的公共利益依附大的公共利益。

（五）环境信息公开的及时性

环境信息公开的及时性是指政府在突发环境事件发生后，应该以最快的速度公开其掌握的环境信息，并且根据事件演变和处置的进程状况保证所公开的环境信息的最新状态，不能给社会公众以过时的和陈旧的信息。环境信息公开的及时性同样在各国的信息公开法和环境立法中得到重视。在《在环境问题上获得信息、公众参与决策和诉诸法律的公约》（即《奥胡斯公约》）以及美国、日本等国家的信息公开法中，对于公众申请获取环境信息的请求都规定了政府部门一定的期间内提供。

在突发环境事件中，环境信息及时披露的意义在于：一方面，公众可以根据最新公开的环境信息采取自我救助措施，尽量减少因环境污染带来的人身或财产损失。另一方面，也使得公众可以基于突发环境事件的最新变化情况，配合政府的应急处置措施，积极参与危机的解决（田为勇等，2014；毕军等，2015；汪杰等，2010，钟开斌，2009；重庆市环境保护局，2011；陈丹青等，2012；许伟宁等，2014）。

第二节　事件处置措施的科普宣传

首先突发环境事件的不可预知性，使其在发生之时就引起了公众对事件相关科学知识的极度渴望，因为这些科学知识有助于预防环境污染所造成的人身与财产侵害。如果公众不能得到科学知识的及时传播，必然会陷入普遍的恐惧之中。其次，公众需要及时获得准确的处理突发环境事件的科学方法，从科学上理解与配合政府采取的相关应急政策与措施。最后，公众需要科学知识与科学方法来行使处理突发环境事件的民主权利：只有相关环境污染知识与处理方法的有效获取才能使公众在突发环境事件中充分行使表达权、知情权、参与权、监督权，从而纠正和监督决策者对突发环境事件非科学甚至反科学的处理。总之，当地政府在处理突发环境事件过程中，仅仅强调信息公开是相当不够的，还必须对所公开信息的相关科学内涵进行公开传播，消除公众的相关知识缺陷，满足公众相关的知识需求，从科学上保障公众参与事件解决的民主权利，从而消除社会恐惧、维护社会稳定。为了达到这一目的，处理突发环境事件的科学传播必须坚持及时性、准确性、全面性的原则。及时性是指政府在突发环境事件发生后，在信息公开的同时，以最快速度在第一时间传播公众所应该知道和掌握的科学知识和科学方法，使公众可以根据及时的科学传播采取自我救助措施，从而尽量减少因环境污染带来的人身危害或财产损失；准确性是指政府在突发环境事件发生后，在信息公开的同时，用精确的语言传播处理突发环境事件的科学知识与科学方法，避免因为相关科学知识与方法的准确性不够导致公众理解偏差而发生社会混乱；全面性是指政府在突发环境事件发生后，在信息公开的同时，在事件发展的每一过程中不间断传播应对环境污染的科学知识与科学方法，让公众在环境污染事件处理的每一环节都对突发环境事件有全面理解和把握。

平时，各地各部门充分利用广播、电视、报纸、互联网等媒体以及其他社会宣传阵地，通过开设专栏专题、刊发评论文章、播放公益广告、举办专题展览、组织现场咨询、张贴海报标语、发放科普读物等形式，全方位多角度地开展环境应急知识宣传普及，提高全社会的环境应急管理知识；一旦突发环境事件发生，在应对处置过程中，应根据突发事件传播的特点，引导大众传媒，完善新闻发言人制度，控制谣言传播，稳定公众情绪，以收到良好效果。

第三节　社会舆论引导

当前，随着传统媒体的深刻变革和新兴媒体的迅猛发展，新闻和信息发布变得愈加便捷和普及，尤其是网络媒体，其凭借实时、快捷、廉价、有效等独特优势受到众多网民的青睐和社会各界的关注，日益显示出强大的威力。与此同时，政府部门的工作性质和特点，使其极易成为社会瞩目的热点和媒体关注的焦点。媒体的关注，一方面可以树立政府的良好形象，为干群沟通建立良好的氛围，提高人民群众对政府部门的认知度；另一方面，如果舆论导向偏离，也可能混淆是非，误导群众，损坏公务员队伍形象，影响政府工作。能否正确运用媒体这把"双刃剑"，引导媒体做好宣传工作、争取社会舆论的主导权，关系到公务员队伍的形象和政府工作发展全局。突发事件的媒体应急和社会舆论引导，已经成为亟待解决的现实课题。

社会舆论引导是一门深刻的理论性和生动的实践性相统一的学科，是社会管理者运用舆论调控社会成员的意识，从而调控社会成员行为的过程。突发环境事件的社会舆论引导，是政府特别是环保部门运用舆论调控社会成员意识，引导社会成员正确认识突发环境事件，积极参与整治与自救的过程，也是降低突发环境事件对环境造成严重污染和破坏，减少对人身和财产造成重大损失的重要举措。

一、突发环境事件社会舆论引导的必要性

当前，我国处在中国特色社会主义进入新时代的关键时期，各种矛盾依然凸显，国内外形势复杂多变，切实加强应急管理，提高预防和处理突发事件的能力，是构建社会主义和谐社会的一项重要工作。由于突发环境事件，具有发生突然、扩散迅速、危害严重、污染物不明及处理艰巨等特点，会造成局部的危机，引发公众的心理波动和影响社会稳定。因此，做好突发环境事件的社会舆论引导工作，减缓乃至化解社会矛盾和危机，就成为维护社会稳定、构建和谐社会极为重要的环节。

在应对突发环境事件中，正确的舆论导向，可以影响舆论走势。不仅能够遏制某些不良流言，还可以积极回应公众的关切和质疑，起到统一思想、鼓舞人心、凝聚力量、动员群众、心理疏导、安抚情绪、缓和矛盾的作用，使人民群众与政府达成共识。正确的社会舆论引导也可以有效地减少负面作用，遏止事件升级、防止事态扩大，推动政府妥善、迅速地处理突发环境事件，甚至化危机为转机，树立党和政府的良好形象，推动社会更好地发展。

二、突发环境事件社会舆论引导的基本要求

（一）及时发布，引领舆论注意力

从舆论导向角度上讲，只有提供全面、丰富的信息，人们在许多见解的鉴别中才能形成正确意见。信息贵在"新"，满足第一时间"早知道"尤为重要。突发环境事件发生后，要把握舆论主动权，抢占舆论先机。新闻媒体和公众都想最早知道向谁、到哪里获取权威信息，环保部门只有尽早出来"发言"，才可能赢得主动权。

（二）准确发布，提高舆论公信力

舆论公信力要体现四个"有利于"：即有利于党和国家的工作大局，有利于维护人民群众的切身利益，有利于社会稳定和人心安定，有利于事件的妥善处置。真实是信息的生命，必须准确、真实。环境污染事件发生后，要通过对重大突发环境事件准确、客观的通报，满足群众对信息的需求最大化，体现环保部门的权威性、公信力和影响力，并且引导突发环境事件向消除误解、吸取教训、完善措施、平息事态的正面转化。

（三）客观发布，扩大舆论影响力

客观存在是事物的本质属性，与之相对的就是主观臆断。舆论引导必须遵循客观规律，坚持客观、公正。要从群众关注点和兴奋点入手，把党和政府倡导的与群众需要的紧密结合起来，同时把握时机、节奏和力度，客观地发布事件真相，将群众的情绪向理性、客观、平和的方向引导，转移群众的观望、围观、起哄心态，促使事态朝有利于妥善处置方向转化，形成突发环境事件中共同的舆论话题、共同的意愿，最大限度地避免和消除突发公共事件造成的负面影响，从而真正起到"防火墙"、"减震器"和"安全阀"的作用。

（四）权威发布，增强舆论诚信力

根据突发环境事件的分级，由各级环境应急领导小组办公室负责本级突发环境事件信息对外统一发布工作。媒体已经成为民众反映诉求、表达意见的重要平台。要充分利用主流媒体，提高舆论引导的亲和力、吸引力和感染力，通过先入为主，变被动为主动，化危机为契机，在交流中求理解，在沟通中达共识，在讨论中聚人心。从而形成党政、媒体、民众三者良性互动新格局，使党和政府在应对突发环境事件中更好地体现舆论诚信力。

（五）依法发布，确保舆论引导力

在突发环境事件的舆论引导过程中要坚持依法办事，增强全社会的法治意识，即一切行动都要力图遵守其基本理念并符合其具体程序，避免法令执行失范。因此，在舆论引导中，要注意更多地援引法令对突发环境污染事件中的政府行为做出解释，并结合具体事件对法令的具体含义进行解释说明，促进社会共识的达成，充分体现政府的"依法执政"，提高法令执行的实际效果。

三、建立突发环境事件社会舆论引导机制

社会舆论引导要全面体现出社会服务的功能，就必须建立机制保障。机制是相对固定的、被证明行之有效的工作方法，其本身含有制度的因素，不因组织负责人的变动而随意变动。建立完善的具有科学性、实效性和可操作性的工作机制，才能确保突发环境事件舆论引导的实效。突发环境事件舆论引导机制主要包括应急信息处置机制、舆情收集研判机制、重要信息通报核实机制、信息发布协调机制、发布材料准备机制和媒体管理机制。这些机制形成一个系统，可以有效地支撑突发环境事件舆论引导工作顺利开展，也能保证其他应急工作的有序进行。

（一）应急信息处置机制

应急信息处置是指突发环境事件发生后，相关环保部门需要迅速做出反应，遵行"第一时间原则"立即启动相关新闻处置应急预案，拟定新闻发布方案，展开有针对性的新闻发布工作，向媒体和公众发出权威的声音，控制舆论制高点。

（二）舆情收集研究机制

要组织专人负责舆情的跟踪、分析、判断，定时提出分析报告，供决策之用。

（三）重要信息通报核实机制

面对突发环境事件，环保部门要建立信息通报核实机制，保证对外发布的所有信息都是经过仔细核实，精心策划、精心安排的，并有序地对外发布。

（四）信息发布协调机制

应对突发环境事件是一项十分复杂的系统工程。突发环境事件发生后，应由应急指挥中心统一指挥和协调，其他职能部门通力配合，做到统一领导、分级负责、综合协调。政府、环保部门和与群众利益密切相关的具有管理公共事务职能的企事业单位，要通过信息发布协调机制，把握公众舆论，了解重要的民情和重大社会问题，树立正确的主流价值观，弘扬正气，解决涉及群众切身利益的实际问题，推动危机事件的最终解决。

（五）发布材料准备机制

对于突发环境事件的新闻发布，在组织架构上要落实各类资料准备的责任人；在内容形式上，要有明确的材料分类；在信息发布上，要权威、准确、统一。

（六）媒体管理机制

突发环境事件往往伴随着公众层面上的普遍恐慌，各种公共媒体无疑会成为公众了解事件真相的主要渠道和手段。环保部门要主动与媒体沟通协调，争取各路媒体的理解支持，有序安排记者采访，向其提供事件的进展材料及新闻通稿，全方位把握新闻发布的口径统一，加强舆论引导工作的策略和方法。

第四节　提高民众风险意识，建立社会秩序

突发环境事件看似是偶然发生的污染事件，但从深层次上反映出了部分地区缺乏环境风险的防范意识和对环境风险的管理。我国还处于环境污染事故高发期，建立健全环境风险监督管理体制，提高风险管理意识，不但非常重要，而且非常必要，已经到了刻不容缓的地步，为减少因突发环境事件造成的损失，应采取以下措施。

（1）加强环境风险评价的研究，在吸收、借鉴国外环境风险评价研究成果

的基础上，探索适合我国的环境风险评价的模型、方法与系统，研究制定环境风险评价的法律程序、相关政策，为在我国科学开展环境风险评价和环境风险管理提供保障。

（2）将环境风险管理纳入各级政府的重要议事日程和政绩考核体系，加大责任追究力度，推动各地政府提高认识，促进监管力度的提高。促进各地形成节约能源资源和保护生态环境的产业结构及发展模式，从源头降低环境风险事件发生的可能性。

（3）加强宣传教育，提高公众的环境风险意识。对存在环境风险的企业加强风险防范意识教育，要加强环境事故隐患教育，通过定期的应急处置预案的模拟演练，提高事故应急处置的科学性、有效性，健全环境风险事件处置的应急机制。对居民开展必要的环境事故应急处置和防范知识的教育培训，培养风险意识和应急知识，做到防患于未然。

（4）加强法治建设，制订有关法律、法规或条例，对潜在的环境风险源隐患的环境风险应急管理工作加强法律监督，从而为社会经济发展提供必要的环境安全保障。

（5）利用科技手段，建设信息化的环境风险管理与应急系统。利用城市地理信息系统，建立环境风险源数据库、环境质量与污染源在线数据平台，构建环境风险防范系统，为事故的应急处置提供有效的技术支持。

总之，无论是企业还是个人，都应该增强环境风险意识，增强环境保护工作的责任感和使命感，从源头上控制环境风险隐患；妥善处理，减少突发环境污染事故的损失；强化合作，进一步健全环境应急管理机制，提高管理能力；落实责任，建设完善的环境应急管理问责制度。及时报告突发事件，做好信息报送，加强跨地域、跨部门的合作，完善联动机制，努力提高应急处置能力，努力开创环境应急管理工作新局面，建立和谐社会新秩序。

下 篇

常见突发环境事件应急处置及其典型案例

第五章
石油污染突发环境事件应急

石油作为一种重要的能源，其应用范围还在继续扩展，消耗量也日趋增大。石油在车辆与管道输送过程中，可能存在较多的安全风险。泄漏、爆炸是车辆运行过程中经常遇到的安全隐患。管道腐蚀、老化、自然灾害破坏及其他因素破坏等都有可能造成原油泄漏。另外，作业人员的违规操作也有可能会破坏管道，造成原油泄漏，甚至发生爆炸，引发安全隐患。原油的泄漏会对环境造成较大的污染。

我国石油公路运输比较频繁，运输过程中造成的突发环境事件在北方地区一直居高不下。石油公路运输过程中造成的突发环境事件往往会引发次生水体环境污染，这大大增加了事件的破坏性影响程度以及工作的难度，直接导致应急事件等级的提升。管道腐蚀是石油管道运行中对管道破坏率最高的一种现象，从相关的统计数据来看，腐蚀是石油管道储运过程中最大的危害，它也是事故发生的最主要原因之一（蔡锋等，2015；王祖纲和董华，2010）。

第一节 理 论 基 础

石油的主要成分是各种烷烃、环烷烃、芳香烃的混合物；其密度为 $0.8 \sim 1.0g/cm^3$，黏度范围很宽，凝固点差别很大（$-60 \sim 30$℃），沸点范围为常温到 500℃以上，可溶于多种有机溶剂，不溶于水，但可与水形成乳状液。

石油安全方面的性能指标主要涉及闪点、燃点与自燃点。

闪点：指在规定的加热条件下，按一定的间隔用火焰在加热油品所逸出的蒸气和空气混合物上划过，能使油面发生闪火现象的最低温度，也就是在规定的试验条件下，使用某种点火源造成液体汽化而着火的最低温度。闪燃是液体表面产生足够的蒸气与空气混合形成可燃性气体时，遇火源产生短暂的火光，发生一闪即燃的现象。闪燃的最低温度称为闪点，以℃表示。闪点的高低，取决于可燃性液体的密度、液面上的气压，或可燃性液体中是否混入轻质组分和轻质组分的含量。可燃液体的闪点随其浓度的变化而变化。闪点的高低与油的分子组成及油面上压力有关，压力高，闪点高。

燃点：燃点又称发火点，是指油品在规定的加热条件下，接近火焰后不但有闪火现象，而且还能继续燃烧 5s 以上时的最低温度。燃点比闪点一般要高 0～20℃。在不同气压下燃点也会有所变化，一般气压越低，燃点越高，如柴油机。柴油机正是通过将空气压缩，降低柴油的燃点，达到燃烧的目的。

自燃点：把油品加热到很高的温度后，使其与空气接触，在不同引火条件下，油品因剧烈的氧化而产生火焰自行燃烧的最低温度，称为自燃点。

油品安全性指标包括油品的闪点、燃点与自燃点。在各类油品中，油品越轻，其闪点与燃点越低，而自燃点却越高。各类油品的闪点、燃点和自燃点的大致范围如表 5-1 所示。

表5-1　各类油品的闪点、燃点和自燃点

油品名称	温度/℃		
	闪点	燃点	自燃点
汽油	−50～30	—	416～530
煤油	28～60	—	380～420
轻柴油	45～120	—	—
重柴油	>120	—	300～330
润滑油	>120	—	300～380

一、石油特点

石油的主要成分是烃类，按其结构不同，大致可分为烷烃、环烷烃、芳香烃等几类。它们具有如下特性：

（1）易燃性。燃烧的难易和油品的闪点、燃点和自燃点三个指标有密切关系。油品闪点越低，着火危险性越大，因此石油闪点是鉴定油品馏分组成和发生火灾危险程度的重要标准。

（2）易爆性。油品易挥发产生可燃蒸气，这些气体和空气混合达到一定浓度，一遇明火即有发生着火、爆炸的危险。爆炸的危险性取决于物质的爆炸浓度范围。

（3）易挥发、易扩散、易流淌性。

（4）易产生静电。石油及其产品本身是绝缘体，当它流经管路进入容器或在运输过程中，都有产生静电的特性。为了防止静电引起火灾，在油品储运过程中，设备都应装有导电接地设施。

（5）易受热膨胀性。油品受热后，温度上升，体积会迅速膨胀。若遇到容器内油品充装过满或管道输油后内部未排空而又无泄压设施，油品很容易体积膨胀，使容器或管件爆破损坏。为了防止设备因油品受热膨胀而受到损坏，装油容器不准充装过满，一般只准充装全容积的 85%～95%。输油管线上均应安装泄压阀。

二、应急处置方法选择

石油污染应急事件中，危害最大的是石油泄漏造成的水体污染。通常的处理方法主要有以下三种：

（1）物理处理法：使用清污船及附属回收装置、围油栏、吸油材料及磁性分离等。

（2）化学处理法：燃烧、使用化学处理剂（如乳化分散剂、凝油剂、集油剂、沉降剂）分离等。

（3）生物处理法：人工选择、培育，甚至改良这些噬油微生物，然后将其投放到受污海域，进行人工石油烃类生物降解。

化学处理法需要投加药剂，可能会产生二次污染，生物处理法效果虽好，但是处理时间缓慢，不适合应急处理，因此，物理处理法应该是石油污染水体应急处理的主要方法。当石油泄漏到水中时，大多是浮在水面上的，可通过围油栏将石油收集起来，少量乳化油、半乳化油等可通过投加活性炭吸附去除（许国强等，2002；杨小俊和莫孝翠，2010；邹联沛等，2001；vail de Graaf et al.，1996）。

常用的溢油处理技术方案参考表5-2。

表5-2　溢油处理技术方案

污染源控制技术	污染物防扩散技术	污染物消除技术	应急废物处置技术	
			应急废物	处置技术
1. 工艺措施 2. 堵漏 3. 倒罐 4. 转移	1. 围油栏 2. 冰渠/堤 3. 防波堤	1. 收油机 2. 油拖网 3. 燃烧法 4. 生物修复	含油物质	1. 固化 2. 焚烧 3. 地表处理 4. 安全填埋
			含油废水	1. 气浮 2. 化学混凝 3. 吸附 4. 生物降解 5. 膜分离 6. 粗粒化脱水 7. 电脱分离 8. 重力分离 9. 离心分离 10. 超声波处理
			含油污泥	1. 浓缩干化 2. 调质 3. 固化作用/稳定化作用 4. 回注 5. 溶剂萃取 6. 焚烧 7. 热解

三、应急所需主要材料及设备

车辆类：抢修车辆、油品车、消防车、救护车、铲车、挖掘机、吊车等。

设备类：消防器材、发电机、电焊机、钻井机、车载油水分离器、潜水泵、排污泵等。

材料类：铁锹及塑料桶、麻袋、防渗薄膜、土工布、承压塑料管、承压塑料软管、排污管道、浮筒、围油栏、天然吸附材料（稻草、秸秆等）、吸油毡、活性炭、吸油剂（依石油的种类及取用方便来选取）、凝油剂（温度低时使用）、高效菌（处理随水流走未能拦截的石油）、沙包沙袋、快速膨胀袋、下水道阻流袋等。

检测设备类：油气检测仪、红外光度测油仪、水质检测仪等、可燃气体爆炸箱等。

人员防护类：防火服、空气呼吸器、安全帽、手套、安全鞋、工作服、安全警示背心、安全绳等（李兴春，2012；杨海东等，2014；张军献等，2009；徐彭浩等，1998；张红振等，2016）。

第二节　石油公路运输造成的突发水环境污染事故处理

在交通运输过程中，由交通事故造成的石油类物品翻车、泄漏或燃烧爆炸等事故，都会产生很大的经济损失及环境污染问题。当事故污染水体时，必须进行一系列的应急处理，对事故进行控制，对污染进行治理。

一、常见突发情况

（1）石油罐车撞断护栏翻到水里。

（2）石油罐车违规穿越公路、铁路道口，撞断罐体配件。

（3）石油罐车液位计、压力表、阀门法兰（密封垫片）老化、开裂。

（4）石油罐车驾驶行为处置不当，造成翻车等交通事故。

二、处置步骤

（一）现场控制

（1）接警：各级人员接到事故报告后，立即到相应的岗位待命。

（2）现场防护与隔离警示：石油易挥发的性质致使周围环境中可能存在较高浓度的易燃易爆气体，需清理现场一切危险火源，防止爆炸或燃烧造成抢险人员伤亡及事故持续扩大化。在液体流散区域内和蒸气扩散范围内要彻底消除火种、切断电源。设置警戒线，封锁现场，将抢修现场用警戒绳围起来，并悬挂有关警示用语的标志牌，保证有序的施工环境。

（3）人员抢救：事故现场若有人员伤亡，立即组织现场抢救并打"120"送入最近医院抢救。

（4）截断源头：接到事故报告后，组织抢修组按泄漏部位特点到事故现场进行现场带压堵漏。罐车堵漏方法参见本节"九、罐车泄漏处理方式"。

（5）清理事故源：将事故油品车内的剩余残油倒至应急的油罐车运走。

围堵漏油：详见下文"（二）漏油处置"。

消除隐患：在石油液化气流散区域内和蒸气扩散范围内要彻底消除火种、切断电源。

（6）现场消防：将抢修车辆和设备放置在上风口。若事故现场有爆炸燃烧情况，请求当地消防队，配备一定数量的、性能可靠的、符合油品灭火功能要求的消防器材或消防车。若现场有火灾发生，灭火时禁止使用水喷射法灭火，应采用能控制石油继续燃烧的灭火剂进行灭火，如常见的干粉灭火剂。

（7）安排专人进行现场监护和救护。

（8）人身安全防护：应急人员作业前必须穿戴好防火服等防护用品、佩戴防毒面罩。当大量的油品外泄、气味较浓时，佩戴空气呼吸器进行抢修。皮肤受伤，可能造成血液接触的人员禁止进入作业区域。

（二）漏油处置

1. 一级防控——堵漏控源

接到事故报告后，组织抢修组按泄漏部位特点到事故现场进行现场带压堵漏，以切断污染源。罐车堵漏方法参见本节"九、罐车泄漏处理方式"。

2. 二级防控——围堵漏油

组织应急人员，对周围流动扩散的石油进行截流，阻止其继续扩散。

（1）在可能的情况下，可采用导流法把流散液体积聚在某一低洼处。具体做法为在泄漏点就近挖导流渠和截流坑或沿河边挖一条或数条集油沟。

（2）把土工布铺设在导流渠、截流坑或者集油沟内，防止石油下渗污染地下水。

（3）少量漏油用铁锹、桶等工具及时回收。漏油量大时，调动油品车辆对泄漏的石油及时回收，尽可能将污染面积降到最低限度。回收泄漏的石油时，不可选用非防爆型设备，或易产生静电的工具。

3. 三级防控——控制扩散

（1）若泄漏点周围有井盖，应将几百米（视具体情况而定）范围以内的所有井盖密封严实，不得有石油下渗到井内，产生次生污染的其他情况。若附近有水厂取水口，立即通知水厂在其取水口采取措施，必要时也可在取水口处布置吸油毡，降低水厂进水的油污含量。

（2）若两级防控未能达到防控要求，继续污染附近的河流水体时，采用"围""堵""收"的方法控制漏油在河流水体的污染范围。

（3）水面浮油收集。若被污染的水流入小溪、小河，将围油栏放入水中，使用粗钢丝绳将其两头固定在岸边的水泥桩或者大树上，围油栏可以很好地阻截大面积的漂浮油。具体做法如下：①利用固定的水泥桩或岸边大树、建筑物等先固定围油栏两端，再将围油栏放入水中，将水面的石油集聚于围油栏内。②条件许可时在靠近围油栏的地方修引流坝，以控制石油的扩散。③在围油栏内的河面区域铺满吸油毡，吸收河面漂浮的石油。没有吸油毡也可使用前面提到的一些其他常见吸附材料；天气恶劣，围油栏等设施收油效果不佳的情况下可采用抛洒凝油剂、人工打捞等方式，控制污染物下移。

（4）水中油的吸附降解。①将油水混合物引到装有颗粒活性炭的麻袋堆叠成的吸附坝，在水流通过时将其中的油吸附下来，再将吸附油后的活性炭妥善处理。也可以利用桥洞，在桥的背水面修筑吸附拦截坝。②若被污染的水流入大江大河，则需要投加粉状活性炭去除，必要时可投加高效菌。

4. 吸附材料使用方法

一般情况下，要先使用吸油毡处理，然后采用吸油剂。吸油剂一般选活性炭，若购买不方便则可就地取材选择大麦秸秆、稻壳、小麦秸秆或玉米秸秆等代替活性炭来吸附石油。

1）吸油毡的使用方法

使用吸油毡时，操作人员可以在船上或岸上向水面抛洒。最好能将吸油毡直接投放在溢油上。尽量向溢油多的地方投放，并且最好加以搅动以便吸收更多的溢油。投放吸油毡应适量，使吸油毡处于吸油饱和状态。吸油毡的吸油量达到饱和后，应尽快捞出水面，避免长时间在水中停留。

使用吸油毡时，尽量避免同时使用溢油分散剂，以免降低吸油毡的吸油效果。

依据溢出油量、河流流速与流向，及时使用和及时回收吸油毡。

2）吸油毡吸油后的处理

吸油毡吸油后，可将油挤出，重复使用，用完后的吸油毡最终回收后应及时集中用焚烧炉进行焚烧处理，防止二次污染。

3）活性炭的使用方法

粉状活性炭可直接用铁锹或盆等工具抛洒于水中；颗粒活性炭应该用麻袋装起来固定于水中。

注：市场上活性炭一般一袋25kg，而且外包装里面有一层塑料膜，在投加前，需要将活性炭翻袋重装。

4）其他吸附材料的使用方法

（1）大麦秸秆、小麦秸秆和玉米秸秆等应该扎成一捆一捆后放入水中，便于吸附完油污后打捞。

（2）稻壳类似于活性炭，可装入麻袋中使用。

漏油处置流程如图5-1所示。

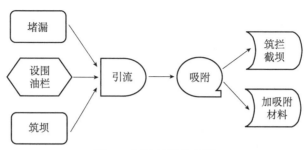

图5-1　漏油处置流程图

三、主要应急工程设施的修建方法

（一）浮油收集－围油栏法

见第二章第二节"一、浮油收集－围油栏法"中围油栏修筑方法。

（二）截流坝

当污染河段水流较小，可以完全截流时，就修建截流坝，对河道中的清水与污水分别截流。

清水截流见第二章第二节"二、截流坝"中构筑清水拦截坝部分。

1. 清水拦截坝内的清水引流

见第二章第二节"三、清水拦截坝内的清水引流"部分。

2. 构筑污染水截流坝

修建围坝堵截工程：按水流方向迅速建立若干道截流坝，对污染物进行围堵，减缓污染物扩散速度。此工程适用于能将污染水全部截流的情况。

（1）河水流量小时，直接用砂石填充的麻袋进行堆建，流量大时，也可采用橡胶坝。

（2）截流坝也可利用填充活性炭等的麻袋等修建成吸附坝。

3. 污染水截流坝内漏油的处理

见第二章第二节"四、污染水截流坝内漏油的处理"部分。

（三）活性炭吸附坝的做法与使用

见第二章第二节"五、活性炭吸附坝的做法与使用"部分。

（四）深水区船吸附

见第二章第二节"六、深水区船等漂浮物吸附"部分。

（五）主要应急工程设施修建选择

见第二章第二节"八、主要应急工程设施修建选择"。

四、混凝吸附系统的修建

见第二章第二节"七、混凝吸附系统的修建"部分。

五、污染末端河流工程措施

（一）调度运用水利工程减缓下泄

水利工程调度运用是一种处置突发性水污染的重要手段，具有独特优势。如果污染河流下游有水电站，下游水电站应落闸蓄水或减少下泄量，以减缓污染物下流速度，促进污染物吸附并为下游启动应急方案争取时间。如果污染河流下游有水库，可在原位吸附削沉污染物的前提下，针对下游河流流量变化情况，制定合理的水库水位调节计划，通过合理开关水库闸门，减少单位时间内进入下游的污染物总量，为下游组织实施应急处置措施赢得时间。同时将原有集聚的污染团稀释、分段，形成连续、低浓度波峰，通过投药、吸附作用，保障下游水体在应急工作进行期间可以达到地表水环境质量标准。

（二）稀释降峰

当污染水汇入大河后，由于在大河中构建拦截工程比较困难，不能采用原位混凝、物理及化学手段使污染物吸附去除。在此阶段，以科学调水为主，实行水量水质联动并实时预测，动态优化调水冲污降污。

如下游有两江交汇点，可在下游两江汇流处下端临时搭建软体坝（如橡胶坝），使两江水混合更加均匀。其目的是蓄水稀释、降低污染峰值，从而减小下游投药削污的工作量，同时减小下游水厂应急处置压力。

六、水厂工程措施

当污染事故发生后，污染流域内水厂应立刻采取应急方案，确保供水安全。有备用水源的水厂，应立即启用备用水源，制定供水方案，发布节约用水公告；对于没有备用水源的水厂，应启动水厂应急改造，启用可能的备用水源联合供水，确保水厂出水污染物浓度保持在正常水平。在水厂改造期间，应组织人员向缺水区域供应成品水，组织送水车辆，确保受影响区域的正常生活用水要求。

七、数据监测及分析

应急过程中，及时掌握污染物浓度变化对于开展工作、验证工作思路、评判应急措施的效果有着重要的意义。这些都依赖于对污染物进行浓度数据监测及分析。鉴于这部分工作的重要性，必须做到如下要求：

（1）调集专家骨干，积极开展应急监测工作。

（2）紧急调配、购置分析仪器，组建监测网络及时监测水质变化。

（3）将人员分成三组。第一组，参与水利厅组织的专家组奔赴污染物现场对污染物及污染范围进行全面的勘察，及时上报情况。第二组，汇总数据，起草材料，对各个断面送来的水样进行分析及对比分析，确保数据的准确性。第三组，在事故地下游水体增设若干个临时监测断面，成立监测小组，携带便携式水质监测仪赶到进行现场监测，及时对污染物的种类、浓度、污染范围及可能造成的危害做出判断。

（4）实时对泄漏地周围的空气进行检测，如果浓度超标则用雾状水进行吹散，直到石油气浓度降至爆炸下限以下。

（5）监测河流中的芳香烃类，尤其是以双环和三环为代表的多环芳烃（PAHs）是否超标。

（6）使用红外光度测油仪持续监测河流各个断面中的苯、甲苯、二甲苯和酚类等物质，尤其是以双环和三环为代表的多环芳烃是否超标。直至地下水中的指标趋于正常，停止检测。

（7）协调各地调集输运水车辆，及时采水送样。

（8）及时汇总、管理发布监测数据，为应急工作决策提供依据。

八、后处理

（1）转移事故车：在确定槽罐内的石油不再泄漏后，起吊转移事故槽车，现场指挥部要迅速研究制定起吊转移事故槽车的方案，并及时调集吊车及相关设备，将事故槽车及时、安全地起吊并转移。对事故槽车进行起吊时，要十分注意起吊的位置及起吊的安全性，在起吊同时要喷射卤代烷灭火剂或干粉灭火剂，预防由于摩擦静电作用产生的火花而发生火灾。

（2）冲洗低洼区：泄漏的石油容易积聚在低洼地带，因此在泄漏止住后，对泄漏现场的地面及边沟用消防水进行全面清洗，将冲洗水通过导流渠汇聚于截流坑内，防止积存的石油遇火源再次引发事后事故。

（3）换土：采用换土法即根据土壤污染面积，采用铁锹或调运挖掘机械将污染的土壤及时挖掘、存储，交由危废站处理，然后用干净未被污染的土壤填充被挖出的空地。

（4）冲洗路面：若在公路沿线地区，对泄漏的石油回收后，采用水冲洗法冲洗路面。用水冲洗公路的残油时，先在平行于公路方向的一侧挖两三道汇水渠，再通过引流渠将汇水渠中水汇聚至提前挖好的集水坑内（注意在各渠道和坑内铺设防渗薄膜），然后用污水泵将坑内的水通过污水管道抽送至罐车，送至污水处理厂。

（5）对含油废物进行分选预处理，将含油物质分为三类，含油量高的砂土、含油量低的砂土以及包括吸油毡在内的含油杂物；再进行分质处理，即含油量高的砂土焚烧处置；含油量低的砂土送水泥窑协同处置；含油杂物则经破碎后焚烧处置，焚烧灰渣送危险废物填埋场填埋处置。

也可以将所有含油物资全部运往附近现有的危险废物填埋场实施无害化填埋处理。有条件时也可将含油砂土直接送往危险废物填埋场填埋，含油杂物则送往废弃物处理单位，利用该单位的焚烧炉进行焚烧处置。

（6）做好场地恢复工作。

后处理工作流程如图 5-2 所示。

图5-2　后处理工作流程

九、罐车泄漏处理方式

（1）若罐体有砂眼，使用螺钉加黏合剂旋进堵漏；若罐体有孔洞，使用粘贴式密封胶堵漏；罐车阀门泄漏或管体孔洞型泄漏，使用专用的内封式、外封式、捆绑式充气工具进行迅速堵漏，或用金属螺钉加黏合剂旋拧，或利用木楔、硬质橡胶塞封堵。

（2）若罐体有裂口，使用外封式堵漏袋或粘贴式密封胶堵漏。若罐体有裂缝，使用外封式堵漏袋进行堵漏；由于罐壁脆裂或外力作用造成罐体撕裂，其泄漏往往呈喷射状，流速快、泄漏量大，制止这种泄漏，应采用专用的捆绑紧固和空心橡胶塞加压充气器具塞堵。

（3）不能有效制止泄漏时，采取疏导的方法将其导入其他容器或储罐。

第三节　石油公路运输造成的突发土壤环境污染事故处理

当由交通事故造成石油公路运输车翻车、泄漏或燃烧爆炸等，且事故发生地点远离水体时，泄漏的石油一般会造成土壤污染事故。此类应急处理相对石油对水体污染处理好操作一些。

一、常见突发情况

（1）石油罐车违规穿越公路、铁路道口，冲入路边地，撞断罐体配件。

（2）石油罐车液位计、压力表、阀门法兰（密封垫片）老化、开裂。

（3）石油罐车司机驾驶处置不当，造成翻车等交通事故。

二、处置步骤及其他

可全部参考上一节，除没有水体中漏油的处置外，其余处置方法与上一节相同，详见"第二节　石油公路运输造成的突发水环境污染事故处理"中的相关部分。公路运输泄漏处置平面示意图见图 5-3。

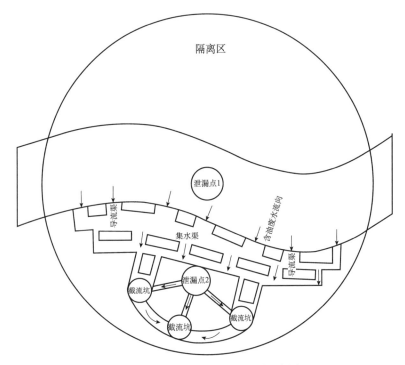

图5-3　公路运输泄漏处置平面示意图

图纸说明：该图仅适用于公路运输泄漏地点的现场应急处置；该图仅具有示意作用

构筑说明：泄漏点1处集水渠平行公路修建、导流渠垂于公路修建，且导流渠靠近公路一侧渠底应高
　　　　　于远离公路一侧，形成一定坡度；泄漏点2处导流渠修建要遵循"中高侧低"的原则，即渠道
　　　　　底的中部高于两侧，形成一定坡度；构筑物修建完成时立即铺设防渗薄膜或土工布

三、土壤石油污染的处理方法

（1）焚烧法。污染面积小但石油污染较严重时，将石油污染的土壤进行燃烧处理。

（2）隔离法。对污染物进行隔离，利用自然环境的自净能力处理。

（3）换土法。采用新鲜无污染的土壤代替被污染的土壤的处理方式。对污染土壤需要进行挖掘和运输，所以处理成本相对较高。

（4）污染土的处置：①清理污染土：用挖掘机将管道泄漏处四周受到污染的土壤挖去，利用周边低洼地或形成的挖掘塘，采用防渗薄膜铺设后，将污染土壤放入塘中。②处理污染土：将被污染的砂土用水冲洗或浸泡分离出大部分的污染物，即引入清水对土壤进行浸泡，由于油品比水轻，且不溶于水，浸泡后土壤中油类污染物将浮上水面。然后对冲洗或浸泡的水进行无害化处理并达标后排放，将浸泡后的土壤在进行处理后原位回填。③油水分离：采用车载油水分离器对塘中水体进行隔油处理，处理后的清水再进入塘中循环利用，最终水体送污水处理厂进行进一步处理。④翻晒土壤：处理后的土壤进行翻晒，确保土壤中油类污染物挥发完全，直至达标后回填。

第四节　石油水路运输造成的突发水环境污染事故和铁路运输造成的突发环境污染事故处理

一、石油水路运输造成的突发水环境污染事故

（一）常见突发情况

（1）船碰到水里的暗礁致船体破裂漏油。

（2）私人用小船偷运油，造成油泄漏。

（二）处置步骤

1. 现场控制

（1）接警：各级人员接到事故报告后，立即到相应的岗位待命。

（2）人员抢救：事故现场若有人员伤亡，立即组织现场抢救并打"120"送入最近医院抢救。

（3）隔离警示：设置警戒线，封锁现场，保证有序的施工环境。

（4）堵漏：接到事故报告后，组织抢修组按泄漏部位特点到事故现场进行

现场带压堵漏［详细处置请参见后文"（三）船舶的堵漏方式"］。

（5）打捞沉船：迅速采取合适的打捞方案进行沉船的打捞；比较常用的打捞方法有以下几种：①浮筒打捞法。用若干浮筒在水下充气后，借浮力将沉船浮出水面，此法浮力大而可靠，施工方便、安全。②船舶抬撬打捞法。用钢缆兜于沉船船底，用打捞船上的起重设备将沉船提起，打捞时一般要用两艘或多艘打捞船共同作业。③泡沫塑料打捞法。将密度小的闭孔泡沫塑料输入沉船舱内，排出海水，借泡沫浮力抬起船舶。此法可免去在沉船底穿引钢缆的不便，减少或免去封舱工作，也适合海上风浪下作业。④围堰打捞法。当船沉于水深较小的水域时，可筑堰于沉船的周围，抽出堰内的水，将沉船封补或修复，再灌水将船浮起后拆除围堰。

（6）现场消防：若事故现场有爆炸燃烧情况，应请求当地消防队，配备一定数量的、性能可靠的消防器材或消防车，用喷射干粉灭火剂法灭火。

2. 实施步骤

（1）堵漏控源：根据船的漏油方式选择不同堵漏方案［详细处置请参见后文"（三）船舶的堵漏方式"］。

（2）控制扩散：参见"第二节　石油公路运输造成的突发水环境污染事故处理"中的相关内容。

3. 注意事项

（1）进入现场人员必须配备必要的个人防护器具。

（2）设置现场警戒线，严禁无关人员进入现场。

（3）打捞人员在进行水下作业时要和岸上人员随时保持沟通。

（4）救护人员应处于泄漏源的上风侧，不要直接接触泄漏物。

（5）油品泄漏时，除受过特别应急训练的人员外，其他任何人均不得尝试处理泄漏物。

（三）船舶的堵漏方式

方式一：若船体产生裂缝，则在裂缝两端各钻一小孔，再将橡皮等软物覆于裂缝上，用木板压实，再用木桩等方式支撑和固定（不可直接打入木楔，以防扩大裂缝）。

方式二：若船体产生小破洞，则把与船体破洞相当大小的木塞用布料包裹，直接塞进破洞（如果一个堵漏塞不够用，可多用几个堵漏塞）；漏洞较大，在船内可以操作时，可用床垫等卧具填塞，覆以木板，再用木柱支撑固定。若船内没有操作空间，则在船外使用堵漏毯，这样能有效减缓船舶进水和下沉速度，以便为机舱排水、加固相邻舱壁、抢滩及等待救援争取时间。

方式三：如果船舶封堵失败，须将溢油源头进行转移或倒罐。

（四）水体浮油收集

石油水路运输造成的水体污染事故应急中，漏油规模有可能较大，此时对浮油的收集显得尤其重要。浮油收集的控制扩散除参见"第二节　石油公路运输造成的突发水环境污染事故处理"中相关内容外，还要注意以下几点：

（1）在靠近港口的浅水地区的小规模溢油事故，且海况相对较平静的情况下，建议用围油栏控制后，使用吸油毡吸附；使用后的吸油毡集中运往垃圾处理厂焚烧处理。

（2）对于高黏度、高倾点的溢油，经波浪的作用乳化成块、片状后，利用拖油网对其进行回收。

（3）对于大型溢油、连续溢油的油层或防火围油栏已经控制的溢油，可采用若干个点火装置进行燃烧处理。

二、石油铁路运输造成的突发环境污染事故应急

在铁路运输中，石油气以液态存储于罐车中。罐车体积庞大、管线复杂，各种阀门、管件较多，因此在运输过程中存在着潜在的危险因素，雷击、泄漏、超压、阀门破裂都会引起液化石油气的爆炸燃烧。

石油铁路运输造成的突发环境污染事故中，可能会污染水体环境或者土壤环境，也可能同时污染水体及土壤环境。

（一）常见突发情况

（1）火车液化石油气多半是槽罐开口、槽罐附件上的管道、法兰、液位计等处发生泄漏。

（2）火车液化石油气槽车在行驶途中发生脱轨或者其他意外事故，槽罐本

身破裂一般比较少。

（二）处置步骤

1. 主要处置步骤

参考本章"第二节　石油公路运输造成的突发水环境污染事故处理"中的相关部分。

2. 漏油处置

参考本章"第二节　石油公路运输造成的突发水环境污染事故处理"中的相关部分。

漏油处置示意如图 5-4 所示。

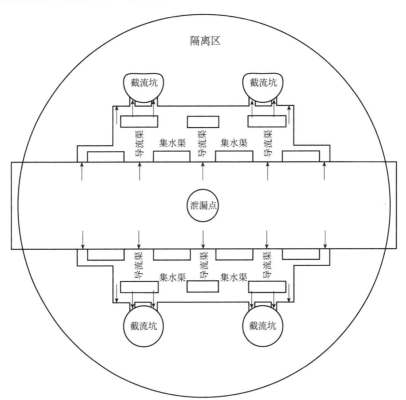

图5-4　铁路运输泄漏处置平面示意图

图纸说明：该图仅适用于铁路运输泄漏地点的现场应急处置；该图仅具有示意作用

构筑说明：集水渠平行于铁路修建，导流渠垂直于铁路修建，且导流渠靠近公路一侧渠底应高于远离公路一侧形成一定坡度；构筑物修建完成时立即铺设防渗薄膜或土工布

3.后处理

参考本章"第二节 石油公路运输造成的突发水环境污染事故处理"中的相关部分。

4.注意事项

（1）储罐泄漏会使周围环境中存在高浓度的易燃易爆气体，需清理现场一切危险火源。防止爆炸或燃烧造成抢险人员伤亡及事故持续扩大化。

（2）注意加强对抢险人员的安全防护，提高防患意识。

（3）若现场有火灾及爆炸事故发生时，根据火灾发生的规模和程度一般用高压水枪水喷射灭火。

（4）对事故油罐车进行起吊时，要十分注意起吊的位置及起吊的安全性，在起吊的同时预防由于摩擦静电作用产生的火花而发生火灾。

（三）槽罐泄漏处置方式

方式一：液化石油气液相泄漏，在消防人员的高压水枪喷射驱赶泄漏气体的帮助下，迅速地将法兰卡具安装在泄漏的法兰上，并使用加压枪向卡具内腔注入堵漏填料，使液相泄漏量减少直至完全堵住为止。然后应用烃泵倒罐工艺将该储罐的液相倒入其他储罐中。倒罐完毕，启动循环压缩机抽取该储罐的气相压入其他储罐，尽量使该储罐的气相压力降至 0.1MPa 以下。

方式二：泄漏储罐内无液相，可以直接启动循环压缩机抽取泄漏罐的气相，压入其他储罐中。破裂储罐的裂口位置无法进行堵漏操作，此时应采用循环压缩机抽取罐体气相，抽取气相时要注意观察破裂储罐的气相压力应处于正压状态，然后采用向罐体注水的方法，一边注水一边用循环压缩机抽取罐内气相，以减少气相的泄漏量。

方式三：泄漏储罐内有液相先采用烃泵倒罐工艺流程将液相倒入其他储罐中，倒净后再用法兰卡具、气带包扎、木楔等工具进行堵漏，并利用循环压缩机抽取泄漏储罐的气相，压入其他储罐，将泄漏储罐的气相压力降至 0.1MPa 以下。

（四）土壤石油污染的处理方案

可全部参考"第三节 石油公路运输造成的突发土壤环境污染事故处理"中的相关部分。

第五节　石油公路运输造成的突发水环境污染事故应急典型案例——甘肃平凉"4·9"省道304线柴油罐车泄漏事件

一、案例背景

2018 年 4 月 9 日 15 时 40 分，甘肃省平凉市泾川县发生柴油罐车道路交通事故，致柴油泄漏进入汭河后汇入泾河，造成跨甘肃、陕西两省突发环境事件。事件发生后，生态环境部高度重视，迅速派出应急办、西北督察局组成工作组赶赴现场，协调、指导两省地方政府和环保部门做好应急应对工作。通过甘肃、陕西两省共同努力，4 月 13 日 18 时始，受污染河段石油类浓度持续稳定达标，事件得到了妥善处置，甘肃、陕西两省先后终止应急响应。

事件发生后，甘肃、陕西两地相继启动了省、市、县三级政府突发环境事件应急响应，成立应急指挥部，统筹开展应对工作。4 月 11 日，生态环境部工作组紧急赶赴现场指导、协调两省联合开展应对。通过强化控源减污、应急监测、信息公开等措施，事件得到了妥善处置，避免了污染进一步扩大，并维护了社情舆情稳定。

二、应急措施

（一）切断源头

事故发生后，泾川县第一时间对柴油罐车进行了安全移置，防止罐体内残存柴油继续泄漏；沿事故点汭河河床修筑约 1m 高的围堰（图 5-5），减少柴油流入汭河；调用吸污车收集河床上相对集中的油污，铺设吸油毡吸附河床上分散油污；河床表面油污基本清除后，将受污染的河床土壤清运处置，并通过多次回填清洁土壤和后再清运的方式切断污染源。

图5-5　修筑围堰并清理现场受污染土壤

（二）拦截吸附

甘肃省平凉、庆阳两市先后设置吸油毡、拦油坝（索）72道，其中水泥管活性炭拦截坝3道，利用天然河床构筑临时纳污坑塘两个，对河面浮油进行人工收集和喷淋降解。通过多种措施进行降污，延缓了污水出省界约17h，为下游应急处置争取了时间。陕西省咸阳市先后在长武、彬州、永寿三地设置活性炭拦截坝5道，将污染控制消除在咸阳市内。

（三）应急监测

事件发生后，甘肃省平凉市、庆阳市环境监测站均第一时间赶赴现场，制订应急监测方案，开展应急监测（图5-6），并先后6次优化调整方案。两市在应急前线建立现场临时实验室各1个，提高了监测分析效率。陕西省环境监测中心站第一时间派人员赶赴现场，指导咸阳市先后6次优化调整方案，统筹全市环境监测力量开展工作。应急期间，甘陕两省共采集样品928个，出具监测快报235

图5-6　应急监测

期，为应急处置科学决策提供了支撑。

（四）信息公开

事件发生后，甘肃、陕西相关市县政府统筹组织，通过多种途径及时发布事件应急处置进展情况，密切关注舆情动态，及时回应社会关注。4月11日，在预判可能会造成甘、陕跨界污染的情况下，平凉市及泾川县政府连夜召开新闻发布会，向社会和公众发布事件相关信息和应急工作开展情况。平凉市、庆阳市分别通过市政府门户网站、广播电视台、手机客户端等官方媒体平台对事件处置相关情况进行报道。4月12日，咸阳市通过政府网站、广播电视台对事件处置情况进行通报和报道。通过甘陕两省三市及时公开信息，处置过程中未出现媒体集中炒作、恶意宣传报道等情况，舆论态势平稳，社会秩序良好。

第六节　石油管道输送过程的应急处理

一、石油管道输送过程造成的水环境污染事故应急

（一）常见突发情况

（1）管道穿孔事故：主要有腐蚀穿孔、沙孔眼、缝隙孔和裂缝孔等。事故特点是漏油量小，初始阶段对输油运行影响较小，不易发现。

（2）管道破裂事故：主要是管道强度、韧性降低，焊缝不良或者受到严重破坏时出现的。一般是事发突然，容易发现，漏油量较大。

（3）凝管事故：主要是高凝固点的原油在管道输送过程中，有时因输油流速大幅度低于正常运行参数，油品性质突然发生变化（如改变石油热处理或化学处理工艺、输送工艺的交替过程）出现的。正、反交替过程，停输时间过长等原因，都可能造成凝管事故。一般是事发突然，容易发现，漏油量较大。

（二）处置步骤

1. 现场控制
（1）接警：各级人员接到事故报告后，立即到相应的岗位待命。

（2）停输：迅速关闭断裂段最近两端阀门。当有油品大量外泄时，现场总指挥根据泄漏情况，通知井站人员迅速停泵，停止输送油品，关闭输油阀门。

（3）堵漏：接到事故报告后，组织抢修组按泄漏部位特点到事故现场进行现场带压堵漏。针对管道泄漏点的不同类型，采用不同堵漏方法［详细处置请参见下文"（三）管道的堵漏方式"］。

（4）控制扩散：参见"第二节　石油公路运输造成的突发水环境污染事故处理"中的相关内容。

（5）人员抢救：事故现场若有人员伤亡，立即组织现场抢救并拨打"120"送入最近医院抢救。

（6）现场预防消除隐患：石油易挥发的性质致使周围环境中可能存在较高浓度的易燃易爆气体，要防止爆炸或燃烧造成抢险人员伤亡及事故持续扩大化。在液体流散区域内和蒸气扩散范围内要彻底消除火种、切断电源。

（7）设定警戒区及警戒标志：测定警戒范围要与设置警戒标志同时进行。先期到达事故现场的处置人员要掌握风向、风速、地形、周围建筑物的情况和液化气扩散流动范围，并将抢修现场用警戒绳围起来，在警戒区边界和通行地点设置"禁止入内""此处危险"等标志，保证有序的施工环境。

（8）现场消防：将抢修车辆和设备放置在上风口。若事故现场有爆炸燃烧情况，请求当地消防队，配备一定数量的、性能可靠的、符合油品灭火功能要求的消防器材或消防车。若现场有火灾发生时，灭火时禁止使用水喷射法灭火，应采用能控制石油继续燃烧的灭火剂进行灭火，如常见的干粉灭火剂。

（9）安排专人进行现场监护和救护。

（10）人身安全防护：应急人员作业前必须穿着防护服、佩戴防毒面罩。当大量的油品外泄，气味较浓时，应佩戴空气呼吸器进行抢修。皮肤受伤，可能造成血液接触的人员禁止进入作业区域。

（11）对抢修现场进行全面彻底的检查，确认没有火种及其他隐患后进行环境治理。

（12）通风：在动火的全过程中应不断地检测可燃气体的浓度，当可燃气体浓度高于其爆炸下限的25%时，采取人工通风措施，人工通风的风向应与自然风向一致。

（13）动火作业操作坑：开挖抢修动火作业用的操作坑（有水的地方做水

筑坝），动火作业操作坑要符合下列要求：①操作坑应足够大，保证抢修人员的操作和抢修机具的安装及使用；②操作坑设集油坑，使抢修人员操作方便；③操作坑与地面之间设人行通道，通道设置在动火点的上风向，其宽度不小于1m，通道坡度不大于30°。

（14）防火墙修筑：若操作坑距有油水的沟渠比较近，在靠近有油水的一侧设置防火墙。

（15）由熟悉管线走向和地形、地貌的人负责指挥挖掘机挖操作坑，边挖边测试，避免挖破管道。

（16）清除油泥：当埋地管道较深有地道时，应将离动火点周围处至少5m的地道破坏，挖走地道内的油泥，并将挖开的地道口用新土封堵严实，用油气检测仪反复检测，确认其油气浓度在安全的范围之内才可以用火，避免在动火过程中发生爆炸坍塌伤人事故。

（17）室内抢修：当在阀室内进行抢修时，打开所有门窗，清理干净室内的油品，然后撒上干粉。

（18）管线支固：当管线穿过固定墩里的管道，因腐蚀穿孔需抢修时，在砸掉固定墩之前，在固定墩前或后找一个合适位置将管线固定、支撑牢固，避免管道失去支撑和固定后出现倒塌或变形。

（19）"大火"试验：当油品停止泄漏时，用油气检测仪检测操作坑及周围的油气浓度，确认在安全的抽气浓度范围之内并进行"大火"试验（在现场油气浓度最高点放置可燃气体爆炸箱，爆炸箱箱体是由尺寸为500mm×500mm×700mm的五个加强的有机玻璃面和一个爆炸的泄压面构成的长方体，点火前打开箱体，使得箱体内油气浓度与外界环境一致，封闭点火，观察箱体内有无燃烧、爆炸发生），避免烧伤抢修人员，开始焊接。

（20）安全抢修：下操作坑内抢修的人员腰上必须系扎用非易燃材料制作的安全绳，同时要与坑外进行救护的人员配合、协调好。

（21）测定气体扩散范围：处置人员到达泄漏事故现场后，要运用仪器对事故现场泄漏的液化石油气扩散的地带及其范围进行爆炸浓度极限测定。警戒区边界浓度取值应以爆炸浓度下限的1/2为准。测定时把测爆仪指针调节在0.75%（液化石油气爆炸浓度下限为1.5%），超过0.75%为不安全，低于0.75%是安全的。对地下沟槽、坑道及低洼地带要重点测试。

（22）水厂取水口的保护：立即通知附近的水厂在其取水口处布置吸油毡，降低水厂进水的油污含量。

2. 应急处置

1）一级防控——停输堵漏控源

（1）停输：迅速关闭断裂段最近两端阀门。当有油品大量外泄时，应通知井站人员迅速停泵，停止输送油品，关闭输油阀门。

（2）堵漏：接事故报告后，组织抢修组按泄漏部位特点到事故现场进行现场带压堵漏。针对管道泄漏点的不同类型堵漏方式，采用不同堵漏方法（详细处置请参见下文"（三）管道的堵漏方式"）。

2）二级防控——围堵漏油

组织应急人员对周围流动扩散的石油进行截流，阻止其继续扩散。

（1）在可能的情况下，可采用导流法把流散液体积聚在某一低洼处。具体在泄漏点就近挖导流渠和截流坑或沿河边挖一条或数条集油沟。

（2）把土工布铺设在导流渠、截流坑或者集油沟内，防止石油下渗污染地下水。

（3）少量漏油用铁锹、桶等工具及时回收。漏油量大时，调动油品车辆对泄漏的石油及时回收，尽可能将污染面积降低到最低限度。回收泄漏石油时，不可选用非防爆型设备，或易产生静电的工具。

3）三级防控——控制扩散

（1）若泄漏点周围有井盖，做到几百米（视具体情况而定）范围以内的所有井盖密封严实，不得有石油下渗到井内，产生次生污染的其他情况。若附近有水厂取水口，立即通知水厂在其取水口采取措施，必要时也可在取水口处布置吸油毡，降低水厂进水的油污含量。

（2）若两级防控未能达到防控要求，继续污染附近的河流水体时，采用"围""堵""收"的方法控制漏油在河流水体的污染范围。

（3）水面浮油收集。若被污染的水流入小溪小河，将围油栏放入水中，使用粗钢丝绳将其两头固定在岸边的水泥桩或者大树上，围油栏可以很好地阻截大面积的漂浮油。具体做法如下：①利用固定的水泥桩或岸边大树、建筑物等先固定围油栏两端，再将围油栏放入水中，将水面的石油集聚于围油栏内。

②条件许可时在靠近围油栏的地方修引流坝，以控制石油的扩散。③在围油栏内的河面区域铺满吸油毡，吸收河面漂浮的石油。若没有吸油毡也可使用前面提到的一些其他常见吸附材料；天气恶劣，围油栏等设施收油效果不佳的情况下可采用抛洒凝油剂、人工打捞等方式，控制污染物下移。

（4）水中油的吸附降解。①将油水混合物引到用装有颗粒活性炭的麻袋堆叠成的吸附坝，在水流通过时将其中的油吸附下来，再将吸附油后的活性炭妥善处理。也可以利用桥洞，在桥的背水面修筑吸附拦截坝。②若被污染的水流入大江大河，则需要投加粉状活性炭去除，必要时可投加高效菌。

3. 主要措施与设备的使用方法

参考本章"第二节　石油公路运输造成的突发水环境污染事故处理"中的相关部分。

4. 数据监测及分析

（1）监测河流中的芳香烃类，尤其是以双环和三环为代表的多环芳烃是否超标。

（2）使用红外光度测油仪持续监测河流各个断面中的苯、甲苯、二甲苯和酚类等物质，直至水体中的指标趋于正常，停止检测。

5. 注意事项

（1）进入现场人员必须配备必要的个人防护器具。

（2）设置现场警戒线，严禁无关人员进入现场。

（3）输油管道泄漏时应切断一切火源，严禁火种，使用不产生火花工具处理，防止火灾和爆炸事故的发生。

（4）救护人员应处于泄漏源的上风侧，不要直接接触泄漏物。

（5）油品泄漏时，除受过特别应急训练的人员外，其他任何人均不得尝试处理泄漏物。

（三）管道的堵漏方式

方式一：管道穿孔处理方法是管道降压后，先用木楔把孔堵住，然后带油外焊加强板，或在漏点处贴压内衬耐油橡胶垫的钢板，用卡具在管道上卡紧，然后进行补焊。

方式二：管道破裂处理的方法：①对于小裂缝，可用带引流口的引流堵漏器。封堵时，将管道的漏油从封堵器的引流口引出，以便进行管道封堵补焊。管道补焊好后，将引流口用丝堵封闭。②对于不规则裂缝，可用由内衬耐油橡胶垫和薄钢板构成的"多项丝"封堵器进行封堵。③对于需要更换管段、阀门等裂缝比较大的管道事故，可以使用 DN 型管道封堵器进行封堵，截断油流，进行作业。

方式三：凝管事故处理的方法：①管道出现凝管苗头，处于初凝阶段时，采用升温加压的方法顶挤；②当管道开孔泄流后，管内输油量仍继续下降，管道将进入凝结阶段。对于这种情况，采用在沿线干管上开孔和分段顶挤的方法，排出管内凝油。

二、石油管道输送造成的土壤环境污染事故应急

（一）常见突发情况

同"第三节 石油公路运输造成的突发土壤环境污染事故处理"中的相关内容。

（二）处置步骤

1. 主要处置步骤

参考本章"第二节 石油公路运输造成的突发水环境污染事故处理"中的相关内容。

2. 污染地下水时的处置

1）所需材料及设备

铁锹、钻井机、挖掘机、发电机、潜水泵、承压塑料管。

2）防控措施

（1）当油类已经污染地下水时，要及时控制石油在地下水中的迁移污染。

（2）在地下水主流下方向用钻井机配合挖掘机设置若干水力截获井。

水力截获井：当油类已经污染地下水时，油类主要会分布在地下水含水层的上部。此时在地下水主流下方向每隔30～40m呈扇形设置6～8口水力截获井，打井深度位于污染的地下水含水层的上部（10～30m）。

（3）用潜水泵将该污染区域的地下水抽送至地面，经处理干净后回注或排入地表径流。

地下水一次处理：通过抽水井抽出污染的含油类地下水，排入临时建立的废水隔油池，经油水分离器处理后排入清水池。

地下水二次处理：在清水池用果壳活性炭进一步吸附处理达标后，清水排入附近沟渠。

石油管道泄漏处理流程见图5-7，处置平面示意图见图5-8。

3. 数据监测及分析

（1）监测周围环境中的芳香烃类，尤其是以双环和三环为代表的多环芳烃是否超标。

（2）使用红外光度测油仪持续监测地下水中的苯、甲苯、二甲苯和酚类等物质，直至地下水中的指标趋于正常再停止监测。

（3）定期检测土壤中的油类成分，防止出现堵漏不严，油类再次泄漏事故发生。

图5-7 石油管道泄漏处理流程

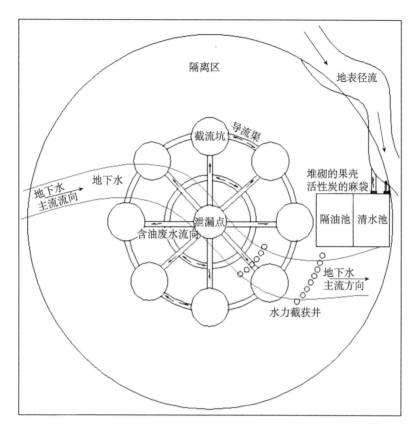

图5-8　石油管道泄漏处置平面示意图

图纸说明：该图仅适用于管道泄漏地点的现场应急处置；该图仅具有示意作用

构筑说明：截流坑与导流渠的修建要遵循"从远及近"的原则，即距泄漏点较远的地方修建最外围截流坑与导流渠，然后逐步靠近泄漏点修建；构筑物修建完成时立即铺设防渗薄膜或土工布；导流渠修建要遵循"中高侧低"的原则，即渠道底的中部高于两侧，形成一定坡度；水力截获井的设置依据地下水流流向，在地下水主流下方向呈扇形设置

4. 注意事项

（1）石油易挥发的性质致使周围环境中可能存在较高浓度的易燃易爆气体，需清理现场一切危险火源。防止爆炸或燃烧造成抢险人员伤亡及事故持续扩大化。

（2）注意加强对抢险人员的安全防护，提高防患意识。

（3）若现场有火灾发生，灭火时禁止采用水喷射法灭火，应采用控制石油继续燃烧的灭火剂进行灭火，如常见的干粉灭火剂。

（4）注意油水分离设备的使用，应由专业人员按照正规操作流程进行操作。

（三）污染土壤的处理

可全部参考"第三节　石油公路运输造成的突发土壤环境污染事故处理"中相关的部分。

第七节　石油管道运输造成的水环境污染事故应急典型案例——山东青岛"11·22"中石化东黄输油管道泄漏爆炸特别重大事故

2013 年 11 月 22 日 3 时，位于青岛市经济技术开发区的中国石油化工股份有限公司（简称中石化）管道储运分公司潍坊输油处输油管线发生破裂，造成原油泄漏。事件发生后，企业于 3 时 15 分关闭输油管道，泄漏原油沿雨水管线进入胶州湾边的港池，海面过油面积约 3000m²。企业在海面布设两道围油栏，围油面积数百平方米。上午 10 时 30 分许，黄岛区海河路和斋堂岛路交会处雨水管道内的原油发生爆燃，同时在入海口被油污染的海面上发生爆燃，将两道围油栏烧毁。事故初步分析是管线漏油进入市政管网导致爆燃造成的。山东青岛"11·22"中石化东黄输油管道泄漏爆炸事件认定为特别重大责任事故，共造成 62 人死亡、136 人受伤、直接经济损失 7.5 亿元。

事故发生后，山东省、青岛市和黄岛区三级党委政府迅速行动，青岛市政府和中石化成立了石油天然气管道突发事件应急指挥部，启动一级响应，扑灭火势，全力抢救伤员，在海面重新布设 3 道围油栏并组织力量打捞入海原油，经青岛市部门监测，事故点下风向 500m 处大气环境中非甲烷总烃浓度达标。环境保护部（现生态环境部）领导高度重视，认真落实党中央国务院领导重要批示精神，立即派出工作组赴现场开展工作。经努力，事件得到妥善处置。

1. 领导高度重视

11 月 22 日下午，环境保护部副部长翟青同志带领工作组随国务委员王勇赶赴青岛市，参加了国务院工作组会议。翟青同志在会议中就事件处置工作提出三点建议：一是做好海面油污围堵工作，确保油污不出海湾。要制订详细清污方案，积极开展打捞工作，打捞废物要实施无害化处理。二是建议专家认真研究爆炸后涵道内残存的油污和消防废水的处理方式，确保妥善处置。三是建议当地海洋部门参与对近海海水水质的监测，加强协调，回应好社会和群众的关注。环境保护部工作组于11月23日上午查看了事件现场、港池、近海围油栏设置情况，并就如何做好清污工作提出了积极建议。

11月23日晚，山东省环境保护厅副厅长组织青岛市环境保护局和黄岛分局有关领导参加第一次协调会，通报了山东省处置中石化东黄输油管道泄漏爆炸事故指挥部第二次会议精神，并就做好下一步工作提出了明确要求。11月24日8时，山东省环境保护厅副厅长带领青岛市有关人员到事故入海口检查油污清理、暂存和处置工作，要求近岸油污要迅速回收，加快工作进度，联系危险废物处置单位，尽快开展收集油污的处置工作。

11月24日上午，翟青同志带领工作组赴山东海事局，了解海上清污工作进展情况，并同山东海事局有关负责同志交换了意见。据山东海事局介绍，胶州湾码头附近海域围油栏内原油已基本清理完毕。胶州湾内两片比较大的油污带当日清理完毕。为避免油污带受潮汐影响扩散至胶州湾外海，海事部门已在退潮海域布置清运力量，确保油污带不出胶州湾。海上污染总体得到较好控制，海水水质将明显改善。副部长翟青同志指出，环保部门要与海事部门加强合作及联动，共享信息，统一行动，共同消除污染。青岛市环保部门要联合青岛市海事部门，对事件应急监测及处置等情况做出评估，为今后环境应急工作提供借鉴。

11月24日上午，翟青同志及环境保护部应急办、山东省环境保护厅工作人员到海巡1512海上吸油船视察了清油工作情况及海上油污情况，随后到青岛海事局监控指挥中心询问海上清污进展工作及油污分布情况，并与现场作业的海巡11号船进行通话，了解了清污工作情况。翟青同志指出要加快海上油污及岸线油污清理进度，采取在事发雨水渠建设拦污坝，对城市管网改道截流等措施封堵油污入海，要严防油污漂至外海造成更大范围的环境污染。

2. 持续开展海上油污清理

当地环保部门指导有关企业在涵道口及海面分别布设3道围油栏，中石化储运分公司委托两家具有处理能力的环保科技公司对1万多平方米的污染海面采取投放吸油毡和消油剂两种方式进行清理。青岛海事局调用部分渔船配合清污。打捞上岸的油污及吸油毡作为危险废物送至相关单位进行安全处置。

海事部门在胶州湾口布设监控线，对可能漂入海面的零星油污及时进行清理；截至11月24日16时，先后有18艘清污船舶开展清污，6艘海事巡逻艇进行巡查警戒和清污，另有12艘小型清污船舶应急待命；累计布设围油栏约3000m，累计喷洒消油剂40余吨，累计使用吸油拖缆约9000m，累计抛投吸油毡22t，累计出动清污人员1350人。初步统计，累计回收吸油毡、吸油拖缆及其油水混合物约180t。经过11月23日、24日的清污行动，清污效果明显，海上油污面积由11月23日峰值17km^{2}逐步缩减到11月24日的3～5km^2，海上油污呈带状、片状零星分布。受25日北风影响，海面上漂浮的吸油毡、油膜已汇集到入海口，当地利用有利气候条件，加大处置力度，截至11月28日，累计收集含油废水约88t，废吸油毡约71t，喷洒消油剂40t。

3. 污染源断源

11月22日，现场指挥部决定在雨水涵管上游采取断流和导流措施，拦截进入雨水涵管的生活污水；在涵管出口处筑坝截断油污，利用中石化青岛炼化公司的两个临海事故应急水池储存油污然后集中处置，以减轻海水污染。

11月25日，青岛市政府继续对入海明渠处的拦水坝和围油栏进行维护、加固，阻隔从泄洪暗渠流下的废油污水。同时，在明渠入海口处投放吸油毡约20t，喷洒消油剂约10t，布置吸油拖缆近2000m，并在明渠处安排2部吸油车持续开展吸油作业，防止油污漫过围栏入海。青岛市环保部门在清污现场设置危险废物回收暂存装置，截至11月25日，累计收集含油废水约55t，废吸油毡约6t，全部运往相关资质单位进行安全处置。通过实施上述清理措施，海上油污逐步呈带状、片状零星分布，清污效果明显。

青岛市继续开展油污拦截清理工作。截至11月28日，已将含油污染物控制在涵洞口北40m范围的围油栏内，无油污入海现象。对于环境保护部无人机航拍发现的零星油污，当地已组织清理。28日，陆上成功回收含油废水约8t，吸油毡约35t。

为防止陆上其他污染源加重海上污染，青岛市环境保护局对26处沿海排水口、29家直排企业进行了排查，未发现异常情况。

4. 开展应急监测

大气监测方面，11 月 23 日，经当地环保部门监测，事发地周边的两个环境空气质量监测点位中，非甲烷总烃浓度远低于大气污染物综合排放标准浓度限值。11 月 24 日，继续对澎湖岛街与淮河路交叉口和黑山小区两处点位加密监测，监测结果显示，非甲烷总烃监测数据在 0.009 ~ 0.022mg/m³，远低于大气污染物综合排放标准中 4mg/m³ 的限值，表明该区域空气质量已稳定恢复到正常水平。

海水水质监测方面，11 月 23 日，当地环保部门在距离岸边 50m 和 100m 处海域内布设 8 个监测点位，由于油污难溶于水，海面油膜分布不均匀，监测数据呈现不规律性，石油类浓度超标 30 ~ 302 倍。根据现场观测，因海面风浪顶托，海中油膜向岸边聚集，事发地沿岸形成断续的片状油带。海面布设的 11 处监测点位监测结果显示，只有距入海口岸边西北方向 3000m 内的 5 个点位存在超标现象，最高超标 71.4 倍。青岛市市南、市北、李沧、城阳和高新区环境保护分局定时对沿岸海域进行巡视，截至 11 月 24 日，青岛市区前海一线未发现明显油污。

11 月 24 日海上风力较大，受海面风浪顶托影响，海中油膜向岸边聚集，事发地沿岸形成断续的片状油带。10 时至 11 时 30 分期间，共在海上布点 11 处，监测项目为石油类浓度。距排放口岸边西北方向 4000m 以内布点 7 处，监测结果在 0.221 ~ 36.2mg/L，其中 3000 ~ 4000m 间的 2 个点达标，3000m 以内的 5 个点存在不同程度超标现象，均超过海水水质标准中石油类浓度 0.5mg/L 的评价限值。距排放口岸边东南方向 2000 ~ 3000m 布点 4 处，监测结果在 0.007 ~ 0.075mg/L，均达标。上述结果表明，围油栏、消油剂、吸油毡等措施处理油污效果较为明显。

11 月 25 日，在海面布设 19 个监测点位，监测结果表明，各点位石油类浓度较前几日均有不同程度下降，其中 4 个油污聚集的点位石油类浓度超标，最高超标 9.52 倍，其余点位均达标。

11 月 28 日，共布设 17 个海水监测点位。前海一线靠岸的 5 个点位中，4 个点位海水水质达标，1 个点位石油类浓度超标 0.16 倍，胶州湾内沿岸 12 个监测点位石油类浓度均达标。

5. 部门协调、通力合作

事故发生后，青岛市政府和中石化迅速成立应急指挥部作为总指挥部，环境保护部应急办、青岛市政府、青岛市环境保护部门，以及青岛市海事部门加强合作及联动，共享信息，统一行动，按照任务分工，联合作战，确保沿海和海上的清污工作有序进行。当地政府、环境保护部门、中石化重新布设围油栏，组织原油打捞工作，污染海面采取投放吸油毡和消油剂两种方式进行清理；现场指挥部决定在雨水涵管上游采取断流和导流措施，拦截进入雨水涵管的生活污水；在涵管出口处筑坝截断油污，利用中石化青岛炼化公司的两个临海事故应急水池储存油污然后集中处置，以减轻海水污染。青岛海事局主要负责海上区域清污计划的制定并组织清污工作，调用部分渔船配合清污以及海上污染清理工作的检查工作，确保清污工作的有效实施。

利用航拍无人机支援监测。环境保护部派出一架航拍无人机到现场支援监测工作，并安排两名专家赴现场指导清污工作。根据环境保护部卫星遥感、无人机航拍以及青岛市陆地巡查情况，当地在青岛市栈桥西侧海岸岩石上发现油污，并及时组织清理；在海面上八大峡处海域发现少量浮油带，油污入海口距海岸100m处有油团，其余地点暂未发现油污。据空中观测，胶州湾海域中间及其他区域尚余部分分散的漂浮油膜，油膜覆盖的区域也存在局部的污染问题[①]。

第八节　石油储存的应急处理

一、灭火处理原则

（一）主动策略

当火灾现场的消防人员和消防设备（固定灭火系统、移动式灭火系统、消防炮、灭火剂等）充足、有效时，消防人员应采取主动进攻的灭火策略。采取主动进攻灭火策略时，消防人员应全力扑灭着火油罐的大型货车，转移油罐内

---

① 生态环境部环境应急指挥领导小组办公室. 2020. 突发环境事件典型案例选编（第三辑）（征求意见稿）.

的油品。

采取主动进攻的策略灭火时，应注意以下要点：

（1）要有充足的消防冷却水、灭火剂和消防装备。

（2）保证适当的泡沫供给强度。泡沫供给强度不应低于相关标准、规范中推荐的供给强度。灭火过程中应对灭火效果进行评估，喷射灭火剂一段时间后，应观察火势是否有明显减弱或者烟气的颜色是否发生改变；如果没有变化，应调整灭火战术。如采用相关标准中规定的供给强度，喷射灭火剂 $20 \sim 30min$ 后，火势应该会有所减弱。

（3）灭火过程中，应注意风速、风向的影响，并根据天气条件及时做出调整。

（4）扑灭原油、重油火灾时，应密切注意是否发生沸溢，如有可能发生沸溢，应制定应急计划。

（5）当防火堤内和储罐都着火时，优先扑救防火堤内的地面火。

（6）扑灭油罐火灾时，应优先使用固定灭火系统。

（7）多个储罐着火时，宜优先扑救最易扑灭的火灾，或优先扑灭危险大、风险高的油罐火灾（沸溢或爆炸）。

（8）扑救外浮顶罐密封圈火灾时，在火灾可控情况下，才可采取登顶灭火的方式。应避免过量喷射泡沫，防止浮盘沉没。

（二）防御策略

当直接扑灭储罐火灾可能性较小，但该区域无须撤离时，可采取防御策略。利用现有的泡沫灭火系统和消防冷却水系统将火灾控制在储罐或一定范围内，防止其向外蔓延。

当使用防御性灭火策略时，应采取以下五种措施：

（1）关闭着火油罐进出油料管路的阀门。

（2）确保有充足的消防冷却水对着火油罐及其周边的油罐进行冷却。实施冷却的操作顺序依次为压力储罐，常压储罐，相关的管路、阀门等。

（3）尽量保护现有固定灭火系统的有效性，对固定灭火系统进行有效的冷却。

（4）警戒组人员应密切关注着储油罐火灾发展情况，应对储油罐破裂和发生沸溢、爆炸的情况做出预判。一旦出现危机情况，立即通知相关人员进行疏散。

（5）通信组人员与外部进行联络，请求支援。当增援的消防人员和装备到场后，可扑灭油罐火时，灭火策略可以转为主动策略。

（三）保守策略

灭火时可能危及消防人员安全时，应采取保守策略。采取保守策略的条件如下：

（1）火灾现场没有充足的消防人员、消防设备，不能确保安全地扑灭火灾。

（2）没有充足的消防冷却水和泡沫等，不能提供规范规定的供给强度和供给条件。着火油罐有可能发生沸溢、爆炸或罐体可能裂开造成油品的大量泄漏，可能危及消防人员的安全。采取保守策略时现场的消防人员等应立即撤离该区域，并采取措施尽量减少损失。

二、储油罐火灾的应急处置

根据有关油料库站事故统计，油罐火灾事故高达 25.6%。所以，探索油罐火灾的应急处置措施具有重要的现实意义。

（一）所需设备

车辆类：抢修车辆、油品车、消防车、救护车、铲车、挖掘机等。

人员防护类：防毒面具、防火服等。

设备类：二氧化碳灭火器、干粉灭火器，水枪，冷却设备，灭火毯，泡沫灭火设备等。

（二）常见情况

常见情况有：火炬燃烧型、无顶稳定燃烧型、低液位燃烧型、顶板塌陷燃烧型、多罐燃烧型、油品流散燃烧型。其中，最主要的是火炬燃烧型和无顶稳定燃烧型两种情况。

1. 现场控制

（1）接警：各级人员接到事故报告后，立即到相应的岗位待命。

（2）断源：危险区人员疏散并切断石油泄漏源。汽车油罐车在装油过程中，如油罐口起火，应立即切断油源，停止作业，并尽可能地取出装卸油鹤管。

（3）消除隐患：为了阻止油品流散、火势蔓延，必须筑堤拦油，清理、搬走周围的易燃物品，移走周围油槽车。

（4）现场防护与警示：在液体流散区域内和蒸气扩散范围内要彻底消除火种、切断电源。悬挂有关警示用语的标志牌。

（5）现场消防：在抢修施工现场的上风口处，根据施工的危险程度，请求当地消防队，配备一定数量、性能可靠的消防器材或消防车，其功能符合油品灭火的要求。

2. 火炬燃烧型事故处置

油罐发生燃烧爆炸，可能会在油罐的透气阀、量油孔、采光孔及破裂缝隙处形成稳定的火炬燃烧型的火灾。火炬燃烧型油罐火灾的应急处置方法主要有两种：覆盖窒息灭火法和水流封闭灭火法。

1）覆盖窒息灭火法

（1）隔绝：用浸湿的棉被、麻袋等物覆盖在燃烧处，形成瞬时油气与空气的隔绝层，熄灭火焰。

（2）分组：在采取覆盖窒息灭火法时，需要对人员进行分组，即保护组与灭火组。

（3）保护组：为确保灭火组人员的安全，须先组织保护组对整个油罐进行冷却，且在灭火组上罐灭火时，对上罐灭火人员实施水流保护。

（4）灭火组：灭火组人员在上罐灭火前，要根据燃烧火焰的颜色判断油罐爆炸的可能性，若火焰发蓝、不亮、微烟或无烟，则极易爆炸，此时严禁上罐灭火；若火焰呈黄色、发亮、烟多，则不易爆炸，灭火组人员应从上风方向接近，逐个消灭燃烧点。

2）水流封闭灭火法

利用数支水枪从多个角度向火焰根部交叉射水，这样可以隔离油气与火焰，造成可燃物供应瞬时中断而熄灭火焰，也可利用数支水枪从多个角度向火焰根部从下向上射水，"抬走"火焰来灭火。

3. 无顶稳定燃烧型事故处置

油罐发生着火爆炸，罐顶被掀开，在罐内液面上形成稳定燃烧，这种燃烧火势猛烈、热辐射极强。根据无顶稳定燃烧型事故的特点，采取的处置措施主要有以下几步：

第一步，集中消防力量对燃烧油罐进行冷却。汽油、柴油燃烧的火焰温度高达 1000～1400℃，这样的火焰温度可使罐壁温度达到 1000℃，5min 内罐壁强度将降低 50%，10min 内罐壁将变形，10min 后罐壁将破裂。为防止燃烧油罐的罐壁变形甚至破裂而使得油品流散、火势蔓延，增加救援难度，需要先对油罐进行冷却。

第二步，冷却邻近油罐，尤其是下风方向的油罐，并用灭火毯覆盖其透气阀、量油孔等。因为轻质油品燃烧时，火焰高、热辐射强，同时燃烧必然会产生飘逸火星，威胁邻近油罐，甚至会点燃邻近油罐透气阀、量油孔等处的油气。

第三步，利用油罐上的泡沫灭火系统或移动式泡沫灭火设备灭火。早期建设的油库基本上都未曾在油罐上安装泡沫灭火系统，即使油罐安装了泡沫灭火系统，猛烈的着火爆炸也可能致使该系统瘫痪，能使用的可能性极小，所以应注重移动式泡沫灭火设备的利用。

（三）注意事项

（1）扑灭油罐火前，应将着火罐附近的防火堤或地面火扑灭。

（2）使用冷却水对着火油罐罐壁进行冷却。

（3）当多个储罐同时着火时，应集中力量逐个扑灭每个油罐内的大火，避免分散消防力量。

（4）使用冷却水对固定灭火系统的管线、阀门等进行保护，防止其失效。

（5）如果现场情况允许，可将罐内油品转移至安全的地方。

（6）在灭火力量不足时，应首先保护邻近储罐，并控制着火罐的火势。

（四）善后处理

1. 清理火场

石油储罐火灾的火场清理工作包括处置残余油品，并防止复燃。其工作要点包括严格检查火场可能存在的引火源；油罐完全冷却之前，炙热的金属罐壁可能破坏薄膜覆层，油罐中的剩余油品可能会挥发出可燃蒸气，一旦遇到火源，就会发生复燃或爆炸，因此消防人员应持续对储罐进行冷却至常温；在冷却着火油罐的同时，应继续向油罐内供给泡沫，确保将罐内油品安全转移。

2. 无法回收剩余石油的处理

物理方法：用抽吸机吸油，用水栅和撇沫器刮油，用油缆阻挡石油扩散。

化学方法：采用清除剂或分散剂，把原油分解，使其形成能消散于水中的微小颗粒。

生物方法：采用微生物，如嗜油菌"吃"掉原油，或用一些植物秸秆等来吸附原油。

3. 可回收剩余石油的处理

携带收油布到地面、水面石油泄漏收集工作现场附近，将收油布布控到具体收油、收集位置，做好准备工作；利用人工将含有金属铁粉的小型油布抛洒到石油表面，利用石油黏稠的特性，使带有铁粉的油布固着在石油上；打开大功率电磁铁，根据收集范围调节电磁铁磁力大小，吸引含有铁粉的油布，收缩到一块，使其快速收集；通过管道连接，将收集到收油器中的石油直接输送到石油容器内。

储油罐火灾处理流程如图5-9所示。

图5-9 储油罐火灾处理流程

三、油罐（槽）车火灾的应急处置

在油料库站内，油罐（槽）车火灾的主要燃烧形式是在油罐（槽）车的罐口形成火炬型稳定燃烧。

（一）所需材料及设备

设备类：灭火毯、人孔盖（指安装在人孔上面，具有密封性能的盖板及其固定附件的总称）、铁锹等。

车辆类：救护车、消防车、油品车、铲车、挖掘机、推土机等。

人员防护类：防火服、空气呼吸器等。

（二）处置步骤

1. 现场控制

（1）接警：各级人员接到事故报告后，立即到相应的岗位待命。

（2）断源：危险区人员疏散并切断石油泄漏源。汽车油罐车在装油过程中，油罐口起火，应立即切断油源，停止作业，并尽可能地取出装卸油鹤管。

（3）消除隐患：为了阻止油品流散、火势蔓延，必须筑堤拦油，清理、搬走周围的易燃物品，移走周围油槽车。

（4）现场防护与警示：在液体流散区域内和蒸气扩散范围内要彻底消除火种、切断电源。悬挂有关警示用语的标志牌。

（5）现场消防：在抢修施工现场的上风口处，根据施工的危险程度，请求当地消防队，配备一定数量、性能可靠的消防器材或消防车，其功能符合油品灭火的要求。

2. 实施步骤

（1）断源：立即关闭油罐车卸油阀门。

（2）灭火：使用干粉灭火器对准起火部位进行灭火，消除明火，减弱火势。当起火部位为罐口、卸油管口等部位，火势较小或经灭火器灭火后火势减弱、人员可以靠近时，可采用灭火毯覆盖着火部位，隔绝空气灭火。

（3）消除隐患：若有可能，此时应将油罐车拖离油罐区，至空旷区域再进一步处置。当油罐车火势较大无法立即开动驶离油罐区时，应立即使用干粉灭火器对油罐车进行灭火，减弱火势。

（4）人员安全防护：经抢险人员紧急扑救但油罐车火势依然无法控制时，现场指挥人员应果断撤离抢险人员和其他人员至安全区域，警惕油罐车爆炸危险，等待消防队员支援。

（5）断电：安全员或其他人员切断加油站或者就近相关设备、场地电源总开关。

（6）现场疏散与警示：当班加油员立即停止加油，疏散现场加油车辆及加油人员，引导司机将车辆迅速驶离加油站。在进口处设立警戒标志，并注意引导消防车辆进站灭火。

（三）注意事项

（1）地面火以灭火器灭火为主，罐口火应以灭火毯覆盖隔绝空气灭火为主。

（2）应尽量切断泄漏源。

（3）若有可能，应将罐车驶离站区后处理。

（4）如人身上不小心溅上油火，应立即用灭火器进行扑灭，或快速脱下衣服，将火扑灭。如来不及脱下衣服，应就地打滚，把火扑灭或迅速跳入附近的水池、水沟中灭火，然后现场人员帮他脱下衣服。救火时勿用衣物、扫帚来回扑打，以免扩大着火范围。着火人也不要惊慌，乱跑乱跳，这样既影响救助，又可能扩大火情。

油罐（槽）车火灾处理流程如图 5-10 所示。

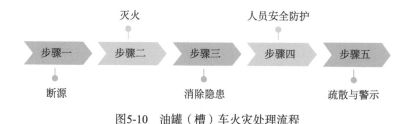

图5-10　油罐（槽）车火灾处理流程

四、输油管线破裂火灾的应急处置

输油管线破裂引起油品流散，并被点燃时，燃烧油品会在管线压力的作用下四散喷射，严重威胁事发地周围的设备及建（构）筑物。为减少事故损失，防止事故扩大，应科学决策、快速处置。

（一）所需材料及设备

车辆类：抢修车辆、油品车、消防车、救护车、铲车、挖掘机、推土机等。

人员防护类：防毒面具、防火服等。

设备类：二氧化碳灭火器、干粉灭火器，水枪，冷却设备，灭火毯，泡沫灭火设备，铁锹等。

材料类：砂土等。

（二）处置步骤

1. 现场控制

（1）接警：各级人员接到事故报告后，立即到相应的岗位待命。

（2）断源：危险区人员疏散并切断石油泄漏源。

（3）消除隐患：为了阻止油品流散、火势蔓延，必须筑堤拦油，清理、搬走周围的易燃物品，移走周围油槽车。

（4）现场防护与警示：在液体流散区域内和蒸气扩散范围内要彻底消除火种、切断电源。悬挂有关警示用语的标志牌。

（5）现场消防：在抢修施工现场的上风口处，根据施工的危险程度，请求当地消防队，配备一定数量、性能可靠的消防器材或消防车，其功能符合油品灭火的要求。

2. 实施步骤

（1）分类：处置输油管线破裂火灾时，因输油管线铺设类型不同，处置措施也有所差异。

（2）地面独立输油管的处置：地面独立输油管，可用砂土覆盖的方法灭火。

（3）多条输油管道的处置：多条输油管道平行铺设时，需一边对着火管道进行扑救，一边冷却邻近管道，否则燃烧油品的高温火焰不仅会加热其他管线而使其机械强度降低，甚至会引起管线内液体或气体膨胀而胀裂管线，导致事故扩大。

（4）设有管架输油管道的处置：管架输油管道，既要冷却管道又要冷却管道支架，防止支架被烧毁；沟内管线着火时，应在水枪冷却保护下，将管沟盖板揭开，再灭火。

（三）注意事项

救援过程中，要注意人身安全，严防喷溅油火伤人。

在管线未泄压时，严禁采用覆盖法灭火。

输油管线破裂火灾处理流程如图 5-11 所示。

图5-11 输油管线破裂火灾处理流程图

五、加油站火灾的应急处置

随着我国汽车保有量的增加，汽车加油站遍布全国各地，且绝大多数在城市周边。加油站火灾是一个重要的安全隐患。

（一）所需材料及设备

车辆类：抢修车辆、油品车、消防车、救护车、铲车、挖掘机、推土机等。

人员防护类：防毒面具、防火服等。

设备类：二氧化碳灭火器、干粉灭火器，水枪，冷却设备，灭火毯，泡沫灭火设备，铁锹等。

（二）处置步骤

1. 现场控制

（1）接警：各级人员接到事故报告后，立即到相应的岗位待命。

（2）断源：危险区人员疏散及切断石油泄漏源。汽车油罐车在装油过程中，若油罐口起火，应立即切断油源，停止作业，并尽可能地取出装卸油鹤管。

（3）消除隐患：为了阻止油品流散、火势蔓延，必须筑堤拦油，清理、搬走周围的易燃物品，移走周围油槽车。

（4）现场防护与警示：在液体流散区域内和蒸气扩散范围内要彻底消除火种、切断电源。悬挂有关警示用语的标志牌。

（5）现场消防：在抢修施工现场的上风口处，根据施工的危险程度，请求当地消防队，配备一定数量、性能可靠的消防器材或消防车，其功能符合油品灭火的要求。

2. 实施步骤

（1）加油车灭火：加油站加油时车辆着火。若是车辆油箱口着火，可就近利用灭火毯将油箱口堵严，使其窒息灭火，也可就近利用放置于加油岛上的干粉灭火器灭火。

（2）加油机灭火：加油机着火时，要使用干粉灭火器或灭火毯灭火，忌用直流水枪灭火。

（3）加油站埋地油罐灭火：加油站的储油罐多是埋地式油罐，这种油罐一般会在呼吸阀、测量孔等处或检修油罐时发生火灾。加油站埋地油罐着火，应先覆盖邻近油罐的呼吸阀、测量孔等，然后组织人员灭火。如果油料顺沟渠流散，应在油流下部拦堵，加以控制。

（三）注意事项

（1）及时对现场跑、冒油品进行回收，禁止用铁制、塑料、化纤等易产生静电火花的器皿或物品进行回收。回收后用砂土覆盖残留油品，待充分吸收后将砂土清除干净。

（2）检查所有卸油口、井口、低洼处是否有残油，若有残油应立即清除，并检查其他可能产生危险的区域是否存有隐患。

（3）明火扑灭后，应注意防止复燃。

加油站火灾处理流程如图 5-12 所示。

图5-12　加油站火灾处理流程

第九节　储油罐火灾的应急事件典型案例——安徽铜陵"2·8"恒兴化工溶剂油储罐爆燃事件

2017 年 2 月 8 日 22 时 45 分左右，铜陵市恒兴化工有限责任公司储罐（事发时储存约 40m³ 高沸点溶剂油）发生爆燃事故（图 5-13）。23 时 57 分左右，火势被扑灭，部分消防废水排入狼尾湖排污沟，随后用泵泵入黑沙河排污沟，最终进入长江。

狼尾湖排污沟日常接纳工业污水，入江排口位于长江，事发时处于封闭状态。狼尾湖入江排口下游 2.57km 为铜陵市第一、二水厂取水口，取水口下游 628m 为黑沙河入江排口。

铜陵市环保部门沿长江在狼尾湖入江排口上游 0.5km 和 1km 处设置了两个对照点位，在下游 7km 和 40km 处布设了两个水质监测点位。

2 月 9 日 1～5 时，铜陵市环保部门对狼尾湖排污沟和铜陵市第一、二水厂取水口进行了两次

图5-13　爆燃现场

采样监测。结果显示，狼尾湖排污沟石油类和 COD 浓度超标，铜陵市第一、二水厂水源地水质未见异常。2 月 9 日 9 时，在原 10 号码头（狼尾湖排口上游 500m）、群利码头（狼尾湖排口下游 9.5km）和陈家墩（狼尾湖排口下游 40km，长江出铜陵断面）增设 3 个监测断面。至 9 日 23 时，各监测断面石油类和 COD 浓度均达标。9 日 16～19 时，对事故点周边开展大气监测，环境空气质量 6 项常规指标（二氧化硫、二氧化氮、一氧化碳、臭氧、可吸入颗粒物、细颗粒物）未见异常。

环境保护部高度重视，要求安徽省环境保护厅督促当地政府和相关部门加密布设监测点位，密切跟踪水质变化情况，妥善处置残留消防水，及时发布事件信息，确保长江水质安全和舆情稳定。同时，派出工作组赶赴现场，指导地方妥善处置。

舆情分析。2 月 9 日 10 时～10 日 10 时，百度搜索相关结果 4.5 万余个，1000 多个腾讯微信公众平台进行推送，180 个新浪微博发布。"安徽铜陵爆炸""铜陵爆炸"等微博话题阅读量累计达 9723 万人次，讨论 3 万余人次。新浪微舆情监测平台显示，2 月 9 日 10 时起，该事件的热点走势回落；10 日起，随着调查事故原因发布及各媒体深度调查报道，舆情热点开始升高，并在 9 时达到报道小高峰。从地域分布看，北京、广东、安徽、江苏等省份对该事件的关注度较高[1]。

第十节 油罐（槽）车火灾的应急事件典型案例——甘肃平凉"6·10"交通事故致原油罐车起火爆炸事故

2018 年 6 月 10 日 6 时 30 分许，平凉市泾川县青兰高速公路王村附近发生一起交通事故（图 5-14），事故造成两人死亡一人受伤，同时引发涉危险废物环境污染事件。经环保部门核查，事故发生点距离王村水源地二级保护区约 780m，距泾河垂直距离约 660m。事故发生后罐车发生燃烧爆炸，司乘人员及相关资料全部烧毁，经平凉市质量技术监督局现场检测确定，该罐车拉运的危化品为原油。

---

[1] 生态环境部环境应急指挥领导小组办公室. 2020. 突发环境事件典型案例选编（第三辑）（征求意见稿）.

图5-14　事故现场

事故发生后，甘肃省生态环境厅立即调度核实事件环境影响情况，指导平凉市妥善应对，并指派环境应急工作人员赶赴现场指导处置。平凉市生态环境局主要负责人接报后立即带领环境监测、应急、固废处置等部门工作人员赶赴事故现场，协助当地政府开展事故处置。

一是立即对泄漏至高速公路两侧排洪渠内原油进行封堵，确保泄漏范围不扩大，避免进入泾河及下游王村水源地二级保护区。

二是按照《中华人民共和国固体废物污染环境防治法》和《危险废物经营许可证管理办法》规定，制定平凉市泾川县"6·10"交通事故引发原油泄漏突发环境事件涉危险废物处置方案。明确事故涉及危险废物的处置方式和处置单位。

三是协调组织当地专业石油存储公司组织专业力量赶赴现场，对泄漏原油、油泥进行规范化收集处置（图5-15）。

四是组织环境应急监测人员对事发点周边河流水质进行取样监测。

根据监测结果分析，本次事故未对周边地下水和地表水造成污染。截至6月11日，高速公路两侧排洪渠中的约95.04t含油污染物（油水混合物1.2t，油泥混合物、焚烧后的含油废物及沾染了原油的其他废物共93.84t）全部完成清理，并按照《中华人民共和国固体废物污染环境防治法》相关要求，将所有含油废物安全规范地转运到有处置资质的单位进行规范化处置，事故得到妥善处置。

图5-15　现场收集泄漏原油、油泥

第六章
重金属突发环境污染事件应急

重金属污染突发环境事件是一种在突发污染事件中常见的污染类型，且发生强度与发生频率近年来在我国呈现出一种逐渐增大的趋势。重金属污染突发环境事件按照形势一般有两种：一种是污染源突然、集中排放，引起重金属在土壤、空气、水体的含量急剧增高，从而超过安全水平，对生态环境系统和人身健康造成威胁和影响；一种是重金属通过长时间在土壤、空气、水体的传递、扩散和积累，并在植物、动物组织中富集，突然显现人群发病、动植物畸变等对生态环境系统造成破坏和影响。此类事件对人体健康危害大、处置复杂，持续时间较长，容易引发群体性事件。

甘肃省近年来已有多起重金属污染环境的突发事件发生，如2006年甘肃省徽县群众铅中毒事件、2015年甘肃陇星锑业有限责任公司尾矿库尾砂泄漏重大突发环境事件等。我国其他省份同样有多起重金属污染突发环境事件，如2006年河北省赤城县铁矿尾矿库塌坝事件、2010年福建紫金山金铜矿湿法厂"7·3"含铜酸性溶液泄漏污染事件、2020年伊春鹿鸣矿业有限公司"3·28"尾矿库泄漏事件等。

根据已发生的重金属污染突发环境事件可以看出，重金属污染环境有三大主因：一是重金属冶炼行业的违规操作造成水体污染；二是企业超标排污造成水体遭受重金属污染；三是尾矿库泄漏矿浆中含有某种重金属物质随矿浆一起进入水体。从实质来看，三种污染源的污染物质在水体中的形态最终都为重金属离子（张珂等，2014；鄢忠纯，2012；唐登勇等，2018；范拴喜等，2010；白飞等，2017；郑彤等，2016；赵艳民等，2014；曹国志等，2013）。

第一节 理 论 基 础

一、重金属污染特性

（一）污染特性

通常认为重金属是指与污染、潜在毒性和生态毒性相关的金属或半金属（类金属）的一类名称，但任何权威机构，像国际纯粹与应用化学联合会（IUPAC）都没有给予其明确的定义。大部分学者根据重金属毒性及其对生物和人体的危害，认为环境污染中的重金属主要是指汞（Hg）、镉（Cd）、铅（Pb）、铬（Cr）和类金属砷（As）等生物毒性显著的元素，以及锰（Mn）、镍（Ni）、铜（Cu）、钴（Co）、锡（Sn）、锌（Zn）等有一定毒性的一般元素。

工业及重金属冶炼行业废水中含有汞、镉、铅、铬、砷、锰、镍、铜、钴、锡、锌、锑等毒性元素，对水环境容易造成污染。其特点是只要有痕量浓度的重金属即可对生物产生毒性效应；有些重金属在微生物作用下会转化为毒性更强的金属有机化合物；生物从环境中摄取重金属，经生物链的生物放大作用，逐渐在较高级生物体内成千上万倍地富集，最后进入并毒害人体。表6-1给出了常见重金属毒理学资料，供应急人员参考。

表6-1　重金属急性毒性

名称	急性毒性
汞	男性吸入最低中毒浓度（TC_{Lo}）：44.3mg/m^3，8h 女性吸入最低中毒浓度（TC_{Lo}）：0.15mg/m^3，46d
镉	人吸入最低致死浓度（TC_{Lo}）：39mg/m^3，20min 大鼠经口半数致死剂量（LD_{50}）：225mg/kg 小鼠经口半数致死剂量（LD_{50}）：890mg/kg
铬	六价铬污染严重的水通常呈黄色，根据黄色深浅程度不同可初步判定水受污染的程度。刚出现黄色时，六价铬的浓度为2.5～3.0mg/L

续表

名称	急性毒性
铅	人吸入最低中毒浓度（TC_{Lo}）：$10mg/m^3$ 大鼠腹腔最低致死剂量（LD_{Lo}）：$1000mg/kg$ 大鼠经静脉半数致死剂量（LD_{50}）：$70mg/kg$
砷	大鼠经口半数致死剂量（LD_{50}）：$763mg/kg$ 小鼠经口半数致死剂量（LD_{50}）：$145mg/kg$
锰	大鼠经口半数致死剂量（LD_{50}）：$9000mg/kg$ 致癌性：按化学物质毒性数据库（RTECS）标准为可疑致肿瘤物
镍	致突变性：肿瘤性转化仓鼠胚胎 $5\mu mol/L$ 致癌性：国际癌症研究机构（IARC）致癌性评论，动物为阳性反应
钴	半数致死剂量（LD_{50}）经口大鼠，$171mg/kg$［备注：行为，嗜睡（全面活力抑制）；运动失调症、腹泻］
锑	最小致死量（大鼠，腹腔）：$100mg/kg$

重金属的浓度在很大程度上决定了其对人体的危害，但重金属的毒性不仅与浓度有关，也与其形态有关。重金属的形态包括化合态、结构态和结合态等，其受到 pH、温度、硬度、碱度、游离离子浓度以及和无机、有机试剂的络合作用的影响。

酸度通过三种不同的机制来影响金属的形态分布。首先，酸度可改变金属的水解平衡，从而改变游离态金属离子的浓度。其次，H^+ 与金属离子对有机或无机试剂的竞争可以改变络合平衡。最后，酸度还是影响吸附过程（金属氢氧化物的共沉淀、生物表面吸附等）的主要因素。水的硬度影响金属的毒性是通过形成不溶性碳酸盐或为碳酸钙吸收引起的，如溶液中钙、镁等离子浓度的增加能降低重金属的毒性。大部分工作者认同有机络合试剂可以大大降低重金属的毒性。因为金属与有机络合试剂的结合降低了游离态金属离子的浓度，但一些重金属的络合物毒性比其游离态的要大，如天然水中的腐殖酸（HA）可增加 Cd 和 Cr 的毒性，铜与藻类的分泌物、铜与柠檬酸和乙二胺络合物均有毒性。

由此可见，水环境中重金属毒性的大小与环境因素有着密不可分的联系。在环境应急过程中应当紧紧抓住这些影响因素，通过改变重金属价态、调整 pH 的手段为削减重金属浓度做好先期准备。重金属不同价态下的毒性见表 6-2，应急人员应根据造成环境污染事件的重金属不同价态下的毒性大小，做好相应价态调整。

表6-2　重金属价态与其毒性的关系

重金属名称	价态与毒性的关系
铬（Cr）	单质无毒，三价铬低毒，六价铬高毒且致癌。其中无水重铬酸钠剧毒
锰（Mn）	所有含锰的物质均有毒，毒性随化合价升高而降低（+2，+4，+7）
镉（Cd）	镉单质和所有化合物均剧毒，致癌
铅（Pb）	铅单质和所有化合物均高毒，致癌
汞（Hg）	汞单质和化合物大多数剧毒，其中可溶性汞盐（Hg^{2+}）极毒（0.2～0.5g 致死），Hg_2Cl_2微毒，HgS高毒
钡（Ba）	单质无毒，可溶于水和酸的钡盐剧毒（氯化钡口服0.8～0.9g 致死），硫酸钡无毒
铜（Cu）	铜和铜盐均有毒。硫酸铜口服10g 可致死
镍（Ni）	镍及其盐都为中等毒性而且是致癌物
锑（Sb）	三价锑的毒性要比五价锑大。但是，锑的毒性比砷低得多
砷（As）	单质无毒，三价砷极毒，五价砷有毒，砷化合物都致癌
注意	金属有机化合物（如有机汞、有机铅、有机砷、有机锡等）比相应的金属无机化合物毒性要强得多；可溶态的金属又比颗粒态金属的毒性要大

（二）应急处置技术方法

由于重金属污染突发水环境事件在初期具有污染物浓度高、污染水团迁移迅速、污染影响范围大的特征，故重金属污染突发水环境应急过程中，通常以化学沉淀法（削减浓度峰值）为主，辅以物理方法（低浓度处理）进行应急。

在实际应用中，对于大多数重金属，可以通过控制水体的 pH，使其中的重金属离子以生成氢氧化物沉淀的方式除去。特殊情况下，也可以采用硫化物沉淀法除去水体中的重金属离子。

根据化学沉淀的最佳 pH（可以称为沉淀属性），可将重金属分为三类：一类是在碱性条件下沉淀的重金属，如汞、镉、铅、铬、锰、镍、铜、钴、锡等；另一类是在酸性条件下沉淀的（类）重金属，如砷、锑等；最后一类为两性金属离子，如铝、镓、锌等。

根据上述重金属沉淀属性分类情况及 pH 与其沉淀关系可知，当遇到碱性条件下容易沉淀的重金属时，应当根据其沉淀属性调节 pH，从而使得其从水体中被快速去除。实际应急中，由于水体性质的复杂性以及实际水量巨大等，具体操作中，很难将 pH 控制在最佳值，而且偏差还比较大。一般情况下能够将 pH 调节至 8 即可，特殊情况下可调节至 9。同理，在酸性条件下容易沉淀的重金属应当尽量将 pH 调节至 6。

pH 调节完成后，应马上衔接混凝沉淀或者混凝吸附工艺，即通过投加混凝剂、吸附剂进行污染物浓度峰值的降低。

（三）应急终止标准

重金属污染水环境的应急响应终止与否，可根据《地表水环境质量标准》（GB 3838—2002）加以评定。当水环境中特定金属离子浓度稳定达到标准值时即可终止应急工作。表 6-3 ～表 6-5 给出了一些相关的标准限值。

表6-3　《地表水环境质量标准》基本项目标准限值　　（单位：mg/L）

序号	项目	I类	II类	III类	IV类	V类
1	铜 ≤	0.01	1.0	1.0	1.0	1.0
2	锌 ≤	0.05	1.0	1.0	2.0	2.0
3	硒 ≤	0.01	0.01	0.01	0.02	0.02
4	砷 ≤	0.05	0.05	0.05	0.1	0.1
5	汞 ≤	0.00005	0.00005	0.0001	0.001	0.001
6	镉 ≤	0.001	0.005	0.005	0.005	0.01
7	铬（六价）≤	0.01	0.05	0.05	0.05	0.1
8	铅 ≤	0.01	0.01	0.05	0.05	0.1

表6-4　集中式生活饮用水地表水源地补充项目标准限值　（单位：mg/L）

序号	项目	标准值
1	铁	0.3
2	锰	0.1

表 6-5　集中式生活饮用水地表水源地特定项目标准限值　（单位：mg/L）

序号	项目	标准值
1	黄磷	0.003
2	钼	0.07
3	钴	1.0
4	铍	0.002
5	硼	0.5
6	锑	0.005
7	镍	0.02
8	钡	0.7
9	钒	0.05
10	钛	0.1
11	铊	0.0001

二、应急技术概述

常用的处理重金属的方法有物理法、化学法、生物法以及其他方法。其中，物理法有吸附法、离子交换法；化学法有中和沉淀法、硫化物沉淀法、铁氧体法、芬顿氧化法（处理络合重金属）等；生物法有生物吸附法、生物沉淀法、植物修复、微生物修复等；其他方法有水利稀释法、电解絮凝法、膜分离技术、光催化氧化等。

在重金属污染突发水环境事件的应急过程中，常用的方法包括混凝沉淀技术、吸附技术、化学沉淀技术、水利稀释技术、络合沉淀技术、化学氧化技术和生物处置技术等。

（一）混凝沉淀技术

混凝沉淀技术常用的混凝剂主要是无机絮凝剂，包括硫酸铝、三氯化铁、硫酸亚铁和聚合硫酸铁、聚合硅酸铝、聚合硅酸铁、聚合氯化铝、聚合氯化铝铁（PAFC）、聚合硅酸铝铁、聚合硫酸氯化铝、重金属捕捉剂等。根据实际应用经验，酸性条件下铁系混凝剂混凝效果要好于铝系混凝剂，碱性条件下铝系混凝剂混凝效果优于铁系混凝剂，应急过程中应根据特定金属的沉淀条件选择适宜的混凝剂。

投加助凝剂，可以起到辅助絮凝剂作用，加强混凝技术的处理效果。常见的助凝剂有聚丙烯酰胺、活化硅酸、骨胶、海藻酸钠等。实际运用中，阳离子型聚丙烯酰胺对带负电荷物质去除效果好，阴离子型聚丙烯酰胺对带正电荷物质去除效果好，在重金属污染中，可采用阴离子型聚丙烯酰胺。助凝剂的投加量，最好根据水质做一下搅拌实验确定。紧急情况下，可采用经验值先行投加，如采用活化硅酸作为助凝剂时，通常混凝剂与助凝剂的投加比为5 : 1～7 : 1。

（二）吸附技术

当某些固体与某些液体接触后，液相中的溶质就会在固体表面或其内部聚积，这种现象称为吸附。通常固体表面都是不均匀的，因而固体表面上的分子或原子的受力也是不对称的，导致在固体表面上存在剩余的表面自由能。当某些液相溶质碰撞到固体表面时，受到表面上这些不均衡力的吸引，而被截流在固体表面上，固体表面的自由能也会下降。具有一定吸附能力的固体被称为吸附剂，吸附在固体表面上的物质被称为吸附质。

采用吸附技术来处理含重金属的废水是一种非常有效的环境应急处理方法。吸附法具有如下优点：①用作吸附剂的材料来源广泛、种类繁多；②吸附效果好、操作简便、不需要复杂的装置、能耗低；③二次污染小；④吸附剂可重复使用；⑤吸附的金属易于洗脱，可回收贵重金属等。

常用的吸附材料有活性炭、改性壳聚糖、改性沸石、活性氧化铝、膨润土等固体材料等，一些农业、工业和市政废弃物或副产品也可以用作环境应急过程中使用的吸附剂。部分不同来源的吸附剂对重金属离子的最大吸附量对比见表2-3。

（三）化学沉淀技术

化学沉淀技术采用的化学物质主要包括石灰、硫化物和碳酸盐等。

1. 氢氧化物沉淀法

该方法是将废水中的重金属离子转变为氢氧化物沉淀的形式，然后通过固液分离，达到去除净化的目的。

$$Mn^{n+} + nOH^- \longrightarrow nMn(OH)\downarrow$$

实际应用中，大多数重金属可以通过控制水体的 pH，使其中的重金属离子生成氢氧化物沉淀。

有些金属离子（如镉、锌、铝等）属于两性金属离子，即存在一个最佳沉淀的 pH 点。此点以前，随着 pH 的升高，沉淀效果变好；当 pH 超过最佳点后，这些离子易于与 OH 形成多级配位的羟基配合物，随着 pH 的升高，沉淀效果会越来越差，此种情况下，必须严格控制沉淀处置的 pH。

图 6-1 给出了部分重金属离子溶解度与 pH 的关系，表 6-6 为重金属离子 K_{sp} 及其最高 pH，供应急人员参考。

石灰是国内外处理重金属废水最常用的沉淀剂。石灰几乎对所有的金属离子都具有很好的去除效果，价格也较为便宜，但是存在着泥渣量大、易堵塞管道、泥渣需后处理和出水硬度高的缺点。

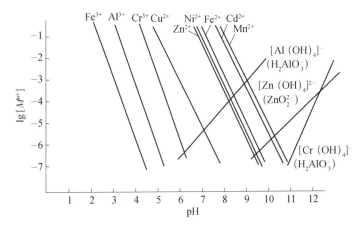

图6-1　重金属离子溶解度与pH的关系图

表6-6 重金属离子K_{sp}及其最高pH

金属离子	K_{sp}	最高pH
Sb^{3+}	41.4	1.87
Ti^{3+}	40.0	2.34
Fe^{3+}	37.4	3.17
Al^{3+}	32.7	4.7
Bi^{3+}	30.4	5.54
Cr^{3+}	30.2	5.6
Sn^{2+}	27.85	2.65
Hg^{2+}	25.52	3.74
Cu^{2+}	19.66	6.67
Zn^{2+}	16.92	8.04
Fe^{2+}	15.1	8.95
Pb^{2+}	14.93	9.05
Ni^{2+}	14.7	9.15
Mn^{2+}	12.72	10.16
Mg^{2+}	10.72	11.13

2. 硫化物沉淀法

硫化物沉淀法指废水中的重金属离子与投加的硫化剂，如硫化钠、硫化亚铁、硫化氢等产生的 S^{2-} 发生化学反应形成难溶性的硫化物，再通过固液分离将其除去的方法。此法优于氢氧化物沉淀法的地方在于金属硫化物的溶解度小，易于形成沉淀。但金属的硫化物沉淀大多数比较细小，不易从水中沉淀去除，在实际中与助凝剂配合使用时，处理效果会好很多。同时硫化剂本身有毒，价格也较贵，因而硫化剂的投加量要严格控制，否则会造成出水中 S^{2-} 和 HS^- 的产生，导致 COD 增大，易造成二次污染。

实际应急过程中，化学沉淀技术常常与混凝沉淀技术配套使用，效果会更好。

（四）水利稀释技术

水利稀释技术是指在突发性重金属污染物排入河道后，通过增加河道上游水量（通常是水库开闸放水）来稀释污染河水中的重金属离子，使下游河水中的重金属离子浓度降低的方法。该方法受水库容量、季节及水库运行状态等的影响较大。

（五）化学氧化技术

化学氧化技术是在氧化剂或还原剂的作用下，将废水中的金属离子转换成容易形成沉淀的价态，再通过化学沉淀法去除的方法。例如在处理六价铬废水时，最常采用亚铁盐和亚硫酸盐还原剂，将其还原为三价铬，再采用氢氧化物沉淀法将铬去除。处理过程如下：

$$6Fe^{2+} + Cr_2O_7^{2-} + 14H^+ \longrightarrow 6Fe^{3+} + 2Cr^{3+} + 7H_2O$$

$$Fe^{3+} + Cr^{3+} + 6OH^- \longrightarrow Cr(OH)_3 \downarrow + Fe(OH)_3 \downarrow$$

三、典型重金属的突发环境污染事件应急处置技术方法

根据已有经验和相关研究，重金属污染环境事故（事件）应急处置技术可总结为下述若干方法，详见表6-7。

表6-7　重金属污染应急处置技术

重金属	污染源控制技术	污染物防扩散技术	污染物消除技术	应急废物处置技术
铅	覆盖、堵漏、转移等	吸附、覆盖、围堵、导流等	混凝沉淀、吸附、共沉淀、水利稀释、络合、膜分离、生物法等	填埋、固化、沉淀、生物修复等
镉	覆盖、堵漏、转移等	吸附、覆盖、围堵、导流等	混凝沉淀、吸附、氧化、水利稀释、络合、膜分离、生物法等	填埋、固化、沉淀、氧化、生物修复等
铊	覆盖、堵漏、转移等	吸附、覆盖、围堵、导流等	混凝沉淀、吸附、共沉淀、水利稀释、络合、膜分离、生物法等	填埋、固化、沉淀、生物修复等
锑	覆盖、堵漏、转移等	吸附、覆盖、围堵、导流等	混凝沉淀、吸附、共沉淀、氧化、水利稀释、络合、膜分离、生物法等	填埋、固化、沉淀、生物修复等

续表

重金属	污染源控制技术	污染物防扩散技术	污染物消除技术	应急废物处置技术
砷	覆盖、堵漏、转移等	吸附、覆盖、围堵、导流等	混凝沉淀、吸附、共沉淀、氧化、水利稀释、络合、膜分离、生物法等	填埋、固化、沉淀、氧化、生物修复等
铬	覆盖、堵漏、转移等	吸附、覆盖、围堵、导流等	混凝沉淀、吸附、共沉淀、氧化、水利稀释、络合、膜分离、生物法等	填埋、固化、沉淀、氧化、生物修复等
铜	覆盖、堵漏、转移等	吸附、覆盖、围堵、导流等	混凝沉淀、吸附、共沉淀、水利稀释、络合、膜分离、生物法等	填埋、固化、沉淀、生物修复等
锰	覆盖、堵漏、转移等	吸附、覆盖、围堵、导流等	混凝沉淀、吸附、共沉淀、水利稀释、络合、膜分离、生物法等	填埋、固化、沉淀、生物修复等

注：引自公益性行业科研专项"环境污染应急处置技术筛选和评估研究"。

下面对需要在酸性与碱性条件下以沉淀（包括混凝沉淀、沉淀吸附）方式去除的常见重金属的应急处置技术，结合实际经验做重点总结。

（一）砷、锑类重金属污染

以砷、锑为代表的重金属，更容易在酸性条件下以沉淀吸附等方式去除。

以砷为代表的重金属处置技术方案见表6-8。

表6-8　砷污染应急处置技术备选方案

分类	方案1	方案2	方案3
污染源控制技术	堵漏 修筑水坝	堵漏 修筑水坝	堵漏 修筑水坝
污染物消除技术	吸附	混凝/沉淀	吸附、混凝/沉淀
应急废物处置技术	热脱附处理	焚烧处置	热脱附处理、焚烧处置

注：引自公益性行业科研专项"环境污染应急处置技术筛选和评估研究"。

除砷应急处置技术要点：采用预氯化－铁盐混凝的强化常规处理工艺；由于三价砷不能被混凝沉淀技术去除，先采用氯化氧化的预处理技术把三价砷氧化成五价砷，再用铁盐混凝剂混凝沉淀去除五价砷，铝盐除砷效果不好。

实际运用过程中，应以消除污染为导向，根据现场实际情况进行方案组合或比选，以达到预期处理目标。

载有 Fe_2O_3 系列材料的除砷帷幕对三价砷、五价砷均具有较好的去除效果，随着停留时间的延长，去除率逐渐升高。

对于砷含量 0.3mg/L 左右水样，铁粉和 Fe_2O_3 对砷的去除效果都很好。在投加量相等的情况下，铁粉对总砷、三价砷和五价砷的去除率均高于 Fe_2O_3，总砷含量可以降到 30 μg/L 左右。

对于砷含量 30mg/L 左右水样，铁粉和 Fe_2O_3 对砷的去除率较低，出水不能满足砷含量在 0.1mg/L 以下的要求。而海绵铁对高浓度含砷水样的去除效果很好，出水中砷含量可以降到 0.05mg/L 以下。因此，可以采用海绵铁吸附材料处理高浓度的含砷废水。

根据 2015 年甘肃陇星锑业有限责任公司尾矿库尾砂泄漏重大突发环境事件处置经验，锑在处置过程中，投加铁型混凝剂要比铝型混凝剂效果好，聚铁混凝剂的效果最好。实际中液体状聚铁混凝剂不好通过高速公路运输，只能快速调集固体硫酸亚铁，但固体硫酸亚铁溶解困难，一定程度上会影响应急的进展与效果。采用硫化物沉淀法对于低难度锑的达标处置很有效果，关键是要很好地与聚丙烯酰胺助凝剂配套使用。

（二）镉、铅类重金属污染

1. 镉污染水环境应急方案

除镉应急处置技术要点：在弱碱性条件净水除镉，控制 pH=9.0，混凝前加碱把源水调成弱碱性，要求絮凝反应的 pH 严格控制在 9.0 左右，在弱碱性条件下进行混凝、沉淀、过滤处理，以矾花絮体吸附去除水中的镉。滤后加酸回调水的 pH，把 pH 调回到 7.5 ～ 7.8，满足生活饮用水的水质要求（生活饮用水标准的 pH 范围为 6.5 ～ 8.5）。

相关研究表明，聚合氯化铝铁（PAFC）、氯化铁（FeCl₃）及聚合硫酸铁（PFS）三种混凝剂对含镉废水均有良好的处理效果，同等条件下，聚合氯化铝铁效果最好，氯化铁效果最差。同时，碱性条件有利于水体中镉离子的沉淀，当 pH 为 9 ～ 11 时，去除率最高。废水中投加一定量的石灰乳对 PAFC 去除废水中的镉离子起一定作用，适量投加可提高 PAFC 对镉离子的去除效果。

投加液碱（将河水的 pH 提升至 8）和聚合氯化铝（PAC），尽可能地将河流污染团中的溶解性镉离子沉降至河底，并控制污染水团的下泄流量。同时，在江河交汇处、附近电站，采用调水稀释技术。最后，对下游受影响水厂进行应急改造，采用强化混凝技术对污染物进行去除。通过多重应急技术的联合处置，镉污染团的浓度降至 0.0039mg/L，满足供水要求。

在龙江河重金属镉污染事件中，采用连续投加聚铝、聚铁、生石灰和烧碱，通过混凝沉淀法，使镉沉积在河底，确保了柳江饮用水供水安全。龙江河全线达标后，沉积在河底的絮体是否释放镉及释放程度，继而成为百姓关注的焦点。此问题也成了重金属环境应急后处理研究的一个主要课题。

注：上述资料引自公益性行业科研项目"环境污染应急处置技术筛选和评估研究"。

2. 铅污染水环境应急方案

通过 PAFC、FeCl₃、PAC、聚合硫酸铝（PAS）、PFS 五种混凝剂对模拟含铅废水的筛选处理，结果显示，几种药剂均对含铅废水具有一定的处理效果，其去除率顺序为 PAFC>PAC>PAS>FeCl₃> PFS。

pH 对去除率有至关重要的影响，当 pH=9 时，去除率达到最高，继续增大 pH，去除率下降。

四、主要应急工程设施修筑选择

主要应急工程设施修筑选择参照第二章第二节相关内容。

五、污染现场快速检测方法

重金属不同，测定方法略有差异。大部分重金属可以通过便携式比色计法、便携式分光光度计法、便携式 X 射线荧光光谱仪法、水质检测管法、检测试纸法、便携式阳极溶出伏安仪法等进行检测。针对镍污染还可以采用化学测试组件法、自制试纸采用丁二酮肟法等。

污染处置过程中应该根据污染态势及时调整监测，具体要及时调整监测断面，加大监测频次，以主要污染物为主要监测目标并适当关注其他监测目标等。同时应该进行背景值及历史污染等调查，为正确进行污染物削减提供依据。

六、所需材料及设备

（一）碱性条件所需药品

混凝类：聚合硫酸铝铁、聚合氯化铝、氯化铁、水泥（注：混凝效果由强到弱）等。

吸附类：折叠椰壳活性炭、硅胶、矾土、白土、膨润土、沸石、重金属捕捉剂、玉米秆、高粱秆、小麦秆等。

沉淀剂：生石灰、硫化钠等。

pH 调节类：生石灰、烧碱、氢氧化钠等。

（二）酸性条件所需药品

混凝类：聚合硫酸铝铁、氯化铁、聚合氯化铝、水泥（吸附效果由强到弱）等。

吸附类：活性炭、铝锰复合氧化物（或铁锰复合氧化物）、折叠椰壳活性炭、重金属捕捉剂、玉米秆、高粱秆、小麦秆等。

沉淀剂：硫化钠等。

pH 调节类：硫酸、盐酸、氢氧化钠等。

（三）工程设备

溶药装置：搅拌机、搅拌桨、桶类（塑料桶、汽油桶）等。

加药装置：水泵、阀门、流量计、加药管（钢管加工而成的穿孔管）等。

车辆类：救护车、铲车、挖掘机、翻卸车、叉车、推土机、混凝土搅拌车等。

设备类：电焊机、发电机、潜水泵、软体坝、水泵、流量计、搅拌机、搅拌桨等。

材料类：铁锹及塑料桶、土工膜、彩条布、承压塑料管、承压塑料软管、排污泵、排污管道、大功率电缆线、麻袋、硫铝酸盐水泥、脚手架钢管、沙包沙袋、快速膨胀袋、下水道阻流袋、排水井保护垫、沟渠密封袋、充气式堵水气囊、混凝土、水泥浆、活性炭、石灰、絮凝剂（PAC、PFC、水泥）等。

检测设备类：水质检测箱、pH 计等。

人员防护类：深桶雨鞋、橡胶手套、3M 口罩、防毒面具、防化服、防化靴、防化护目镜、氧气（空气）呼吸器、呼吸面具、安全帽、安全鞋、工作服、安全警示背心、安全绳、碘片、警示牌等。

七、重金属污染水环境突发应急事件中应急目标及思路确定

（一）应急目标的确定

应急目标就是采取一切可行措施，千方百计减轻事故对事发地河段及其下游河段的污染程度，尽可能在污染水团进入下一区界时，河流中污染物浓度控制在《地表水环境质量标准》（GB 3838—2002）所规定的Ⅲ类水体标准以内。同时通过实施水厂应急措施，确保已经污染的或有可能污染的下游河段两侧的水厂供水水质全面浓度达标，将事故对社会的扰动程度控制在最小。

重金属污染水环境突发应急事件是常见的影响最大、处置难度最大的应急工作。该工作中，往往需要根据污染物泄漏量预测事件影响范围，为及时制定、调整工作思路提供基础资料。

建立在污染物泄漏量基础上的应急目标的确定，核心是对污染态势的研判，即污染发生后，应该立即组织科研人员对本次污染进行态势研判，在确定污染物性质的前提下，尽可能准确地计算出污染物泄漏总量，对污染物将流经的河道进行预测，为之后污染应急措施的有效实施提供依据。

理想情况下，可根据所掌握的各断面水质监测及水文数据，采用下面公式计算得出事故已进入河流的污染物总量：

$$Q = C \times q \times T$$

式中，Q 为污染物总量；C 为泄漏污染物质浓度；q 为河流的流量；T 为污染

发生的时间。

根据 2015 年 11 月 23 日发生的甘肃陇星锑业有限责任公司尾矿库尾砂泄漏重大突发环境事件经验，污染物泄漏总量的计算是个极其复杂的问题，主要涉及：

（1）尾矿库泄漏量。

（2）掺杂有大量液化和半液化尾矿一同流出的废水中的污染物浓度。由于尾矿的性质与液化度不同，废水中的污染物浓度也不同。

（3）由于事件发生过程中，泄漏量呈现前大后小现象，这样会使大量的半液化尾矿沉积在事发点下游附近相关河段的河床与导流渠中。

在对污染态势的研判过程中，会涉及污染物在水体中的扩散这个理论计算问题。该问题涉及很多的水文水资源参数，计算有相当的难度。不过国内一些专家在此方面有可喜的突破研究，其成果可以及时应用到应急处置之中。

（二）整体应急工作思路规划

在重金属污染水环境突发应急事故发生后：

（1）应该立即组织构建事件处置协调指挥部，指导应急处置。

（2）成立应急专家组，调动各方面力量，准确监测和预报污染事件发展态势。

（3）采取一切可采取的措施：在事故源头及污染前段重点实施污染源阻断工程，全面清除外泄进入河床的沉积物，筑坝控制下泄流量；在污染中段，建造拦污坝等阻缓污染水团下泄，实施河道投药清除污染；在污染末端，调控与污染河流相接的干流上游来水和区间支流补水回蓄，稀释污染物浓度，降低污染物峰值浓度。

（4）以污染河段水为水源的水厂启动应急改造运行，确保沿河各地达标供水。

（5）统筹各类应急措施，在应急处置中不断优化总体方案；正确引导舆论，将事故环境、经济、社会影响降到最小。

参考生态环境部华南环境科学研究所的经验，可总结为：多地联动，统一目标，协调行动；前段阻断，中段削污，末端保水；信息公开，降低影响，消除风险。

第二节　重金属污染水环境突发应急事件

一、以尾矿泄漏为代表的重金属采矿行业造成水环境污染突发事件

（一）事故类型

尾矿库是储存金属和非金属矿山尾矿或废渣的场所，是矿产资源利用过程中的一个重要工业设施。同时，尾矿库储存着当前技术条件下无法利用或尚未发现利用价值的矿产资源，即在某种意义上，尾矿是重要的二次矿产资源。但是，当服务年限和库容量达到一定值时，尾矿库将是重大危险源和环境污染源，会对尾矿库下游人民生命和财产安全构成威胁，又易造成环境污染事故。

尾矿的事故类型主要有管涌、泄漏和溃坝等，泄漏和溃坝往往会造成严重后果。以下对几种事故类型作一简单介绍。

1. 管涌

管涌是指在尾矿库渗透水流作用下，坝身或坝基内的土壤细颗粒在粗颗粒所形成的孔隙通道中移动、流失，土的孔隙不断扩大，最终导致土体内形成贯通的渗流通道，使土体发生破坏的现象。管涌会造成大量涌水翻砂现象，使坝体地基土壤骨架破坏、孔道扩大、基土被淘空，引起坝体塌陷，造成决堤、溃坝等事故。

2. 泄漏

尾矿库主要由尾矿水力输送系统、尾矿排水回水系统、尾矿堆存系统及尾矿废水处理系统组成。排水设施遭到破坏，排水不畅，库内积水过多，造成浸润线升高，就会引发渗水现象，使上游坝体尾矿饱和液化，继而造成泄漏事故隐患。泄漏事故发生时，就如 2015 年 11 月 23 日发生的甘肃陇星锑业有限责任公司尾矿库尾砂泄漏重大突发环境事件，不仅会有大量的尾矿库区废水流出，同时废水中会掺杂大量的液化和半液化尾矿一同流出。这些掺杂大量的液化和半液化尾矿一同流出的废水水质具有以下特点：①重金属离子超标严重；

②部分含有放射性元素；③pH变化较大，酸性偏多；④废水中掺杂流出的液化和半液化尾矿，后续还会持续释放出重金属离子等污染物，危害性很大。

尾矿库泄漏原因复杂，造成的危害极大。例如，2015年11月23日21时20分，甘肃陇星锑业有限责任公司因尾矿库排水井拱板断裂损毁，约2.5万m³尾矿和尾矿水泄漏，大量污染物流入太石河经西汉水进入陕西省内，并汇入嘉陵江后进入四川，造成甘肃、陕西、四川三省跨界污染，威胁太石河、西汉水、嘉陵江沿线人民群众的饮用水安全。

3. 溃坝

溃坝是严重的危害事件。造成尾矿库溃坝的因素很多，有浸润线过高、渗水、管涌、流沙、坝面沼泽化、坝基渗漏、地震、内部腐蚀等。事实上，尾矿库事故往往以坝体溃决为终极表现形式，并造成严重的污染事故。

（二）主要措施与步骤

1. 清理源头，确定泄漏点

及时封锁事故现场，对事故源头及周围进行现场清理工作，为应急工作的展开做好准备。

对处于危险区的人员进行疏散并向上级汇报事故。由事故发生方提供泄漏点。在无法得知泄漏点的情况下，应在保证安全的前提下，派熟悉场地环境的相关人员进场查找出泄漏点。

2. 重金属污染水处置

1）一级防控——泄漏点封堵

尽一切可能控制污染物继续从泄漏点外泄。一般重金属采矿行业的泄漏都是通过渠道或者大型管道发生的。在封堵泄漏点时，首先使用沙包沙袋对这些渠（管）道进行初步封堵，截堵住主流水。如果沙袋堆没有被冲走，应立即用硫铝酸盐水泥将沙袋之间封堵、加固。有条件时可采用充气式堵水气囊。

2）二级防控——围堵重金属污染水

组织应急人员，对周围流动扩散的污染水进行截流，阻止重金属继续扩散。

（1）在可能的情况下，可采用导流法把流散液体积聚在某一低洼处。具体在泄漏点就近挖导流渠和截流坑或沿河边挖一条或数条集水沟。

（2）把土工布铺设在截流坑导流渠、截流坑或者集水沟内，防止重金属下渗污染地下水。

（3）调动抽水车辆对泄漏的重金属污染水及时回收，尽可能将污染面积降到最低限度。

3）三级防控——控制扩散

对于泄漏到河流中的重金属，可参照第五章"第二节　石油公路运输造成的突发水环境污染事故处理"中的相关内容、方法进行。但要注意处置方法相似，但策略上有所差异：

（1）石油污染水环境应急中遵照石油上浮的特点，采用浮油围栏－吸附的处置方法，而重金属污染水环境应急中按照重金属沉淀的特点，采用混凝－吸附或者混凝－沉淀的处置方法。

（2）在应急开始前应查明特定金属的性质，为后续开展应急工作做好准备。不同的重金属处理方法有所不同，应急人员应根据重金属发生化学沉淀的最佳 pH（可以称为沉淀属性）及其理化性质选择特定药品。在创造重金属沉淀的条件过程时，尽量将 pH 调整至重金属沉淀所需的最佳范围。

（3）主要工程设施的修建方法与第五章"第二节　石油公路运输造成的突发水环境污染事故处理"中的"三、主要应急工程设施的修建方法"可以共用。

（4）重金属污染水环境应急中最后要强调河道清淤。水体中重金属消除后，河道底泥依然有大量重金属累积，为防止重金属二次从底泥中溢出，要进行河道清淤。

3. 应急处置流程

应急处置紧紧围绕"围""追""堵""截"的处置策略。具体工作流程如图 6-2 所示。

4. 河道清淤及其产物处置

河道清淤及其产物处置包括清淤技术、填埋技术、固化技术、生物修复技术、氧化技术等。

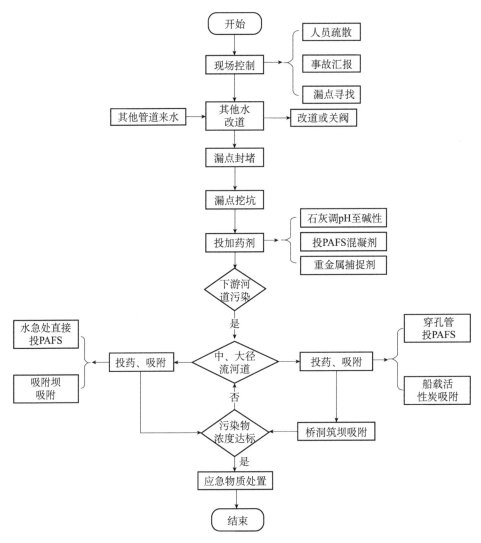

图6-2 重金属采矿行业污染环境应急处置流程图

1）清淤技术

采用清淤技术对突发性污染处置后沉淀在河道底部的淤泥进行清理，以减少河道底泥中重金属离子的释放，减少对下游饮用水源地的影响。其技术流程如图 6-3 所示。

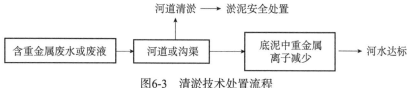

图6-3　清淤技术处置流程

应急物质清理可采用人工清理和机械清理相结合的方式。

清淤技术可应用于所有的重金属污染事故处置。

2）填埋技术

填埋技术针对突发性重金属污染应急处置后河道清理淤泥或其他处置过程中产生的固体废物，采用填埋的方式进行处置，减少重金属对环境的影响。其技术流程如图 6-4 所示。

图6-4　填埋技术处置流程

填埋技术可应用于所有的重金属污染事故处置。

3）固化技术

固化技术针对突发性重金属污染应急处置后河道清理淤泥或其他处置过程中产生的固体废物，来减少重金属对环境的影响。固化技术可应用于所有的重金属污染事故处置。其技术流程如图 6-5 所示。

图6-5　固化技术处置流程

固化后的固体物部分可以作为建筑材料进行循环再利用。

固化技术可应用于所有的重金属污染事故处置。

4）生物修复技术

生物修复技术针对突发性重金属污染处置后沉淀在河道底部的淤泥，来减少其对下游饮用水源地的影响。其技术流程如图 6-6 所示。

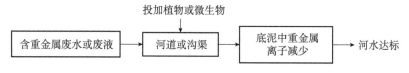

图6-6　生物修复技术处置流程

5. 数据监测及分析

（1）沿污染断面设置水质监测点，事故初期需进行间隔 1 ～ 2h 频次的数据监测，根据监测结果判断污染水团迁移情况，适时调整监测频次。

（2）根据污染监测数据及时调整絮凝剂等药剂的投加量，污染浓度倍数（污染物实际浓度与国家排放标准比值）较大时应适量在该监测点及下游增加药剂投加量。

（3）数据达标稳定 1 ～ 2 个月后，方可停止断面污染监测。

（4）后续污染沉积物治理开展。可以考虑对河流底部底泥进行清淤或者投加物理或化学稳定剂固定其中的重金属。

（5）注意背景值的影响，可能会出现污染源上游水体中重金属含量已经超标。

6. 注意事项

（1）防止污染源对附近居民造成伤害，及时撤离污染源一定范围内的居民。

（2）污染物若已经进入河流，且下游有饮用水取水点，应及时对下游取水点进行污染物监测，如果污染物超标，应停止取水。

（3）对重金属采矿区泄漏点修筑的临时坝，应实时进行安全监测，防止溃坝对下游造成影响。

（4）用过的活性炭不能随意丢弃，防止造成二次污染，应按危险废弃物做好处理。

（5）机械开挖过程中应注意矿区的地形地势，防止山体滑坡的发生。开挖量合理即可，不可过量破坏环境。

（6）水体中重金属含量降到安全值后，应及时对河道底泥采取相应措施清淤或固化或修复等措施。

二、企业超标排放造成的水环境污染突发事件

企业超标排放造成的水环境污染突发事件，与重金属采矿行业造成水环境污染突发事件相比，水量较小，但其造成的环境污染依然应当重视。应急行动中，同样首先应当了解引起污染的重金属的沉淀属性。在创造重金属沉

淀的条件时，应参考理论部分内容，尽量将 pH 调整至重金属沉淀所需的最佳范围。

（一）所需材料及设备

参见上文"一、以尾矿泄漏为代表的重金属采矿行业造成水环境污染突发事件"相关内容。

（二）主要措施与步骤

参考上文"一、以尾矿泄漏为代表的重金属采矿行业造成水环境污染突发事件"相关内容。

（三）处置流程

该处置流程为酸性条件下可沉淀的重金属应急流程（图 6-7），碱性条件下可沉淀的重金属可参考图 6-2。

（四）数据监测及分析

应急过程中，及时掌握污染物浓度变化，对于开展工作、验证工作思路、评判应急措施的效果有着重要的意义。这些都依赖于对污染物浓度数据监测及分析。鉴于这部分工作的重要性，必须做到如下要求：

（1）调集专家骨干，积极开展应急监测工作。

（2）紧急调配、购置分析仪器，组建监测网络及时监测水质变化。

（3）将人员分成三组：第一组，参与水利厅组织的专家组奔赴污染现场对污染物及范围进行全面的勘察，及时上报情况。第二组，汇总数据，起草材料，对各个断面送来的水样进行分析及对比分析，确保数据的准确性。第三组，在事故地下游水体增设若干个临时监测断面，成立监测小组，携带便携式水质监测仪赶到现场进行监测，及时对污染物的种类、浓度、污染范围及可能造成的危害做出判断。

（4）协调各地调集输运水车辆，及时采水送样。

（5）及时汇总、管理发布监测数据，为应急工作决策提供依据。

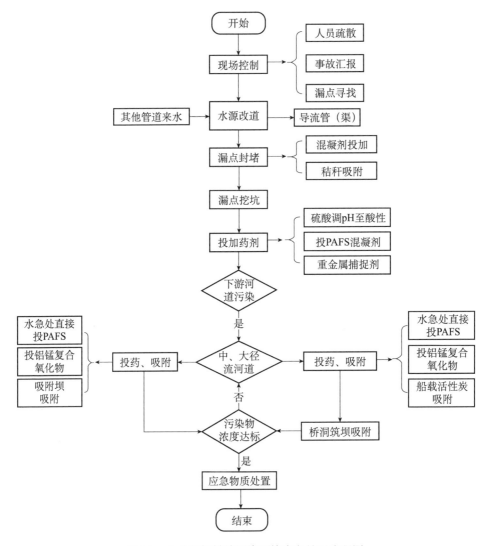

图6-7　企业超标排放污染环境应急处置流程图

（五）注意事项

（1）防止污染源对附近居民造成伤害，及时撤离污染源一定范围内的居民。

（2）排出的污水较多时，应责令企业停产，阻断废水的再生产。

（3）污染物若已经进入河流，且下游有饮用水取水点，应及时给下游取水点进行污染物监测，如果污染物超标，应停止取水。

（4）对河流中及河流周边修筑的临时坝应做好监测，防止溃坝对下游造成影响。

（5）用过的活性炭不能随意丢弃，防止造成二次污染，应按危险废弃物做好处理。

（6）机械开挖过程中应注意矿区的地形地势，防止山体滑坡的发生。开挖量合理即可，不可过量破坏环境。

（7）水体中重金属含量降到安全值后，应对河道底泥采取相应措施清淤或固化或修复等措施。

第三节　重金属污染水环境突发应急事件典型案例——甘肃陇南"11·23"陇星锑业选矿厂尾矿库泄漏事件

一、案例背景

2015年11月23日21时20分左右，位于甘肃省陇南市西和县太石河乡山青村的甘肃陇星锑业有限责任公司选矿厂（简称陇星锑业）尾矿库2#排水井破损（图6-8），导致大量尾矿和尾矿水经破损洞口—排水井—排水管—排水涵洞后，从涵洞口喷涌而出，进入紧邻的太石河（嘉陵江一级支流、西汉水的支流），造成西汉水陕西段和嘉陵江水质污染。

1. 事件经过

2015年11月23日21时20分左右，陇星锑业发现尾矿库排水涵洞发生尾砂外泄。11月26日2时，距离事发地117km的西汉水甘陕交界处锑浓度超标。12月

图6-8　尾矿库现状

4日18时，距离事发地262km的嘉陵江陕川交界处锑浓度超标。12月7日2时，距离事发地318km的四川省广元市西湾水厂取水口上游2km的千佛崖断面锑浓度超标。

12月26日0时，即距事发33天后，陕川交界处持续稳定达标。2016年1月28日20时，即事发67天后，甘陕交界处持续稳定达标。

2. 直接经济损失情况

经评估，此次事件共造成直接经济损失6120.79万元，其中甘肃省直接经济损失为1991.93万元，陕西省直接经济损失为1673.11万元，四川省直接经济损失为2455.75万元。

3. 环境影响情况

经专家核算，本次事件中尾矿库泄漏约2.5万 m^3 的含锑尾矿及尾矿水。事件造成甘肃省西和县内太石河至四川省广元市内嘉陵江与白龙江（嘉陵江支流）交汇处共计约346km河道、甘肃省西和县内部分区域地下水井锑浓度超标。甘肃、陕西、四川三省部分区域乡镇集中饮水水源、地下井水因超标或因可能影响饮水安全而停用，受影响人数约10.8万人。应急处置阶段评估结论显示，甘肃省西和县太石河沿岸约257亩农田因被污染水直接淹没受到一定程度污染，农田土壤（0～40cm）超标率为20%（参考世界卫生组织基于保护人体健康目的制定的土壤中最大容许浓度36mg/kg）。

经调查，事发前尾矿库所在地未发生过洪水、暴雨、泥石流、滑坡、地震等影响尾矿库安全的灾害，可以排除自然灾害造成尾矿库泄漏的可能。

尾矿库泄漏事故发生后，甘肃省安全生产监督管理局采取现场勘验、查阅资料、调查取证和检测鉴定等方式，对尾矿泄漏的经过和原因进行了调查。2016年2月25日，调查组组织相关专家勘察了尾矿库现场，审查了甘肃省安全生产监督管理局的调查过程，认定尾矿库泄漏原因系陇星锑业尾矿库2#排水井井座上第一层井圈、水面下约6m处、东北偏北方向的井架两立柱间8块拱板破损脱落，形成高约2.2m、宽约2.4m、面积约5.28m² 的缺口，造成排水井周边、缺口以上约25362m³ 尾矿从缺口处泄漏。

事故发生后，党中央、国务院领导高度重视，国务院领导做出重要批示，要求环境保护部指导配合地方采取措施，妥善应对处理，防止河水污染危害沿线群众安全健康。环境保护部迅速反应，部长陈吉宁同志、副部长翟青同志亲自到现场指导处置，并先后派出三个工作组和相关专家。在甘肃陇南、陕西汉中、四川广元三省市政府及相关区县政府和部门的共同努力下，采取断源截污、治理降污、饮水保障等措施，事件得到妥善处置，保障了嘉陵江沿线群众饮水安全。

此次事件因陇星锑业尾矿库泄漏直接引发，造成了甘肃、陕西、四川三省跨界污染，直接经济损失 6120.79 万元，根据《国家突发环境事件应急预案》，事件级别为重大。同时，经调查认定，陇星锑业存在尾矿库排水井建设施工严重违法违规、尾矿库安全设施管理混乱，有关地方政府及部门未认真履行日常管理职责，事件应对不力，有关第三方安全评价机构违规开展尾矿库安全现状评价等问题。因此，认定此次事件是一起因陇星锑业尾矿库泄漏责任事故次生的重大突发环境事件。

二、环境应急处置

（一）环境保护部扎实做好指导、协调和督促工作

事件发生后，环境保护部部长陈吉宁同志、副部长翟青同志亲自到达事件现场指导应急处置工作，并派驻约 30 名工作人员组成的三路工作组、50 余名专家组成专家组，会同住房和城乡建设部及水利部现场工作组现场指导协调事件处置工作。

现场工作组确定了以确保沿线饮用水安全为主要工作目标，在此基础上指导督促三省开展各项工作：一是督促甘肃省千方百计采用各种手段减少污染物的下泄，为陕西省和四川省投药降污和应急供水措施争取时间；二是指导陕西省通过投药降污和水利调节，降低锑浓度和增加停留时间，为四川省建设应急供水设施争取时间；三是指导四川省采取引入新水源、建设应急供水管线等方式，确保饮用水安全。

此次事件造成三省跨界污染，涉及地区多、受污染流域广，沿线可用于拦截处置的水利工程设施较少，加上下游四川省广元市用水群众人数多，环境应急处置面临巨大挑战。事件发生后，甘肃省有关方面先期开展了污染源头封堵等前期处置工作。11 月 27 日，环境保护部工作组紧急赶赴现场指导、协调三省联合开展应对。三省均先后成立了省级或市级突发环境事件应急指挥部，统

筹开展应对工作。

甘肃省通过切断源头、筑坝拦截等手段全力控污降污；陕西省及时加密监测跟踪污染发展态势，环境保护厅、水利厅、汉中市政府先后启动应急响应，科学水利调蓄，全力控污降污，为下游四川省广元市西湾水厂实施除锑工艺改造争取时间；四川省政府成立应急协调组、环境保护厅成立应急工作组，广元市政府成立应急指挥部，通过启用新水源、修建应急输水管道和实施水厂除锑工艺改造等措施保障西湾水厂出水水质达标。经过各方共同努力，实现了甘肃、陕西两省以全力控污降污为主、四川省以切实保障广元市群众饮水安全为主的既定目标。

一是调集专家靠前指导。在此次事件中，环境保护部调集环境保护部华南环境科学研究所、环境保护部环境规划院、清华大学等单位专家在源头阻断、建设截污工程、合理调蓄水量、除锑投药、态势预测、水厂改造等方面为三省达标整治和应急处置提供全过程技术支持，解决了除锑工艺等关键问题。

二是协调水利部、住房和城乡建设部、卫生部等部委，联合对三省应急处置进行指导。综合掌握流域水文、水质情况，调度水利设施，预测污染迁移趋势，有力保障了四川省广元市饮用水安全。

三是现场督办三省，确保事件得到妥善处置。环境保护部相关领导多次召开现场办公会，要求三省要高度重视涉饮用水突发环境事件，加强上下游联动协作，务必实现断源截污、治理降污和保障饮水安全的任务，对三省的工作进行了现场督办，发现问题后及时纠正，并确保工作落实，保证了事件最终得到妥善处置。

（二）甘肃省断源截污

甘肃省全力开展断源截污工作，在最短的时间内将污染物拦截在甘肃省内。

一是源头阻断。首先，于12月1日凌晨完成溢流井破损口封堵，阻断溢流井内尾矿浆继续泄漏。其次，将进入涵洞的山泉水引流至库外，阻断其冲刷涵洞残余尾矿浆，减少了污染物下泄总量。再次，在涵洞排水口下设置了7个围堰、3个应急池收集渗出的高浓度污水。最后，采用开挖排水沟、铺设波纹管、设置防渗墙等方式，将太石河上游来水引流绕过事发地，基本切断事故点污水。尾矿库航拍图见图6-9（a），事故现场破损口及围堰修筑见图6-9（b）。

（a）

（b）

图6-9　尾矿库航拍图（a）及事故现场破损口及围堰修筑（b）

　　二是河道清污。调集大型机械在太石河河床开挖深槽，采取主动引流的方式，腾出作业面，对河道污染底泥及沉积物进行集中处置，先后清理淤泥1万多吨。

　　三是筑坝拦截。甘肃省先后在太石河、西汉水构筑临时拦截坝198座。陕西省在西汉水段构筑了临时拦截坝4座，在有效减缓污水下泄、为下游应急处置争取时间的同时，也为在河道通过技术措施实现降污目的创造了条件。

　　四是投药降污。在太石河和西汉水设置8套应急处置系统，采用铁盐絮凝法，利用临时拦截坝形成的水利条件实施沉降，将水体中溶解态锑通过沉降转移到底泥中，溶药现场见图6-10。

图6-10　溶药池溶药现场

五是水利调蓄。甘肃省先后对位于陇星锑业上游的红河水电站、苗河水电站实施关闸蓄水，减缓污染水团下泄速度。陕西省先后利用葫芦头、张家坝和巨亭水电站等设施，拦截污染团并调集上游清水稀释。同时通过大流量下泄减少高污染团在广元市西湾水厂取水口的停留时间。

（三）陕西省治理降污

陕西省充分利用葫芦头、巨亭两座水电站等水利设施治理降污。

一是拦截。利用西汉水河段的葫芦头水库对污染水体进行第一道拦截，突击修建了5座拦截坝，清空了下游张家坝水库库容，并对尚未投运的巨亭水库紧急蓄水，为下游广元市的应急处置赢得了时间。

二是调蓄。通过葫芦头水库和巨亭水库蓄水、泄水，调节污染物浓度，实现削峰的作用。

三是投药降污。为进一步削减污染物，从11月30日起，在西汉水葫芦头水库坝下建设了两套应急处置系统。采用酸性铁盐絮凝法处置高浓度含锑河水，为降低下游锑浓度发挥了重要作用。

（四）四川省保障饮水安全

三省在省内沿线河流受到污染后，均立即通告群众停止取水，并分别通过实施引山泉水等其他水源、车辆送水、水厂除锑工艺改造等措施保障沿线居民用水安全。

一是建设两条 5.5km 应急调水管道，引入水厂下游支流的南河水至西湾水厂，保证自来水水源供应。

二是在住房和城乡建设部供水专家指导下，采用应急除锑工艺对西湾水厂原水进行深度处理，确保了出水水质达标。

三是建设昭化区元坝水厂至城区供水主管网 1.75km 应急管道，弥补西湾水厂供水不足。

四是发布通告暂停高耗水生产经营活动，号召市民节约用水。

五是组织力量对城市供水管网未覆盖的 30 个城郊居民集中居住点送水。

六是建立南河应急饮用水水源地临时保护区，全力整治沿河污染源，落实人员巡查值守，确保水源水质。

三、预防和应对同类事件的技术建议

（一）完善技术标准体系，充分发挥指导作用

一是完善尾矿库设计标准。修订《尾矿设施设计规范》，进一步量化尾矿库选址原则，增加尾矿库所在区域事故容纳能力论证；针对易发事故环节，增设应急设施设计标准，从设计阶段着手降低尾矿库事故造成的影响。

二是完善尾矿库安全和环境风险评价技术标准。以分析尾矿库事故案例为基础，防范事故风险为目标，综合考虑安全和环境因素，构建尾矿库安全和环境风险评价技术标准，对尾矿库进行风险分级，作为尾矿库准入、相关部门日常监管以及预案编制的基础。

三是细化尾矿库安全技术标准要求。总结《尾矿库安全技术规程》等安全技术标准实施过程中的先进做法，编制实施细则进行推广，指导尾矿库企业和中介机构开展相关工作，提高安全评价、隐患排查治理，特别是隐蔽工程安全评价和隐患排查治理工作的可操作性。

四是构建应急状态下限制标准和监测方法体系。根据应急工作特点和需要，科学设定应急状态下限制标准，避免社会公共资源不必要的投入和花费，尽量减少对人民群众生产生活的影响（若此次事件执行 WHO 标准将饮用水水

源地锑浓度限值修订为 0.02mg/L，可以缩短应急处置时间 49 天，减少直接经济损失 2634.82 万元）；根据应急处置期间污染团迁移变化特点，综合考虑水文地质条件，制定应急监测方法技术规范体系，明确点位布设、监测频次等要求，提高应急监测工作时效性。

（二）加强监督管理，督促企业防范事故

一是严把尾矿库准入关。严格按照相关技术规范进行安全预评价和环境影响评价审批，强化风险评价结论的限制作用；严格落实尾矿库建设监理制度，推动安全和环境监理；严把验收关，特别要加强对隐蔽工程的验收；避免新增"头顶库"、"三边库"以及"先天不足"等高风险尾矿库。

二是加强尾矿库安全监管。认真落实尾矿库安全监管职责，按照要求科学合理规划检查频次和检查内容，针对发现的问题及时指导和督促企业予以改正；注重对各级监管人员的培训，提高监管能力和水平；加强事故案例的宣讲和解读，通过警示教育提高企业对"隐患险于事故、防范胜于救灾"理念的认知和认可。

三是明确尾矿库环境监管职责。督促严格落实尾矿库防流失、防扬散、防渗漏的"三防"要求；督促全面实施雨污分流改造；督促严格执行重金属总量控制要求和尾矿水达标排放要求。根据尾矿库环境风险等级，科学规划监管频次。

四是加强部门之间合作。尾矿库监管涉及相关部门要加强在信息共享、联合执法、联合演练等方面的合作，共同研究解决尾矿库突出问题，理顺联合报告机制，引起地方政府重视，形成对尾矿库监管合力，尽快达成防范事故次生环境事件的共识。

（三）做好应急准备，全面提高应急能力

一是完善尾矿库应急预案体系。督促尾矿库企业按要求编制应急预案，有条件地推动企业编制统筹考虑安全环保的综合性预案；尾矿库集中区域要编制政府专项预案；开展企业预案和政府专项预案评选工作，将情景分析全面、应急措施针对性和操作性强的优秀预案汇编推广。

二是强化应急演练和应急物资储备。尾矿库风险突出区域，要定期开展尾矿库事故专项应急培训和演练；根据需要有针对性地开展应急技术和应急物资储备，全面做好应急准备工作。

三是加强上下游联动。深化上下游联合执法和应急联动机制建设，畅通信息沟通和发布渠道，推动开展联合监测、联合处置、联合会商等工作，提高协作水平；切实落实属地应急处置职责，受影响区域要勇于担当、积极作为，防止事件扩大，避免和减少引起其他危害。

（四）建立专家队伍，强化应急技术储备

一是建立尾矿库行业专家队伍。召集尾矿库设计、安全、环保、重金属治理等领域专家，组建尾矿库应急专家团队；建设专家－政府部门之间的交流平台，畅通沟通渠道；理顺专家建议——应急处置连接的工作机制，充分发挥专家团队的技术支撑作用。

二是加强相关应急技术储备、研发。完善事件应急处置后专家评估制度，总结先进适用技术，提出技术改进建议；全面梳理尾矿库特征污染物，逐步地、有针对性地储备和开发相关应急处置技术，特别是重金属处置技术；根据突发水环境事件发展特点，开发污染团迁移预测模型；加强相关技术汇编推广力度，为应急预案编制等应急准备工作奠定基础[①]。

第四节　重金属污染土壤环境突发应急事件

一、理论基础

突发重金属土壤环境污染事件中，因重金属不能被微生物降解，是环境长期、潜在的污染物，且可以通过食物链被生物富集，产生生物放大作用。所以对重金属土壤的处理是应急过程中必不可少的一部分工作。

由于土壤胶体和颗粒物的吸附作用，重金属在土壤中的迁移性较差，浓度

---

① 生态环境部环境应急指挥领导小组办公室.2020.突发环境事件典型案例选编（第三辑）（征求意见稿）.

多呈垂直递减分布。一般情况下重金属废水中 95% 以上的重金属会被土壤截流在地面以下 50cm 以内，且污染土壤不会对周围的人或环境产生立即的影响，这一特性给我们争取了很多的应急处置时间。

突发重金属土壤环境污染事件应急处置中，应遵循的基本原则为：控制污染源，并做好污染物的引流工作，谨防污染物对地表水和地下水的污染，避免扩大污染面。

按照对污染土壤处置途径的不同，对重金属土壤的应急处置可分为污染土直接送至危废中心和土壤现场固化/稳定化处理送至垃圾填埋场两种方法。

二、方法

（一）污染土直接送至危废中心

1. 所需材料及设备

车辆类：铲车、挖掘机、翻卸车、叉车、推土机等。

材料类：铁锹及塑料桶、土工膜、彩条布、下水道阻流袋、排水井保护垫、沟渠密封袋、充气式堵水气囊等。

检测设备类：水质检测箱、pH 计等。

人员防护类：深桶雨鞋、橡胶手套、3M 口罩、防毒面具、防化服、防化靴、氧气（空气）呼吸器、呼吸面具、安全帽、安全鞋、工作服、安全警示背心、警示牌等。

2. 处置步骤

污染土直接送至危废中心处置流程如图 6-11 所示。

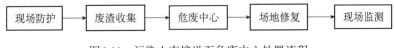

图6-11　污染土直接送至危废中心处置流程

1）现场控制

（1）现场防护：设置警戒线，用土工膜将废渣盖住，以防刮风或下雨使污染物扩散。

（2）防护措施：为确保人身安全，现场人员应佩戴防尘面具、戴橡胶手套。

（3）排查隐患：密切关注附近水域，并仔细查看附近的污水、雨水排水口的位置。将有可能被涉及的排水口进行封堵，以防污染物沿管道或渠道扩散至水体中。

（4）敏感点控制：通过走访现场人员以及涉事单位，全面掌握附近各类风险源及周边敏感点（如水源地、集中住宅区、地下水管道等）的情况。

2）实施步骤

（1）堵：务必保证污染源已经封堵，再次对其进行检查。

（2）处理：用铲车将泄漏出来的废渣装到拉土车上，运至尾矿库或危废处置中心进行无害化处理。

（3）修复：将废水影响到的区域50cm左右土层进行无害化处置，并就近找到与污染区土质相近的新土对污染区域进行回填修复。

（4）再次加固：对污染源泄漏口再次进行加固，确保其不会再次发生泄漏事故。

（5）应急终止：以污染区域检测数据稳定达到环境背景值作为应急终止的指示。

3. 数据检测及分析

（1）在整个应急过程中，专业人员应对现场进行数据的检测、监测、分析，且应选择能迅速得出结果的测量方法，使检测结果能及时指导整个应急的实施。

（2）应对修复的泄漏点进行应力分析，确保其强度，同时排查其他可能的泄漏点。

4. 注意事项

（1）拉土车厢内应做好防漏措施，可在车底铺土工膜并用帆布加盖车顶，以防在运输途中使已污染的土撒漏。

（2）在应急过程中，需非常注意可能的二次崩塌（特别是尾矿溃坝事故中），以保证人员的安全。

（二）土壤现场固化/稳定化处理送至垃圾填埋场

1. 所需材料及设备
溶药装置：搅拌机、溶药桶等。

车辆类：铲车、挖掘机、翻卸车、叉车、推土机等。

材料类：铁锹及塑料桶、土工膜、彩条布等。

检测设备类：水质检测箱等。

人员防护类：深桶雨鞋、橡胶手套、3M 口罩、防毒面具、防化服、防化靴、氧气（空气）呼吸器、呼吸面具、安全帽、安全鞋、工作服、安全警示背心、警示牌等。

2. 处置步骤
土壤现场固化/稳定化处置流程如图 6-12 所示。

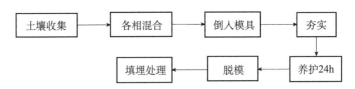

图6-12　土壤现场固化/稳定化处置流程

目前市场上有多种土壤固化稳定剂，例如，HMC-M1 是由苏州湛清环保科技有限公司针对各种重金属废水研发的第三代高效重金属捕集剂，呈白色粉末状，能够与各种重金属离子（铜、镍、铅、锌、镉等）生成不溶性的螯合沉淀，从而使重金属达标排放。

使用时，按照质量比，被重金属污染的土壤：水泥：HMC-M1= 50：25：1 进行配制。首先将 HMC-M1 与土壤按比例混合，在充分搅拌均匀后再按比例加入水泥，搅拌 30min 后将混合物倒入 900mm×900mm×600mm（可视情况而定）的模具中，夯实，养护 24h 后方可脱模，脱模后用秸秆或麻布覆盖并保持湿润养护 7 天，即可达到污染物的稳定效果，可将其送至垃圾填埋场掩埋。

第五节　重金属污染土壤环境突发应急事件典型案例

一、案例1——湖北大冶"3·12"大冶有色金属有限责任公司铜绿山铜铁矿尾砂库溃坝事件

2017年3月12日2时20分，湖北省大冶有色金属有限责任公司铜绿山铜铁矿尾砂库发生局部溃坝，经当地应急处置指挥部现场勘察，溃坝口约200m长。经现场察看，溃坝流失的尾砂堆积在铜绿山铜铁矿尾砂库与其已闭库的一期尾砂库复垦区之间地势低洼的鱼塘中，使用电子地图测量，铜绿山铜铁矿尾砂库与复垦区之间的洼地面积约为600亩，但尾砂并未完全覆盖，实际堆积区域面积约400亩（图6-13）。接到国务院关于湖北省大冶市铜绿山尾矿库溃坝事故的重要批示后，环境保护部立即派工作组赶赴现场，指导地方稳妥处理，确保生态环境和人民群众生命财产安全。

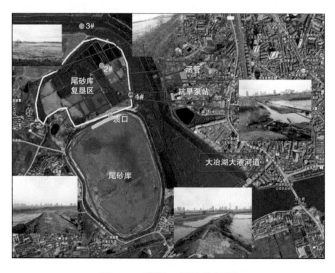

图6-13　溃坝口周边位置图

环境保护部工作组沿低洼地排查发现，在大冶市抗旱泵站更新改造工程三号坝泵站附近（即1#监测点位附近），有一座未积存尾砂的鱼塘通过涵管少

量排水，经小溪沟流入大冶湖大港，根据《大冶铜绿山尾砂溃坝事故处置应急监测（第三期）》（采样时间 3 月 12 日 21 时左右）监测该处鱼池水铜浓度为 0.009mg/L，镉 0.0002mg/L，铅未检出。其他区域未发现有水外排。

3 月 12 日晚，湖北省环境监测中心站和大冶市环境保护监测站对事故现场进行第三次应急监测（图 6-14）采样分析，1# ～ 6# 点位铜、铅、镉等指标符合《地表水环境质量标准》Ⅲ类标准。

图6-14　现场监测点位图

环境保护部工作组查看了铜绿山尾矿库溃坝现场，尾矿库溃坝处周边为大范围鱼塘，鱼塘东北侧及东侧为防洪堤，将鱼塘水体与防洪河道（大冶湖大港）隔离。经现场察看，尾矿库尾砂全部泄漏至尾矿库北侧鱼塘内，覆盖约 2/3 鱼塘面积。鱼塘深度约为 1.5m，根据鱼塘周边民居判断，因尾砂堆积，鱼塘内水位升高约 0.5m。鱼塘东侧防洪堤海拔约 18m，将鱼塘水体与堤外防洪河道隔离。目前防洪堤顶部与鱼塘水面仍有至少 5m 的距离，无水体漫出痕迹。防洪堤外侧防洪河道内无水体流动，仅有少量雨水积存。根据当地专家判断，防洪堤较为稳固，无须加固加高。据专家初步分析，尾矿库坝体发生垮塌，鱼塘内形成水浪，造成 2 人死亡、1 人失踪。为防止新险情出现，涉事企业将尾矿库内积水（事前企业已停产）抽入企业应急池，经处理达标后外排进入大冶湖。每日两次的监测结果显示，大冶湖大港下游 3 个监测点位铜浓度为 0.012 ～ 0.055mg/L（地表水环境质量Ⅲ类水质标准铜浓度为 1mg/L，渔业水质标准浓度为 0.01mg/L），监测数据与同期历史数据水平相当[①]。

二、案例2——青海省格尔木市庆华矿业向沙漠直排尾矿事件

2017 年 11 月 24 日，澎湃新闻网刊发题为"青海一矿企被指向柴达木沙漠直排尾矿，环保局邀专家现场调查"的文章，其中提到，绿网环保调查称青海省格尔木庆华矿业有限责任公司（简称庆华矿业）向沙漠直排尾矿。11 月 24 日，名为绿网环保的微信公众号播发了题为"尾矿库直排柴达木盆地沙漠"的内容，其中有时长约 1min 的视频，画面显示沙漠当中有一管道正在排放黑色液体，并有面积较大的水坑及黑色条状带，配文称庆华矿业尾矿直排柴达木盆地沙漠，造成大面积污染（图 6-15）。该情况引起社会关注。

图6-15　沙漠上满是干涸的灰褐色泥浆

环境保护部高度重视，立即派出环境保护部西北督察局会同青海省环境保护厅组成调查组，于 11 月 25 日抵达现场，采取现场调查、查阅资料、卫星遥感、无人机拍照、取样监测、座谈等方式开展调查工作。

经研究分析网络舆情内容，结合现场调查，网络舆情主要反映庆华矿业尾矿库部分区域沙漠存在污染和擅自向沙漠排放尾矿浆问题。经初步调查，网络

---

① 生态环境部环境应急指挥领导小组办公室 . 2020. 突发环境事件典型案例选编（第三辑）（征求意见稿）.

舆情反映情况部分属实。

1.尾矿库部分区域沙漠存在污染问题

调查发现，庆华矿业未按环评批复落实尾矿库建设相关要求，存在以下问题：一是擅自向拟建设尾矿库的部分区域沙漠违法排污（图6-16）。庆华矿业尾矿库未按2011年6月青海省环境保护厅环评批复要求铺设防渗膜，仅在2012年12月建设了防渗帷幕，卫星图片显示2011年、2012年、2013年排入的尾矿浆面积分别达到 0.09km²、0.27km²、0.35km²。2014年8月停产以来，2015年卫星图片显示该区域处于干涸状态，其间被海西蒙古族藏族自治州（简称海西州）环保局因未按环评要求铺设防渗膜并擅自排污处罚后，才分期实施了防渗膜工程，调查时仍有部分区域未铺设防渗膜。调查期间监测显示，尾矿浆澄清水含镉、锌等重金属和高浓度化学需氧量。二是未落实环境风险防范措施。庆华矿业选矿厂至尾矿库矿浆输送管线厂区内抛尾泵站未按环评要求建设事故应急池，距尾矿库2km处应配套建设的输送管线的事故应急池虽已建设但未与管道阀门连接，形同虚设，且被流沙掩埋，该阀门处发现曾有部分矿浆泄漏至沙漠中。选矿厂至尾矿库矿浆输送管线安装了4处检修阀门，均未设置收集池，存在环境风险隐患。三是尾矿澄清水未回用。尾矿澄清水回用管线虽已建成但未连通，未按环评要求回用。

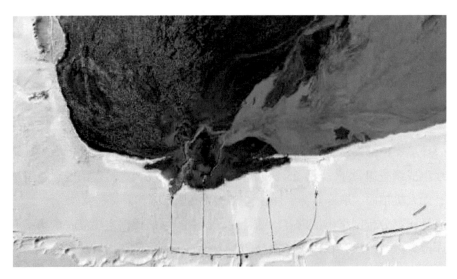

图6-16　尾矿从厂区旁的两个口子排出，顺着地势往低处流

2. 擅自向沙地排放尾矿浆问题

毗邻庆华矿业选矿厂东南侧沙地中有一条约 16km 洪水冲刷沟，沟底为砂土质地，大部分沟底和沟壁存在干尾矿渣。经调查，该选矿厂于 2011 年 4 月至 2014 年 8 月生产期间，向拟建设尾矿库的部分区域沙漠违法排污，还将尾矿浆排入厂区毗邻的洪水冲刷沟内。经调阅 2011 ～ 2013 年卫星图片，该洪水冲刷沟即为网络舆情反映的黑色条状带，2011 年、2012 年、2013 年面积分别约为 $1.3km^2$、$2.91km^2$、$2.76km^2$。通过测算，2014 年 8 月前共向环境中排放尾矿浆约 590 万 t，其中，向厂区周边洪水冲沟排放约 199 万 t，向仅有防渗帷幕的尾矿库排放约 391 万 t，尾矿浆成分为一般二类固体废弃物。

针对庆华矿业尾矿库配套的环保设施未建成，目前还在继续向尾矿库排放的违法行为，11 月 28 日，格尔木市环境保护局向庆华矿业下达了《责令停产整治决定书》，要求该公司立即停止生产，并进行整改，在整改未完成前不得恢复生产。该公司启动停产程序，部分设备停止运行，在输送尾矿浆的管道清洗并保温完毕后将不再向尾矿库排放尾矿浆。

11 月 28 日 21 点，格尔木市政府召开新闻发布会，向中国新闻社、《青海日报》、《西海都市报》、海西广播电视台、《格尔木日报》等新闻媒体通报了庆华矿业尾矿排放环境问题。

2017 年 12 月 26 日，环境保护部致函青海省政府，商请做好环境损害评估和恢复治理、责任追究等工作。

3. 环境损害评估和恢复治理工作开展情况

2017 年 11 月 28 日，格尔木市环境保护局对庆华矿业下达责令停产整治决定书，企业于次日全部停产。格尔木市委托第三方专业机构开展环境污染损害评估工作及水文地质、土壤及地下水、生态等现场调查工作。目前，第三方机构已完成直排区、尾矿库及输浆管道两侧调查区 $30km^2$ 的地面调查。庆华矿业在当地政府及环保部门指导督促下，新建 5 座钢制事故池，总容积 $1966m^3$，各尾矿管线检修阀处均设置 $23m^3$ 钢质收集池，各事故池周边设置了 0.5m 的挡墙及防沙网。回水管线全部安装到位。委托第三方按《工作方案》完成帷幕灌浆坝 3 个水文地质钻孔，完成 16km 尾矿直排带勘探井钻探及取样分析工作。

4. 责任追究情况

当地环保部门依据相关规定，对企业及相关责任人开出 220 万元罚金（其中，对企业罚金 100 万元，对 9 名责任人罚金共 120 万元），涉事企业及个人已全部缴纳。格尔木市公安机关抽调治安、刑侦、派出所专业执法人员，成立专案工作组迅速开展调查取证。之后，依据环境污染损害评估结果，通过司法途径进一步追究企业相关责任人的责任。当地检察机关也已介入调查。

海西州委州政府对党委政府和监管部门的责任，分别向省委省政府做出检查。海西州委州政府约谈了州、格尔木市环境保护局主要负责人和企业负责人。海西州、格尔木市纪委启动问责程序，对相关责任单位和 10 名责任人分别做出检查、通报、党内警告、党内严重警告、行政记过处分等处理①。

---

① 生态环境部环境应急指挥领导小组办公室 . 2020. 突发环境事件典型案例选编（第三辑）（征求意见稿）.

第七章
危险化学物品突发环境污染事件应急

随着社会经济的快速发展，我国危险化学品（简称危化品）的生产、运输和销售逐年增加。近些年我国发生的涉及危险化学品突发环境事件，主要有两大类：一种是企业生产、储存过程中涉及的危险化学品泄漏进入外环境造成环境污染；另一种是危险化学品运输过程中发生交通事故导致拉运的危险化学品进入环境造成环境污染。根据有关统计分析，交通运输事故次生的突发环境事件已经成为我国各类突发环境事件中的第二大组成部分。我们梳理了常见的四种典型酸碱（硝酸、硫酸、盐酸、氢氧化钠）和苯系物、芳香烃类污染物的理化性质、特点、应急处置技术措施和步骤，为现场应急处置人员提供技术参考。

第一节　典型酸碱突发环境事件应急

腐蚀性物品根据其化学性质分为酸性腐蚀品、碱性腐蚀品和其他腐蚀品，其危险特性主要体现在强烈的腐蚀性，极易造成对人体的伤害和对其他物品的破坏。三酸两碱是最常见的腐蚀性物品，事故处置中，必须采取措施作全身性防护，严禁皮肤直接接触（何长顺，2011）。

一、硝酸

硝酸属于酸性腐蚀品，用途极广，主要用于有机合成、生产化肥、染料、炸药、火箭燃料、农药等，还常用作分析试剂、电镀、酸洗等作业。在工业生产活动中或意外泄漏的情况下，如果不注意防护，处置不当可引起皮肤或黏膜灼伤，腐蚀设施。同时，产生的氮氧化物气体可对呼吸系统造成严重损害。

（一）特点

硝酸纯品为无色透明的发烟液体，有酸味，溶于水，在醇中会分解，为强氧化剂，能使有机物氧化或硝化，分子量 63.01，沸点 78℃（分解），蒸气压 8.27kPa（25℃），相对蒸气密度 2.17（空气 =1），沸点 86℃（无水），饱和蒸气压 4.4kPa（20℃）。

吸入、食入或经皮吸收，硝酸均可对人体造成损害。皮肤组织接触硝酸液体后可对皮肤产生腐蚀作用。硝酸与局部组织的蛋白质结合形成黄蛋白酸，使局部组织变黄色或橙黄色，后转为褐色或暗褐色，严重者形成灼伤、腐蚀、溃疡、坏死。硝酸蒸气中含有多种氮氧化物，如 NO、NO_2、N_2O_3、N_2O_4 和 N_2O_5 等，其中主要是 NO，人体吸入后，硝酸蒸气会缓慢地溶于肺泡表面上的液体和肺泡的气体中，并逐渐与水作用，生成硝酸和亚硝酸，对肺组织产生剧烈的刺激和腐蚀作用，使肺泡和毛细血管通透性增加，而导致肺水肿。

（二）中毒症状的急救措施

1. 皮肤或眼睛接触

硝酸有极度腐蚀性，可引起组织快速破坏，如果不迅速、充分处理，可引起严重刺激和炎症，出现严重的化学烧伤。稀硝酸可使上皮变硬，不产生明显的腐蚀作用。皮肤接触后应立即脱离现场，去除污染衣物，出现灼伤，用大量流动清水冲洗 20～30min，然后以 5% 弱碱碳酸氢钠或 3% 氢氧化钙浸泡或湿敷约 1h，也可用 10% 葡萄糖酸钙溶液冲洗，然后用硫酸镁浸泡 1h，尽快就医。眼睛接触后应立即脱离现场，翻开上下眼睑，用流动清水彻底冲洗。尽快就医。

2. 食入

食入硝酸会引起口腔、咽部、胸骨后和腹部剧烈灼热性疼痛。口唇、口腔和咽部可见灼伤、溃疡，吐出大量褐色物。严重者可发生食管、胃穿孔及腹膜炎、喉头痉挛、水肿、休克。食入后急救中可口服牛奶、蛋清，禁止催吐、洗胃。

3. 吸入

硝酸蒸气有极强烈刺激性，腐蚀上呼吸道和肺部，急性暴露可产生呼吸道刺激反应，引起肺损伤，降低肺功能。在刚接触时也可不出现反应，但是数小时后出现迟发症状，引起呛咳、咽喉刺激、喉头水肿、胸闷、气急、窒息，严重者经一定潜伏期（几小时至几十小时）后出现急性肺水肿表现。

急救中，救援人员必须佩戴空气呼吸器进入现场。如无呼吸器，可用碳酸氢钠稀溶液浸湿的毛巾掩口鼻短时间进入现场，快速将中毒者移至上风向空气清新处。注意保持中毒者呼吸通畅，如有假牙须摘除，必要时给予吸氧，雾化吸入舒喘灵气雾剂或 5% 碳酸氢钠加地塞米松雾化吸入。如果中毒者呼吸、心跳停止，立即进行心肺复苏；如果中毒者呼吸急促、脉搏细弱，应进行人工呼吸，给予吸氧，肌肉注射呼吸兴奋剂尼可刹米 0.5 ～ 1.0g。

（三）应急方法选择

在硝酸污染应急事件中，通常的处理办法为以下两类：

物理处理法：利用水对泄漏硝酸进行冲洗稀释，在 pH 达到 5.5 ～ 8.5 时，排入废水系统；用干土、干砂或其他不燃性材料对泄漏硝酸进行吸收，然后将其转移至槽车或有盖的专用收集器内，运至废物处理场所处置。

化学处理法：投放适量的碳酸氢钠、碳酸钠、碳酸钙中和，也可以使用氢氧化钙或石灰。

（四）应急所需主要材料及设备

车辆类：抢修车辆、腐蚀性物品槽车、消防车、救护车、铲车、挖掘机、吊车等。

设备类：消防器材、发电机、电焊机、耐腐蚀泵、酸专用收集器等。

材料类：铁锹及塑料桶、碳酸氢钠、碳酸钠、碳酸钙、氢氧化钙、石灰、干土、干砂或其他不燃性材料等。

检测设备类：pH 计、水质检测仪等。

人员防护类：防火服、空气呼吸器、防酸服、安全帽、防酸手套、安全鞋、工作服、安全警示背心、安全绳等。

（五）应急处置步骤

1. 疏散与救人

救援人员应对硝酸泄漏事故警戒范围内的所有人员及时组织疏散。疏散工作应精心组织，有序进行，并确保被疏散人员的安全。对现场伤亡人员，要及时进行抢救，并迅速由医疗急救单位送医院救治。

事故现场一般区域内的疏散工作由到场的政府、公安、武警人员实施，危险区域的人员疏散工作由救援人员进行。

事故现场人员疏散应有序进行，一般先疏散泄漏源中心区域人员，再疏散泄漏可能波及范围人员；先救老、弱、病、残、妇女、儿童等人员，再救行动能力较好人员；先救下风向人员，再救上风向人员。

从事故现场疏散出的人员，应集中在泄漏源上风方向较高处的安全地方，并与泄漏现场保持一定的距离。

2. 建立警戒区

运输过程中，如果硝酸在水体中泄漏或包装掉入水中，现场人员应在保护好自身安全的情况下开展报警和伤员救护，及时根据泄漏量、扩散情况以及所涉及的区域建立警戒区，并组织人员对沿河两岸或湖泊进行警戒，严禁取水、用水、捕捞等一切活动；根据包装是否破损、硝酸是否漏入水中以及随后的打捞作业可能带来的影响等情况确定警戒区域的大小，并派出水质检测人员定期对水质进行检测，确定污染的范围，必要时扩大警戒范围。

事故处理完成后，要定时检测水质，只有水质满足要求后，才能解除警戒。根据 2000 版《北美应急响应手册》，硝酸发生泄漏后，应根据泄漏量的大小，立即在至少 50～100m 泄漏区范围内建立警戒区。少量发烟硝酸发生泄漏时要立即在泄漏区周围隔离 95m，如果泄漏发生在白天，应在下风向 300m×300m 范围内建立警戒区；如果泄漏发生在晚上，应在下风向 500m×500m 范围内建立警戒区。大量发烟硝酸发生泄漏时应立即在泄漏区周围隔离 400m，如果泄漏发生在白天，应在下风向 1300m×1300m 范围内建立警戒区；如果泄漏发生在晚上，应在下风向 3500m×3500m 范围内建立警戒区。警戒区内的无关人员应沿侧上风方向撤离。

3. 控制泄漏源

如果硝酸是在陆上泄漏，现场人员应在保护好自身安全的情况下，开展报警和伤员救护，并及时采取以下措施：

现场控制。控制泄漏源是防止事故范围扩大的最有效措施。在消防或环保部门到达现场之前，如果手头备有有效的堵漏工具或设备，操作人员可在保证自身安全的前提下进行堵漏，从根本上控制住泄漏。人员进入现场时可使用自给式呼吸器。若处理工具有限或自身安全难以保证，现场人员应撤离泄漏污染区，等待消防队或专业应急处理队伍到来，不要盲目进入现场进行堵漏作业。

4. 收容泄漏物

如果硝酸是在水中泄漏：硝酸能以任意比例溶解于水中，少量泄漏一般不需要采取收容措施，大量泄漏现场可沿河筑建堤坝，拦截被硝酸污染的水流，同时往截流坝内投放碳酸氢钠、碳酸钠、碳酸钙、氢氧化钙或石灰中和。

如果硝酸是在陆上泄漏：少量泄漏时，可用干土、干砂或其他不燃性材料吸收，也可以用大量水冲洗，冲洗水稀释后（pH 降至 5.5 ～ 8.5）排入废水系统。大量泄漏时，可借助现场环境，通过挖坑、挖沟、围堵或引流等方式将泄漏物收容起来。建议使用泥土、沙子作收容材料。也可根据现场实际情况，先用大量水冲洗泄漏物和泄漏地点。

冲洗后的废水必须收集起来，集中处理。如有可能，应用泵将污染水抽至槽车或专用收集器内，运至废物处理场所处置。也可根据水中硝酸根离子的浓度，向受污染的水体中投放适量的碳酸氢钠、碳酸钠、碳酸钙中和，也可以使用氢氧化钙或石灰，生成中性的硝酸盐溶液，用水稀释后（pH 降至 5.5 ～ 8.5）排入废水系统。

5. 火灾救援

硝酸本身不燃，但能助燃。受热会分解生成二氧化氮和氧气。能与多种物质如金属粉末、电石、硫化氢、松节油等猛烈反应，甚至发生爆炸。与还原剂，可燃物如糖、纤维素、木屑、棉花、稻草或废纱头等接触引起燃烧，并散发出剧毒的棕色烟雾。硝酸蒸气中含有多种有毒的氮氧化物，与硝酸蒸气接触很危险。

在灭火过程中建议做下列处理：

（1）如有可能，转移未着火的容器。防止包装破损，引起环境污染。

（2）消防人员必须穿全身耐酸碱消防服，佩戴自给式呼吸器，在上风向隐蔽处灭火。

（3）用水灭火，同时喷水冷却暴露于火场中的容器，保护现场应急处理人员。

（4）收容消防废水，防止流入水体、排洪沟等限制性空间。

（5）消防废水稀释后（pH 降至 5.5 ～ 8.5）排入废水系统。

二、硫酸

（一）特点

硫酸属腐蚀性危险化学品。纯硫酸是无色、无臭、透明、黏重的油性液体。硫酸的结晶温度随着其含量的不同而变化，但无规律性：92% 硫酸为 -25.6℃；93.3% 硫酸为 -37.85℃；硫酸为 0.1℃；100% 无水硫酸则为 110.45℃；20% 发烟硫酸为 2.5℃，65% 发烟硫酸为 -0.35℃。硫酸的沸点，当含量在 98.3% 以下时是随着浓度的升高而增加的，98.3% 硫酸的沸点最高，为 338.8℃。发烟硫酸的沸点随着游离 SO_4^{2-} 的增加，由 279.6℃降至 44.7℃。当硫酸溶液蒸发时，它的浓度不断增高，直至 98.3% 后保持恒定，不再继续升高。

浓硫酸和稀硫酸的性质有差别。浓硫酸是一种强氧化剂，与碳、硫等共热时，碳被氧化成二氧化碳，硫被氧化成二氧化硫。硫酸能直接和金属反应生成该金属的硫酸盐。浓硫酸在高温时能使银等金属氧化成金属氧化物；浓硫酸与氢能还原成 SO_2、S，甚至 H_2S。浓硫酸对金属铁有钝化作用。稀硫酸无氧化性，不能溶铜、银，但可与锌、镁、铁等金属反应，被置换出氢并生成硫酸盐。铁和稀硫酸发生反应。铅能耐稀硫酸，但不能耐浓硫酸。浓硫酸和稀硫酸均能与金属氧化物作用，生成盐和水。

硫酸虽然具有强烈的腐蚀性和氧化性，但其本身和蒸气不易燃烧。因此，在硫酸泄漏事故处置中，应采取科学、稳妥、积极、有效的方法，最大限度地避免人员伤亡，严密控制泄漏的波及范围和可能造成的环境污染，减少国家和人民生命财产的损失。

（二）泄漏事故危害

1. 造成人员伤亡

硫酸是一种腐蚀性极强的危险化学品，如果将浓硫酸溅到衣服上，它会立即使衣服的纤维素碳化，使衣服上出现小洞。如把硫酸溅到皮肤上，其能迅速灼伤人体皮肤。硫酸可经过人体的呼吸道、消化道及皮肤被迅速吸收，对人的皮肤、黏膜有刺激和腐蚀作用。硫酸进入人体后，主要使组织脱水，蛋白质凝固，可造成局部坏死，严重时则会夺去人的生命。人吸入酸雾后可产生明显的上呼吸道刺激症状及支气管炎，重者可迅速发生化学性肺炎或肺水肿。如吸入高浓度酸雾时则可引起喉痉挛和水肿而致人窒息，并伴有结膜炎和咽炎。

2. 腐蚀设备设施

浓硫酸既是一种强腐蚀剂，同时也是一种强氧化剂，能与金属和金属氧化物发生化学反应。当硫酸容器或储罐发生泄漏，大量的硫酸流经之处，都会对硫酸接触到的机器、设备、设施等造成严重腐蚀和氧化，有的会造成致命的损坏并无法修复。

3. 污染环境

硫酸的酸性和强腐蚀性能对环境造成严重污染。大量硫酸泄漏之后，浓烈和具有强刺激性的酸雾对空气造成严重污染，如果人或动物呼吸后，则会引起明显的上呼吸道刺激症状及支气管炎，重者可迅速发生化学性肺炎或肺水肿，高浓度时可引起喉痉挛和水肿从而导致窒息，并伴有结膜炎和咽炎。大量泄漏的硫酸流散到农田，则对农田造成污染，严重影响耕种，甚至造成农田不能使用。如果流散到河流、湖泊、水库等水域，则造成水污染，严重时该水域的水未经处理不能使用。如果流散到公路、水渠等处，则对路面和水渠造成严重污染和腐蚀损坏，必须采取有效措施进行处理。

（三）应急方法选择

在硫酸污染应急事件中，通常的处理办法为以下两类：

物理处理法：利用水对泄漏硫酸进行冲洗稀释，在 pH 达到 5.5 ～ 8.5 时，排入废水系统；用干土、干砂或其他不燃性材料对泄漏硫酸进行吸收，然后将其转移至槽车或有盖的专用收集器内，运至废物处理场所处置。

化学处理法：投放适量的碳酸氢钠、碳酸钠、碳酸钙中和，也可以使用氢氧化钙或石灰。

（四）应急所需主要材料及设备

车辆类：抢修车辆、腐蚀性物品槽车、消防车、救护车、铲车、挖掘机、吊车等。

设备类：消防器材、发电机、电焊机、耐腐蚀泵、酸专用收集器等。

材料类：铁锹及塑料桶、碳酸氢钠、碳酸钠、碳酸钙、氢氧化钙、石灰、干土、干砂或其他不燃性材料等。

检测设备类：pH 计、水质检测仪等。

人员防护类：防火服、空气呼吸器、防酸服、安全帽、防酸手套、安全鞋、工作服、安全警示背心、安全绳等。

（五）应急处置步骤

1. 侦察灾情

救援人员到场后，通过外部观察、询问知情人、内部侦察或仪器检测等方式，重点了解掌握以下情况：①泄漏硫酸的浓度及相关理化性质；②硫酸泄漏源、泄漏的数量及泄漏流散的区域；③硫酸泄漏的储罐或容器数量，能否实施堵漏，应采取哪种方法堵漏；④现场实施警戒或交通管制的范围；⑤现场是否有人员伤亡或受到威胁，所处位置及数量，组织搜寻、营救、疏散的通道；⑥硫酸泄漏及事故处置可能造成的环境污染，采取哪些措施可减少或防止对环境的污染；⑦现场的救援水源，风向、风力等情况。

2. 疏散救人

救援人员应对硫酸泄漏事故警戒范围内的所有人员及时组织疏散，疏散工作应精心组织，有序进行，并确保被疏散人员的安全。对现场伤亡人员，要及时进行抢救，并迅速由医疗急救单位送医院救治。

1）疏散组织

事故现场一般区域内的疏散工作由到场的政府、公安、武警人员实施，危险区域的人员疏散工作由救援人员进行。

2）疏散顺序

事故现场人员疏散应有序进行，一般先疏散泄漏源中心区域人员，再疏散泄漏可能波及范围人员；先救老、弱、病、残、妇女、儿童等人员，再救行动能力较好人员；先救下风向人员，再救上风向人员。

3）疏散位置

从事故现场疏散出的人员，应集中在泄漏源上风方向较高处的安全地方，并与泄漏现场保持一定的距离。

4）现场急救

对受到硫酸及酸雾伤害较重人员，应在事故现场对其进行针对性的抢救。吸入硫酸蒸气者要立即脱离现场，移至空气新鲜处，并保持安静及保暖。吸入量较多者应卧床休息、吸氧、给舒喘灵气雾剂或地塞米松等雾化吸入。眼或皮肤接触硫酸液体时，应立即先用柔软清洁的布吸去再迅速用清水彻底冲洗。口服硫酸者已出现消化道腐蚀症状时，迅速送医院救治，切忌催吐。急性中毒者要迅速送医院救治。

3. 设立警戒

如果硫酸泄漏到陆地上，要根据泄漏事故现场侦察和了解的情况，及时确定警戒范围，设立警戒标志，布置警戒人员，控制无关人员和机动车辆出入泄漏事故现场。现场警戒工作一般由到场的公安、交警人员负责，在企业内部由保安或保卫人员承担。硫酸泄漏发生在公路上，要及时对事故路段实施交通管制，停止人员和车辆通行。

如果硫酸泄漏到水体中，现场人员应根据泄漏量、扩散情况以及所涉及的区域建立警戒区，并组织人员对沿河两岸或湖泊进行警戒，严禁取水、用水、捕捞等一切活动。如果包装掉入水中，现场人员应根据包装是否破损、硫酸是否漏入水中以及随后的打捞作业可能带来的影响等情况确定警戒区域的大小，并派出水质检测人员定期对水质进行检测，确定污染的范围，必要时扩大警戒范围。事故处理完成后，要定时检测水质，只有当水质满足要求后，才能解除警戒。

4. 泄漏物处理处置

如果硫酸泄漏发生在陆地上，要采取如下措施：

1）筑堤围堵

硫酸泄漏后向低洼处、窨井、沟渠、河流等四处流散，不仅对环境造成污染，而且对沿途的土地、设施、路面等造成严重腐蚀，扩大灾害损失。因此，救援人员到场后，应及时利用砂石、泥土、水泥粉等材料筑堤，或用挖掘机挖坑，围堵或聚集泄漏的硫酸，最大限度地控制泄漏硫酸扩散范围，减少灾害损失。

2）关阀断源

输送硫酸的管道发生泄漏，泄漏点处在阀门以后且阀门尚未损坏，可采取关闭管道阀门，断绝硫酸源的措施制止泄漏。关闭管道阀门时，必须在开花或喷雾水枪的掩护下进行。

硫酸容器、槽车或储罐发生泄漏，如果采取关闭阀门的措施可以制止泄漏，则应在开花或喷雾水枪的掩护下迅速关闭阀门，切断硫酸源。关阀断源，一般应由事故单位相关工程技术人员实施。如需救援人员实施关阀，则应做好个人安全防护，在搞清所关闭阀门的具体情况后，谨慎操作。

3）器具堵漏

针对硫酸泄漏容器、储罐、管道、槽车等不同情况，可采用不同的堵漏器具，并充分考虑防腐措施后，迅速实施堵漏。

储罐、容器、管道壁发生微孔泄漏，可用螺丝钉加赫合剂旋入泄漏孔的方法堵漏；管道发生泄漏，不能采取关阀止漏时，可使用堵漏垫、堵漏楔、堵漏袋等器具封堵，也可用橡胶垫等包裹、捆扎；阀门法兰盘或法兰垫片损坏发生泄漏，可用不同型号的法兰夹具，并高压注射密封胶进行堵漏。

4）输转倒罐

硫酸储罐、容器、槽车发生泄漏，在无法实施堵漏时，可采取疏转倒罐的方法处置。倒罐前要做好准备工作，对倒罐时使用的管道、容器、储罐、设备等要认真检查，确保万无一失，一般由相关工程技术人员具体操作实施，救援人员给予积极配合。倒罐时要精心组织，正确操作，有序进行，要充分考虑可能出现的各种情况，特别要做好操作人员的个人安全防护，避免发生意外，造成人员伤亡或灾情扩大。

倒罐结束后，要对泄漏设备、容器、车辆等及时转移处理。

5）稀释冲洗

硫酸与水有强烈的结合作用，可以按任何不同比例混合，混合时能放出大量的热。因此在稀释硫酸时要避免直接将水喷入硫酸，避免硫酸遇水放出大量热灼伤现场救援人员皮肤。对泄漏硫酸进行稀释时，要选用喷雾水流，不能对泄漏硫酸或泄漏点直接喷水。如泄漏硫酸数量较少时，可用开花水流稀释冲洗，当水量较多时，硫酸的浓度则显著下降，腐蚀性相应降低。在稀释或冲洗泄漏硫酸时，要控制稀释或冲洗水液流散对环境的污染，一般应围堵或挖坑收集，再集中处理，切不可任意四处流散。

冲洗后的废水必须收集起来，集中处理。如有可能，应用泵将污染水抽至槽车或专用收集器内，运至废物处理场所处置。也可根据水中硫酸根离子的浓度，向受污染的水体中投放适量的碳酸氢钠、碳酸钠、碳酸钙中和，也可以使用氢氧化钙或石灰，生成中性的硝酸盐溶液，用水稀释后（pH 降至 5.5～8.5）排入废水系统。

6）中和吸附

硫酸泄漏流入农田、公路、沟渠、低洼处等，可用碱性物质，如生石灰、烧碱、纯碱等覆盖进行中和，降低硫酸的腐蚀性，减少对环境的污染。进行碱性物质覆盖中和时，操作人员要做好个人安全防护，特别要保护好四肢、面部、五官等暴露皮肤，避免飞溅的硫酸造成伤害。中和结束后，要对覆盖物及时进行清理。对于泄漏的少量硫酸，可用砂土、水泥粉、煤灰等物覆盖吸附，搅拌后集中运往相关单位进行处理。

7）清理转移

硫酸泄漏事故处置结束后，要对泄漏现场进行清理。清理工作由当地政府组织，公安、环保、救援等部门参加。

（1）清理覆盖物。对处置硫酸泄漏使用的所有覆盖物进行彻底清理，把覆盖物集中运到相关单位进行处理，或运到环保部门指定的倾倒场处理。

（2）洗消污染物。对泄漏硫酸污染的机器、设备、设施、工具、器材等，由救援人员使用碱性的开花或喷雾水流进行集中洗消，防止造成二次污染。受污染的公路路面等也可用碱性水溶液进行冲洗，最大限度地减小泄漏硫酸的损害。

（3）转移泄漏物。对于泄漏硫酸污染的机器、槽车等可移动的设备，要组织力量及时将其转移到安全地方妥善处理。倒罐后的硫酸也要及时转移到有关单位进行处理。硫酸泄漏事故处置结束后，现场不能留下任何安全隐患。

运输过程中，如果硫酸在水体中泄漏或包装掉入水中，现场人员应在保护好自身安全的情况下开展报警和伤员救护，及时采取以下措施：①控制泄漏源。在消防或环保部门到达现场之前，如果手头备有有效的堵漏工具或设备，操作人员可在保证自身安全的前提下进行堵漏，从根本上控制住泄漏。否则，现场人员应撤离泄漏现场，等待消防队或专业应急处理队伍到来。②收容泄漏物。硫酸能以任意比例溶解于水，小量泄漏一般不需要采取收容措施，大量泄漏现场可沿河筑建堤坝，拦截被硝酸污染的水流，同时往截流坝内投放碳酸氢钠、碳酸钠、碳酸钙、氢氧化钙或石灰中和。

5. 硫酸泄漏处置要求与注意事项

1）加强现场警戒

根据硫酸泄漏后流散的情况和可能波及的范围，现场警戒区域要适当放大，特别是酸雾飘散的下风方向更要加强警戒，及时疏散警戒区域内的人员至安全地带，严格控制无关人员进入事故现场，防止酸雾对现场人员的侵害。

2）强化个人安全防护

凡参加堵漏、倒罐等进入一线的抢险救援人员，必须做好个人安全防护。执行关阀、堵漏、筑堤、回收、稀释任务的救援人员要佩戴隔绝式呼吸器，着救援防化服，戴防酸手套，不得有皮肤暴露，尤其是面部和四肢，避免飞溅的硫酸造成伤害。如不慎接触硫酸，要及时用水冲洗，或用碱性溶液进行有效处理，必要时迅速进行现场急救或送医院救治。现场执行其他任务的抢险救援人员，也要做好安全防护，特别是处于下风向的人员，要采取必要措施，防止硫酸蒸气对呼吸道的侵害。

3）选择上风向较高处设置阵地

现场水枪阵地一般应设置在硫酸泄漏源上风向的较高处，或侧上风向，防止酸雾对救援人员的直接伤害。救援车应停放在距硫酸泄漏源一定距离的较高处，如事故现场场地有限，且到达现场的救援车较多时，救援车应集中停放在远离泄漏源处，采取接力供水方式向处置现场供水，以防不测。

4）选择喷雾射流稀释硫酸

硫酸具有强烈的吸水性，其与水结合后产生大量的热，如用密集射流直射硫酸，则会使硫酸飞溅，对救援人员造成直接威胁。救援人员如用水稀释硫酸，必须避免水流直射硫酸，即便使用喷雾射流，也不可直射硫酸，避免飞溅起的硫酸伤害救援人员。

5）精心组织现场急救

事故现场如有受伤者，救援人员要迅速组织急救。现场急救一般应由到场的医护人员进行，救援队员给予配合。如果医护人员未到场，救援队员则要进行简单急救，或迅速送医院救治。现场急救应根据受伤者的伤势情况和伤者的多少有序进行，一般应先抢救危重受伤者，再抢救轻微受伤者；先抢救行动不便的受伤者，再抢救有一定行动能力的受伤者。急救工作要精心组织，避免混乱。

6）及时堵漏，控制灾情

对持续泄漏的硫酸储罐、容器、管道等设备，救援人员要根据具体情况，及时采取器具堵漏、筑堤围堵、挖坑聚集等有效措施，拦截、阻止、控制硫酸的流散，特别是向重要设施、设备、场所、水域等地方的流散，要有效减少硫酸对沿途的强烈腐蚀、破坏及污染。

7）由环保专家指导防污

对于较大硫酸泄漏事故，救援人员在实施抢险的同时，要及时通知环保部门的有关专家到场，具体指导防止环境污染事项，以及要采取的措施。事故处置中一般由环保专家提出意见，现场指挥部决定实施，并指派相关部门具体落实，救援人员给予配合。严防泄漏硫酸对现场及周围环境的污染。

8）集中处理稀释水流

泄漏事故处置过程中救援人员使用的稀释水流，因受到硫酸污染，切不可任其到处流淌，要采取筑堤、挖坑、人工回收等措施尽量集中或回收，然后进行物理或化学中和处理，避免造成次生污染，扩大事故灾情和损失。

三、盐酸

(一) 特点

盐酸是氯化氢（HCl）的水溶液，属于一元无机强酸，工业用途广泛。盐酸的性状为无色透明的液体，有强烈的刺鼻气味，具有较高的腐蚀性。浓盐酸（质量分数约为37%）具有极强的挥发性，因此盛有浓盐酸的容器打开后氯化氢气体会挥发，与空气中的水蒸气结合产生盐酸小液滴，使瓶口上方出现酸雾。盐酸是胃酸的主要成分，它能够促进食物消化、抵御微生物感染。

浓盐酸（发烟盐酸）会挥发出酸雾。盐酸本身和酸雾都会腐蚀人体组织，可能会不可逆地损伤呼吸器官、眼部、皮肤和胃肠等。将盐酸与氧化剂（如漂白剂次氯酸钠或高锰酸钾等）混合时，会产生有毒气体氯气。

盐酸对大多数金属有强腐蚀性，与活泼金属粉末发生反应放出氢气；与氰化物能产生剧毒的氰化氢气体；浓盐酸在空气中发烟，触及氨蒸气生成白色烟雾。

氯化氢的危险性取决于其浓度。表7-1列出了欧盟对盐酸溶液的分类。

表7-1　欧盟对盐酸溶液的分类

浓度	分类	警示术语
10%~25%	刺激性（Xi）	R36/37/38
>25%	腐蚀性（C）	R34R37

使用盐酸时，应配备个人防护装备，如橡胶手套或聚氯乙烯手套、护目镜、耐化学品的衣物和鞋子等，以降低直接接触盐酸所带来的危险。密闭操作，注意通风。操作尽可能机械化、自动化。操作人员必须经过专门培训，严格遵守操作规程。建议操作人员佩戴自吸过滤式防毒面具（全面罩），穿橡胶耐酸碱服，戴橡胶耐酸碱手套。远离易燃、可燃物。防止蒸气泄漏到工作场所空气中。避免与碱类、胺类、碱金属接触。搬运时要轻装轻卸，防止包装及容器损坏。配备泄漏应急处理设备。倒空的容器可能残留有害物。

在盐酸使用过程中，有大量氯化氢气体产生，可将吸风装置安装在容器边，再配合风机、酸雾净化器、风道等设备设施，将盐酸雾排出室外处理。也可在盐酸中加入酸雾抑制剂，以抑制盐酸酸雾的挥发产生。

（二）应急方法选择

在盐酸污染应急事件中，通常的处理办法为以下两类：

物理处理法：利用水对泄漏盐酸进行冲洗稀释，在 pH 达到 5.5 ~ 8.5 时，排入废水系统；用干土、干砂或其他不燃性材料对泄漏硫酸进行吸收，然后将其转移至槽车或有盖的专用收集器内，运至废物处理场所处置。

化学处理法：投放适量的碳酸氢钠、碳酸钠、碳酸钙中和，也可以使用氢氧化钙或石灰。

（三）泄漏应急处理

应急处理：迅速撤离泄漏污染区人员至安全区，并进行隔离，严格限制出入。建议应急处理人员戴自给正压式呼吸器，穿防酸碱工作服。不要直接接触泄漏物。尽可能切断泄漏源。

小量泄漏：用砂土、干燥石灰或苏打灰混合。也可以用大量水冲洗，清水稀释后放入废水系统。

大量泄漏：构筑围堤或挖坑收容。用泵转移至槽车或专用收集器内，回收或运至废物处理场所处置。

（四）消防措施

危险特性：能与一些活性金属粉末发生反应，放出氢气。遇氰化物能产生剧毒的氰化氢气体。与碱发生中和反应，并放出大量的热。具有较强的腐蚀性。

有盐酸存在时的灭火方法：用碱性物质如碳酸氢钠、碳酸钠、消石灰等中和，也可用大量水扑救。

（五）急救措施

皮肤接触：立即脱去污染的衣着，用大量流动清水冲洗至少 15min，可涂抹弱碱性物质（如碱水、肥皂水等）。及时就医。

眼睛接触：立即提起眼睑，用大量流动清水或生理盐水彻底冲洗至少15min。及时就医。

吸入：迅速脱离现场至空气新鲜处，保持呼吸道通畅。如呼吸困难，给输氧。如呼吸停止，立即进行人工呼吸。及时就医。

食入：用大量水漱口，吞服大量生鸡蛋清或牛奶（禁止服用小苏打等药品）。及时就医。

四、氢氧化钠

（一）特点及其理化性质

氢氧化钠特点及其理化性质如表 7-2 所示。

表7-2　氢氧化钠特点及其理化性质

性质	描述
理化性质	品名：氢氧化钠；别名：烧碱；英文名：Sodium hydroxide；分子式：NaOH；分子量：41.0045；熔点：318.4℃；沸点：1390 ℃；相对密度（水=1）：2.12；蒸气压：0.13 kPa（739 ℃）；外观性状：无色透明的晶体
	溶解性：与酸发生中和反应并放热。遇潮时对铝、锌和锡有腐蚀性，并放出易燃易爆的氢气。本品不会燃烧，遇水和水蒸气大量放热，形成腐蚀性溶液。具有强腐蚀性
稳定性和危险性	稳定性：不稳定 危险性：遇水或潮气、酸类产生易燃气体和热量，有发生燃烧爆炸的危险。如含有杂质碳化钙或少量磷化钙时，则遇水易自燃
监测方法	酸碱滴定法、火焰光度法
毒理学资料	急性毒性：ADI 不做限制性规定（FAO/WHO，2001） GRAS（FDA，§184。1763，2000） 兔经口半数致死剂量（LD_{50}）：500 mg/kg
主要用途	用于肥皂工业、石油精炼、造纸、人造丝、染色、制革、医药、有机合成等

（二）应急处置方法

1. 急救措施

（1）皮肤接触：立即脱去污染的衣着，用大量流动清水冲洗至少 15min。及时就医。

（2）眼睛接触：立即提起眼睑，用大量流动清水或生理盐水彻底冲洗至少 15min。及时就医。

（3）吸入：迅速脱离现场至空气新鲜处。保持呼吸道通畅。如呼吸困难，给输氧。如呼吸停止，立即进行人工呼吸。及时就医。

（4）食入：用水漱口，给饮牛奶或蛋清。及时就医。

2. 泄漏处置

隔离泄漏污染区，限制出入。建议应急处理人员戴防尘面具（全面罩），穿防酸碱工作服。不要直接接触泄漏物。

（1）小量泄漏：避免扬尘，用洁净的铲子收集于干燥、洁净、有盖的容器中。也可以用大量水冲洗，洗水稀释后放入废水系统。

（2）大量泄漏：收集回收或运至废物处理场所处置。

3. 消防方法

用水、砂土扑救，但须防止物品遇水产生飞溅，造成灼伤。

4. 所需设备及材料

砂土，水，通风设备，消防设备，器材急救箱，用于中和的溶液药品，以及毛巾，肥皂，橡胶手套，防护眼镜，防毒面罩，防护服。

5. 氢氧化钠水污染事故应急

在运输过程中，如果氢氧化钠在水体中泄漏或包装掉入水中，现场人员应在保护好自身安全的情况下开展报警和伤员救护，及时采取以下措施：

1）建立警戒区

如果氢氧化钠泄漏到水体中，现场人员应根据泄漏量、扩散情况以及所涉及的区域建立警戒区，并组织人员对沿河两岸或湖泊进行警戒，严禁取水、用水、捕捞等一切活动。如果包装掉入水中，现场人员应根据包装是否破损、氢氧化钠是否漏入水中以及随后的打捞作业可能带来的影响等情况确定警戒区域的大小，并派出水质检测人员定期对水质进行检测，确定污染的范围，必要时扩大警戒范围。事故处理完成后，要定时检测水质，只有当水质满足要求后，才能解除警戒。

2）控制泄漏源

应立即与上级有关部门联系，报告，寻求政府部门支援，同时向公司报告。在消防或环保部门到达现场之前，如果手头备有有效的堵漏工具或设备，操作人员可在保证自身安全的前提下进行堵漏，从根本上控制住泄漏。否则，现场人员应撤离泄漏现场，等待消防队或专业应急处理队伍到来。救援人员应将剩余残液及时转移至备用容器中。

3）收容泄漏物

氢氧化钠小量泄漏一般不需要采取收容措施，大量泄漏现场可沿河筑建堤坝，拦截被氢氧化钠污染的水流，防止受污染的河水下泄，影响下游居民的生产和生活用水。同时在上游新开一条河道，让上游来的清洁水改走新河道。如有可能，应用泵将污染水抽至槽车或专用收集器内，运至废物处理场所处置。必要时准备稀盐酸，向受污染的水体中投放适量的稀盐酸中和。

6. 氢氧化钠土壤污染事故应急

如果氢氧化钠是在陆上泄漏，应及时采取以下措施：

1）现场控制及人员疏散

驾驶员应立即将槽车停靠至人烟相对较少处或安全空旷处，在事故中心区域范围外拉好警示栏，劝阻路人远离警戒区域，防止化学品伤人。初步判定泄漏部位、原因及状况，并同时报告公司负责人；报告内容包括发生泄漏事故地点、事故性质、状态、泄漏原料等情况；如果必要，可直接向政府相关部门请求支援。现场人员应积极展开自救。急救人员必须佩戴防毒面具或呼吸器，穿防酸碱工作服和防酸碱鞋进入现场，不要直接接触泄漏物，检查内置截止阀是否关闭，同时可以用随车携带的木楔等工具或其他方式在安全的前提下进行堵漏，尽可能地切断泄漏源。

2）泄漏污染物处理

公司接到紧急通知后，立即启动救援预案，派专业工程师和急救车、备用槽车、急救设备等赶赴现场进行救险。可将塑料容器放置在泄漏部位下，也可用砂土等构筑围堤，防止化学品泄漏扩散。将泄漏物转移至槽车或专用收集容器内，回收或运至废物处理场所进行处置。用砂土将散漏的氢氧化钠进行混合，也可以用大量水冲洗稀释后放入废水系统。必要时可用10%稀硫酸液中和滴落至地面的氢氧化钠，防止或减少氢氧化钠进入下水道、排泄沟等限制性空间。

五、碳酸钠

（一）特点及其理化性质

碳酸钠特点及其理化性质如表7-3所示。

表7-3　碳酸钠特点及其理化性质

性质	描述
理化性质	品名：碳酸钠；别名：纯碱；英文名：Sodium carbonate；分子式：Na_2CO_3；分子量：105.99；熔点：851℃；沸点：1600℃；相对密度（水=1）：2.53；外观性状：白色粉末或细颗粒
	溶解性：易溶于水，水溶液呈弱碱性。在35.4℃其溶解度最大，每100g水中可溶解49.7g碳酸钠（0℃时为7.0g，100℃为45.5g）。微溶于无水乙醇，不溶于丙醇
稳定性和危险性	稳定性：高温能分解。禁配物：强酸，铝，氟
	危险性：本品不燃，具有腐蚀性和刺激性，可致人体灼伤
监测方法	酸碱滴定法
毒理学资料	急性毒性：LD_{50}：4090mg/kg（大鼠经口）
	LC_{50}：2300mg/m³（大鼠吸入）
主要用途	是重要的化工原料之一，用于制化学品、清洗剂、洗涤剂，也用于制医药品

（二）应急处置方法

1. 急救措施

（1）皮肤接触：立即脱去污染的衣着，用大量流动清水冲洗至少15min。及时就医。

（2）眼睛接触：立即提起眼睑，用大量流动清水或生理盐水彻底冲洗至少15min。及时就医。

（3）吸入：迅速脱离现场至空气新鲜处。保持呼吸道通畅。如呼吸困难，给输氧。如呼吸停止，立即进行人工呼吸。及时就医。

（4）食入：用水漱口，给饮牛奶或蛋清。及时就医。

2. 泄漏处置

隔离泄漏污染区，限制出入。建议应急处理人员戴防尘面具（全面罩），穿防酸碱工作服。不要直接接触泄漏物。

（1）小量泄漏：避免扬尘，用洁净的铲子收集于干燥、洁净、有盖的容器中。也可以用大量水冲洗，洗水稀释后放入废水系统。

（2）大量泄漏：用塑料布、帆布覆盖，收集回收或运至废物处理场所处置。

3. 所需设备及材料

自来水，冲眼专用装置，全身淋洗装置，通风设备，消防设备，器材急救箱，用于中和的溶液药品，以及毛巾，肥皂，橡胶手套，防护眼镜，防毒面罩，防护服。

4. 碳酸钠水污染事故应急

碳酸钠在运输过程中造成的突发水污染事故应急同上文"5. 氢氧化钠水污染事故应急"内容。

5. 碳酸钠土壤污染事故应急

碳酸钠在陆地泄漏参照上文"6. 氢氧化钠土壤污染事故应急"内容。

第二节　典型酸碱突发环境事件典型案例

一、案例1——广西钦州"5·12"浓硫酸泄漏事件

2017年5月12日16时20分许，受降雨影响，广西钦州港经济技术开发区储罐区地基下沉，墙体崩塌挤压储罐，导致部分储罐内废硫酸泄漏。事发罐

区共有 22 个储罐，其中有 4 个储罐内存有废硫酸 7000m³（约 12600t）。环境保护部派出工作组赶赴现场，指导地方稳妥处置相关污染问题。广西壮族自治区常务副主席率相关部门人员奔赴现场，钦州市委市政府组织环保、公安、安监、消防、卫生、应急等部门成立了事件处置现场指挥部。

（一）控制源头

在事件现场设置了三道围堰，确保储罐区泄漏的硫酸控制在施工坑体内。同时，确保两个大废酸储罐的绝对安全。事件发生时，两个大储罐已有轻微倾斜。为防止小储罐泄漏的硫酸浸泡腐蚀大储罐，采取填土方式稳固大储罐，并实时监测大储罐是否下沉、倾斜、泄漏。泄漏罐区如图 7-1 所示。

图7-1　泄漏罐区

（二）科学处置

抽干硫酸泄漏区旁的水塘，并将其隔成两部分作为应急中和处理池和水质观察池。用特种专业泵分 3 次将泄漏的硫酸抽到中和处理池，喷洒石灰石粉进行中和处理，由于中和过程中产生大量恶臭气体影响居民正常生产生活而停止，其间采用涡喷消防车干扰风向（图 7-2）。5 月 20 日，现场指挥部采纳了专家组对外泄硫酸进行固化处理的建议，即用泥土、石粉渣、煤渣对外泄硫酸区域和中和处理区域进行填埋覆盖，中和处理区域的重度污染酸渣泥已全部挖出运到市固废填埋场进行科学处置，轻度污染的酸渣泥采取填埋一层石灰、白泥，覆盖一层酸渣泥的办法进行就地现场处置（固废填埋场的处置也采取此办法）。

图7-2 使用涡喷消防车干扰风向，减少对周边群众影响

（三）回收硫酸

由原供货商负责把未泄漏的废酸运回原地处理。

（四）防雨防渗

在环境保护部（现生态环境部）华南环境科学研究所的指导下对硫酸储罐区域进行了素土覆盖、加盖防雨膜，并在周边挖好雨水导流沟，防止雨水渗透进入硫酸泄漏区域而影响地下水环境。

（五）信息公开

钦州市及时召开群众告知会和新闻发布会，在钦州港发布平台、微信平台和各大媒体发表官方文章，让企业员工和群众及时了解事件处置的进展情况，了解防护知识，消除群众的心理恐慌。

（六）后续处置

检察部门已依法对钦州天锰锰业有限公司法定代表人等提起公诉，以污染环境罪追究其刑事责任。钦州市环境保护局委托环境保护部华南环境科学研究所编制《钦州市"5·12"浓硫酸泄漏事件生态环境损害鉴定评估报告》，为相关索赔等工作提供依据[①]。

二、案例2——甘肃省金昌市金川区"1·28"拉运液碱罐车追尾致液碱泄漏事故

2016年1月28日5时30分许，金昌市金川区某公司5号门岗附近发生一起货车追尾液碱罐车事故，造成装载约32t液碱罐车（浓度为30%）发生泄漏，形成路边约1km污染带。

事故发生后，甘肃省环境保护厅主要领导高度重视，立即安排省环境应急中心核实、调度事故情况，指导当地环保部门配合政府做好事件调查处置工作。金昌市环境保护局分管领导立即带领环境监察、应急及监测人员赶赴现场，配合金川区公安、消防、环保等政府部门及该公司应急专家开展应急处置工作：一是公安、消防部门现场设置警示标志，划定警戒区域，安排人员现场值班，避免出现人员灼伤。二是按照专家意见，对路面泄漏液碱采用砂土进行多层围挡吸附（图7-3），阻止路面泄漏物漫流。三是环保部门立即要求金昌市污水处理厂对事故现场雨排管网进行排查，加强污水处理厂进水水质监测，避免对污水处理系统造成影响。

事故未造成人员伤亡，事故现场周边500m范围内无居民区、学校及饮用水源等环境敏感点，泄漏液碱全部用砂土阻断，未进入雨排管网，现场应急处置人员对路面覆盖砂土进行集中清理（图7-4），并全部安全拉运至该公司进行无害化处理，事故得到了妥善处置（王亚变等，2019）。

图7-3　围堵路面泄漏液碱

图7-4　集中清理路面

① 生态环境部环境应急指挥领导小组办公室.2020.突发环境事件典型案例选编（第三辑）（征求意见稿）.

三、案例3——江苏省常州市嘉润水处理有限公司"8·6"废硝酸储罐泄漏事故

2018 年 8 月 6 日上午 9 点 40 分许，位于江苏省常州市礼嘉镇的常州市嘉润水处理有限公司（原常州市嘉成水处理有限公司）发生废硝酸储罐泄漏事故（图 7-5）。经调查，事故是储罐不耐腐蚀导致罐体裂开，致约 130t 酸液外流（其中，100t 流入厂区应急池内，30t 废液进入厂区周边雨水管道），产生大量黄褐色烟雾（硝酸雾和氢氟酸雾）。事故未造成人员伤亡。相关资料显示，常州市嘉润水处理有限公司，是专业从事工业危险废物的综合处置及利用的企业，具有江苏省环境保护厅颁发的危险废物经营许可证。

图7-5　事故现场

事故发生后，江苏省环境保护厅第一时间安排环境应急人员赶赴现场，指导常州市嘉润水处理有限公司废酸储罐泄漏事故的应急处置工作（图 7-6）。并要求常州市、武进区两级环保部门对事发地继续加强监测，密切关注周边环境质量变化；加强事发企业厂房内储存的废矿物油、废有机溶剂和废乳化液等危险废液监管，防止因酸性残液腐蚀导致二次泄漏事故，严防次生环境污染。

图7-6　现场救援

常州市、武进区两级政府立即成立联合处置小组，采取应急处置措施：一是迅速疏散事发地周边群众，进行妥善安置。二是调集十多辆消防车和运输车，调取石灰、液碱，采取酸碱中和等措施进行处置，防止废酸挥发。三是对事发地周边雨水管和污水管进行封堵，防止废水外流，进行专业处置，防止次生污染发生。环保部门组织人员对厂区周边封堵的雨水管道进行不间断巡查；环境监测人员对事故周边水气环境质量进行不间断监测。

截至 8 月 6 日 19 时 56 分，监测数据显示，厂界下风向 200m 氮氧化物浓度为 0.2mg/mL（标准 0.25mg/mL），氟化物略有检出（未超标），水质监测未见异常。数据表明，污染已得到控制，事故得到妥善处置[1]。

第三节　苯系物污染突发环境事件应急

苯系物是苯及苯的同系物和衍生物的总称，如甲苯、乙苯、二甲苯、硝基苯、苯胺等。苯系物是重要的石油化工原料，主要应用于农药生产、染料、炸药制造等行业。

目前，苯系化合物已经被世界卫生组织确定为强烈致癌物质。近年来，随着经济和化工工业的发展，苯系物在工业生产中被广泛使用，因此苯系物在生产、储存、运输和使用过程中，发生泄漏、火灾、爆炸事故的频率增大。

[1] 生态环境部环境应急指挥领导小组办公室 .2020.突发环境事件典型案例选编（第三辑）（征求意见稿）.

一、理论基础

苯系物，即芳香族有机化合物（monoaromatic hydrocarbons，简写为 MACHs），为苯及衍生物的总称，是人类活动排放的常见污染物，完全意义上的苯系物绝对数量可高达千万种以上，但一般意义上的苯系物主要包括苯、甲苯、乙苯、二甲苯、三甲苯、苯乙烯、苯酚、苯胺、氯苯、硝基苯等。苯系物的来源广泛，如汽车尾气，建筑装饰材料中的有机溶剂，如油漆的添加剂，日常生活中常见的胶黏剂，人造板家具等都是苯系化合物的污染来源。

苯系物对区域特别是城市大气环境具有严重的负面影响。由于多数苯系物（如苯、甲苯等）具有较强的挥发性，在常温条件下很容易挥发到气体中形成挥发性有机（volatile organic compounds，VOCs）气体，造成 VOCs 气体污染。

（一）苯系物特点

苯及苯系物为无色浅黄色透明油状液体，具有强烈芳香的气体，易挥发为蒸气，易燃有毒。甲苯、二甲苯属于苯的同系物，都是煤焦油分馏或石油的裂解产物。它们具有如下特性：

（1）易燃烧爆炸。苯系物易燃，挥发出来的蒸气与空气能形成爆炸性混合物，遇到火源（明火、火花等）很容易发生燃烧爆炸。

（2）有急性中毒和潜在致癌危险。苯系物在短时间内经皮肤、黏膜、呼吸道、消化道等途径进入人体后，使机体受损并引起功能性障碍，发生苯系物的急性中毒。轻度急性中毒能使人产生睡意、头昏、心跳加快、头痛、颤抖、意识混乱、神志不清等现象；重度急性中毒会导致呕吐、胃痛、头昏、失眠、抽搐、心跳加快等症状，甚至死亡。

（3）易造成环境次生灾害。当苯系物发生泄漏或者燃烧爆炸性事故时，泄漏出来的苯系物或燃烧爆炸后的混合物质会对大气、水、土壤环境造成破坏，引发环境污染事故。

（二）应急措施

对于已经发生的苯系物泄漏事故，如果不及时进行处理，极易造成水体和土壤污染。因此，对于这类泄漏事故，应采取一些必要的措施进行现场处理以确保环境的安全。

1. 作业人员防护措施、防护装备和应急处置程序

使用个人防护装备。避免吸入蒸气、气雾或气体。保证充分的通风。消除所有火源。将人员疏散到安全区域。注意蒸气积累达到可爆炸的浓度，蒸气可蓄积在地面低洼处。

2. 环境保护措施

如能确保安全，可采取措施防止进一步的泄漏或溢出。不要让产品进入下水道。避免排放到周围环境中。

3. 泄漏化学品的收容、清除方法及所使用的处置材料

围堵溢出，用防电真空清洁器或湿刷子将溢出物收集起来，并放置到容器中去根据当地规定处理。

二、苯系物事故应急救援对环境造成的影响

（一）消防射流形式产生大量消防污水

企业发生苯系物事故时，往往有三种类型：

（1）只发生泄漏。由于人为操作失误或设备损坏等造成苯系物发生泄漏，泄漏后未发生燃烧、爆炸。

（2）先泄漏后燃烧或爆炸。苯系物发生泄漏后，挥发出来的苯蒸气与空气能形成爆炸性混合物，遇到火源（明火、火花等）很容易发生燃烧爆炸，爆炸浓度极限为 1.2% ～ 8%。

（3）先爆炸后泄漏。盛装苯系物的罐体发生物理爆炸后，一般罐顶飞出，罐顶壁被掀出一部分，从罐壁中间或底部裂开导致苯系物泄漏。

一旦苯系物发生泄漏、火灾或爆炸，作为应急救援主要力量的消防部队都要用大量的水来进行稀释、灭火、冷却，在采用消防射流进行扑救和控制时，消防水的流动和汇集作用使泄漏出来的物料混杂其中形成消防污水。处置时间越长，用水量越大。而且由于苯系物火灾事故往往燃烧猛烈，火灾现场温度很高，消防人员及装备车辆无法接近，消防部门须采用大功率消防水炮进行远距离喷射冷却。这样消防射流的流量较大，同时由于冷却效率不高，随之产生大量夹杂的消防污水。

（二）泡沫灭火剂的使用对环境造成污染

苯系物发生燃烧或爆炸时，消防部队除了使用水作为灭火剂之外，还用泡沫灭火剂来进行灭火。泡沫灭火剂有蛋白泡沫灭火剂、氟蛋白泡沫灭火剂、水成膜泡沫灭火剂。蛋白泡沫灭火剂在使用的过程中虽然可以 100% 被生物降解，但是由于它具有特有的黑颜色和臭味，蛋白泡沫灭火剂在被生物降解的过程中，伴随一些含氯、含氮气体的溢出，会给大气造成一定的污染。氟蛋白泡沫灭火剂具有腐蚀性强、易腐臭变质、保质期短的特点，使用过程中若流入水体中，往往会导致水中鱼类死亡，水生植物大量繁殖。水成膜泡沫灭火剂在环境中非常稳定，不易降解，在人类和动物体内会长期积聚而造成危害。

三、急性苯及苯系物中毒事件应急处理

急性苯及苯系物中毒是短期内接触较大量苯或苯系物后引起的以中枢神经系统损害为主的全身性疾病。

（一）现场处置人员的个体防护

现场救援时首先要确保工作人员安全，同时要采取必要措施避免或减少公众健康受到进一步伤害。现场救援和调查工作要求必须 2 人以上协同进行，并佩带通信设备。进入苯及苯系物生产、储存等事故现场时，如现场有中毒死亡病人或空气苯浓度超过 9800mg/m³（甲苯浓度超过 7700mg/m³，二甲苯浓度超过 4400mg/m³），必须穿戴 A 级防护服和自给式空气呼吸器（SCBA）；如空气苯浓度在 10 ～ 9800mg/m³（甲苯浓度在 100 ～ 7700mg/m³，二甲苯浓度在 100 ～ 14400mg/m³），须选用可防含 A 类气体和至少 P2 级别颗粒物的全面型呼吸防护器［参见《呼吸防护　自吸过滤式防毒面具》（GB 2890—2009）］，并穿戴 C 级以上防护服、化学防护手套和化学防护靴；中毒事件现场已经开放通风，且空气苯浓度在 50mg/m³ 以下，一般不需要穿戴个体防护装备。现场处置人员调查和处理经口中毒事件时，一般不必穿戴个体防护装备。

现场救援人员清洗大面积皮肤污染的苯及苯系物中毒病人时，应选用可防含A类气体和至少P级别颗粒物的全面型呼吸防护器，并穿戴C级以上防护服、化学防护手套和化学防护靴。医疗救护人员在现场救治点救治中毒病人时，一般不必穿戴个体防护装备。

（二）中毒事件的确认和鉴别

（1）中毒事件的确认标准。同时具有以下三点，可确认为急性苯及苯系物中毒事件：中毒病人有苯或苯系物接触机会；中毒病人出现以中枢神经系统损害为主的临床表现；中毒现场采样样品中苯或苯系物含量高。

（2）中毒事件的鉴别。注意与急性单纯窒息性气体中毒事件、急性一氧化碳中毒事件、急性硫化氢中毒事件等相鉴别。

（三）现场医疗救援

迅速将病人转移离开中毒现场至空气新鲜处；皮肤污染者，立即除去污染衣物，有条件时，协助消防部门对危重病人进行洗消。中毒病人应保持呼吸道通畅，有条件的予以吸氧，注意保暖。当短期内出现大批中毒病人时，应首先进行现场检伤分类，优先处理红标病人。

四、苯系物储存的应急处理

（一）苯系物在泄漏情况下的环境保护

（1）少量泄漏的措施。对于少量苯系物的泄漏，常采用惰性材料（如细砂土、木屑）或者活性炭进行吸附，然后集中收集起来进行焚烧或者填埋；还可以利用不燃分散剂（如二氯甲烷、1,1,1-三氯乙烷、三氯乙烯等）制成的乳液进行清洗，清洗后的混合液直接排入工厂的废水系统进行处理；在安全的情况下，迅速关阀堵漏，终止苯系物的继续泄漏，从而减轻对环境的污染和危害。

（2）大量泄漏的措施。如果出现大量的苯系物泄漏，为了避免污染的继续扩大，应及时关闭雨排，通常采取稀释、筑堤坝或挖沟收容后，再进行处理。

（3）稀释。由于苯系物具有较大的挥发性，为防止其对空气的污染及对人体造成损害，利用雾状水进行稀释，使其空气中的浓度降低。

（4）筑堤坝。在发生泄漏的现场，构筑多道围堰，阻止泄漏出来的苯系物流入河流，然后利用防爆泵抽吸液体至槽车或者专用收集器内，这样既可以回收污染物，又可以减轻泄漏物对环境的影响。

（5）挖沟。在泄漏物可能流到的河流的途径上，挖2～3道长、宽、高可以基本容纳流经的污染物的沟渠，阻止泄漏的苯系物进入水体；同时要对所挖的沟渠进行防渗处理，将塑料薄膜铺设于沟底，以防泄漏的苯等污染物渗入地下水造成地下水污染。

（6）清理现场。对已经被苯系物污染物的土壤，必须用挖掘机进行清理，并将其运至填埋场进行填埋或者焚烧处理；对于现场的清洗废水，不得任意排放，也需进行清理，并排入工厂的污水处理系统进行处理。

（二）苯系物在火灾情况下的环境保护

苯系物在火灾条件下的环境保护主要包括对大气的环境保护及对消防废水的收集和处理。

（1）大气的环境保护。为了防止苯物的火灾现场挥发出来的蒸气扩散及生成的气态物质、烟尘和释放的热量等对大气的污染，必须采取科学的事故救援方法施救。从上风向利用开花水或者雾状水流对泄漏出来的苯系物蒸气进行稀释、驱散；在消防车、洒水车水罐中加入中和剂或者不燃烧的分散剂，进行驱散、稀释、中和，以减轻或者消除苯系物对大气的污染。

（2）消防废水的收集和处理。苯系物的消防废水主要包括以下几种：使用灭火剂过程中各种灭火药剂；由于罐体破裂泄漏出来的苯系物以及其他成品、半成品、中间产品等物料混入泡沫液中形成的消防废水；在火灾现场清洗时，残留物进入清洗水中形成的消防废水。消防废水的特点是污水量变化大、水质变化大、污染物种类较多，如果处置不当，极易造成严重的环境污染事故，因此，必须对消防废水进行收集和处理。

（3）利用罐区的雨水调节池进行收集。化工企业设置雨水调节池的目的是将企业储存罐区的污染的雨水存放起来，发生在储罐区的火灾，灭火过程中产生的少量的消防废水可以临时储存在雨水调节池中，对消防废水进行检测后再进行后续处理。

（4）利用灌区防火堤或者生产事故池进行收集。化工企业的储罐区一般都设有防火堤，如果在罐区火灾灭火过程中产生的消防废水较少，可以首先利用防火堤内的存储空间；如果产生的消防废水较多，堤内空间无法存储，则可以开启罐区排水控制阀门，将消防废水排入生产事故池内。

（5）设置临时消防水池进行收集。如果苯系物的火灾形势较大，存量较大，一时难以扑灭，可能产生大量的消防废水，可仔细观察储罐区附近是否有低洼处、池塘、泳池等，利用地形特点对地面进行紧急防渗处理或者挖沟后防渗处理后改成临时消防废水收集池。

五、芳香烃污染突发环境事件应急

芳香烃，通常指分子中含有苯环结构的碳氢化合物，是闭链类的一种。具有苯环基本结构，历史上早期发现的这类化合物多有芳香味道，所以称这些烃类物质为芳香烃，后来发现的不具有芳香味道的烃类也统一沿用这种叫法，如苯、二甲苯、萘等。

（一）常见的芳香烃

芳香烃不溶于水，但溶于有机溶剂，如乙醚、四氯化碳、石油醚等非极性溶剂。一般芳香烃均比水轻；沸点随相对分子质量升高而升高；熔点除与相对分子质量有关外，还与其结构有关，通常对位异构体由于分子对称，熔点较高。一些常见芳香烃的物理性质列于表7-4中。

表7-4 常见芳香烃的物理性质

序号	化合物	熔点/℃	沸点/℃	相对密度
1	苯	5.5	80	0.879
2	甲苯	−95	111	0.866
3	二甲苯	−25	144	0.811
4	乙苯	−95	136	0.8669
5	联苯	70	255	1.041
6	苯乙烯	−31	145	0.9074
7	萘	80	218	1.162

（二）常见的芳香烃的理化性质和应急处理措施

1. 苯

1）苯的理化性质

苯的理化性质如表 7-5 所示。

表7-5　苯的理化性质

性质	描述
理化性质	品名：苯；别名：安息液；英文名：Benzene；分子式：C_6H_6；分子量：78.12；熔点：5.5℃；沸点：80℃；相对密度：0.879；蒸气压：13.33kPa（26.1℃）；闪点：－11℃；蒸气相对密度：2.77；外观性状：透明无色液体
	溶解性：0.180 g/100g水（25℃），与醇、氯仿、醚、二硫化碳、丙酮、油类、四氯化碳、冰醋酸混溶
稳定性和危险性	危险性：易燃，蒸气能与空气形成爆炸性混合物，遇热或明火易着火、爆炸。蒸气比空气重，可扩散到相当远距离。能与氧化物，如BrF_5、Cl_2、CrO_3、O_2、O_3、高锰酸盐、K_2O、（$AlCl_3$+ $FClO_4$）、（H_2SO_4+高锰酸盐）、（$AgClO_4$+乙酸）、Na_2O_2发生强烈反应。苯易产生和积聚静电
毒理性质	苯是一种应用广泛的有机溶剂，是黏合剂、油性涂料、油墨等的溶剂。短时间内吸入大量苯蒸气可引起急性中毒。急性苯中毒主要表现为中枢神经系统麻醉，甚至导致呼吸、心跳停止。长期反复接触低浓度的苯可引起慢性中毒，主要是对神经系统、造血系统的损害，表现为头痛、头晕、失眠，白细胞持续减少、血小板减少而出现出血倾向，甚至诱发白血病。人若长期接触或吸入稠环芳烃如萘（俗称卫生球，过去用来驱蚊防霉）等则会致癌

2）应急处置方法

（1）急救措施。

吸入中毒者，应迅速将患者移至空气新鲜处，脱去被污染衣服，松开所有的衣服及颈、胸部纽扣，腰带，使其静卧，口鼻如有污垢物，要立即清除，以保证肺通气正常，呼吸通畅。并且要注意身体的保暖。

口服中毒者应用 0.005 的活性炭悬液或 0.02 碳酸氢钠溶液洗胃催吐，然后服导泻和利尿药物，以加快体内毒物的排泄，减少毒物吸收。

皮肤中毒者，应换去被污染的衣服和鞋袜，用肥皂水和清水反复清洗皮肤和头发。

有昏迷、抽搐患者，应及早清除口腔异物，保持呼吸道的通畅，由专人护送医院救治。

（2）泄漏措施。

苯泄漏事故前期，苯气体在空气中的浓度及气体扩散范围是最能够直接反映泄漏事故后果严重程度的参数，此时人员暴露时间短，对事故后果的严重程度影响不大。随着时间的推移，人员暴露时间越来越长，苯蒸气扩散范围也逐渐增大，苯泄漏的危害越来越严重，紧急处理苯泄漏至关重要。

一旦发现苯泄漏，第一时间将泄漏的容器、地点、时间、部位、强度和流淌扩散范围，是否有人员伤亡和被困等，报警给相关部门。

利用便携式气体检测仪检测事故现场苯蒸气浓度，测定现场及周围区域的风力和风向，搜寻遇险和被困人员，并迅速组织营救和疏散。

切断苯泄漏区域所有电源，熄灭明火，停止高热设备工作，切断事故片区强弱电源，消除警戒区内一切能引起燃烧爆炸的火源条件，进入警戒区人员严禁携带移动电话和非防爆通信、照明工具，严禁穿戴化纤类服装和带铁钉的鞋，严禁携带使用非防爆工具，管制交通、禁止车辆进入警戒区。

进入事故现场的救援人员必须佩戴空气呼吸器，进入内部执行关阀堵漏任务的救援队员要着全封闭防化服，处置人员严禁穿带钉鞋，处置时应用无火花工具，并防止产生静电，室内加强通风。

进入泄漏染毒区实施抢险作业的人员要从严控制，人员选择一定要专业、精干，个人防护要充分，并使用开花或喷雾水枪进行掩护，无关人员不得入内，对较长时间在内的作业人员要轮换作业。

发生苯泄漏后对周围环境会造成一定程度的污染，因此，在处置过程中要及时采取有效防护措施，关阀堵漏、筑堤围堵，控制救援用水量，严防泄漏的苯到处流散，对洗消用水也要统一处理，以防产生二次危害。

（3）消防方法。

灭火剂：泡沫、二氧化碳、干粉、砂土。

2. 甲苯

1）甲苯的理化性质

甲苯的理化性质如表 7-6 所示。

表7-6 甲苯的理化性质

性质	描述
理化性质	品名：甲苯；别名：甲基苯；英文名：Toluene, Methyl Benzene；分子式：C_7H_8；分子量：92.15；熔点：−95℃；沸点：111℃（l0l.lkPa）；相对密度：3.14（气态），0.866（液态）（20℃/4℃）；蒸气压：4.89kPa（30℃）；闪点：4℃；外观性状：无色液体，易挥发，具有类似苯的气味
	溶解性：不溶于水，溶于丙酮、二硫化碳、汽油，能与无水乙醇、乙醚、氯仿混合
稳定性和危险性	危险性：易燃，蒸气能与空气形成爆炸性混合物，遇热或明火易着火、爆炸。遇明火或与下列物质反应而爆炸：（$H_2SO_4+HNO_3$）、N_2O_4、$AgClO_4$、BrF_3、UF_6。加热放出刺激性烟雾。能与氧化物发生强烈反应。易产生和积聚静电
毒理学资料	急性致死： 大鼠经口半数致死剂量（LD_{50}）：5000mg/kg 人吸入短时致死浓度（LC_{L0}）：71.4 g/m³
	急性中毒表现： 甲苯对眼及上呼吸道黏膜有刺激作用，高浓度时对中枢神经系统有麻醉作用。工业用甲苯中含有苯等杂质，须同时注意这些杂质对人体的影响 短期内吸入较高浓度甲苯可出现眼及上呼吸道明显的刺激症状、眼结膜及咽部充血，头晕、头痛、恶心、呕吐、胸闷、四肢无力、意识模糊、步态蹒跚。重症者可有躁动、抽搐或昏迷 各种鱼类致死浓度：10.0～90.0mg/L

2）应急处置方法

（1）急救措施。

应迅速将中毒患者移到空气新鲜处，根据病情对症治疗。

（2）泄漏措施。

首先应切断所有火源，戴好防毒面具和手套，用不燃性分散剂制成乳液刷洗，也可以用砂土吸收，倒至空旷地掩埋。对污染地带进行通风，蒸发残余液体并排除蒸气。含甲苯的废水可采用生物法、浓缩废水焚烧等方法处理。

（3）消防方法。

灭火剂：泡沫、二氧化碳、干粉、砂土。

3. 二甲苯

1）二甲苯的理化性质

二甲苯的理化性质如表7-7所示。

表7-7 二甲苯的理化性质

性质	描述
理化性质	品名：二甲苯；英文名：p-Xylene，m-Xylene；分子式：C_8H_{10}；分子量：106.18；熔点：13.3℃，-47.4℃，-25℃（对,间,邻二甲苯）；沸点：137.8℃，139.7℃，144.4℃（对,间,邻二甲苯）；相对密度：0.811；蒸气压：0.89 kPa（21℃）；闪点：25℃；外观性状：透明液体，低温下为无色片状或棱柱形晶体，有强烈芳香味
	溶解性：不溶于水，可与醇、醚和许多其他有机溶剂混溶
稳定性和危险性	危险性：易燃。在热源和明火存在情况下会着火，与氧化物反应，加热分解放出腐蚀性烟和雾。高浓度气体与空气混合发生爆炸。蒸气比空气重，能扩散到远处。遇到火源会引起回燃
毒理学资料	急性致死： 大鼠经口半数致死剂量（LD_{50}）：5000 mg/kg（对，间） 大鼠吸入半数致死浓度（LC_{50}）：19747mg/m³，4 h（对） 小鼠静脉半数致死剂量（LD_{50}）：1364 mg/kg
	急性中毒表现： 二甲苯对眼及上呼吸道黏膜有刺激作用。高浓度时对中枢神经系统有麻醉作用。工业用二甲苯中常含有苯等杂质，须同时注意这些杂质对人体的影响 短期内吸入较高浓度二甲苯可出现眼及上呼吸道明显的刺激症状，眼结膜及咽部充血、头晕、头痛、恶心、呕吐、胸闷、四肢无力、意识模糊、步态蹒跚。重症者可有躁动、抽搐或昏迷症状，甚至造成肺水肿而死亡。水生生物毒性：LC_{50}13.5 mg/L，96h（虹鳟鱼）

2）应急处置方法

（1）急救措施。

皮肤接触：脱去被污染者的衣着，用肥皂水和清水彻底冲洗皮肤。眼睛接触：提起眼睑，用流动清水或生理盐水冲洗。及时就医。

吸入：迅速脱离现场至空气新鲜处。保持呼吸道通畅。如呼吸困难，给输氧。如呼吸停止，立即进行人工呼吸。及时就医。

（2）泄漏措施。

作业人员防护措施、防护装备和应急处置程序：使用个人防护装备。避免吸入蒸气、气雾或气体。保证充分的通风。消除所有火源。将人员疏散到安全区域。注意蒸气积累达到可爆炸的浓度，蒸气可蓄积在地面低洼处。

环境保护措施：如能确保安全，可采取措施防止进一步的泄漏或溢出。不要让产品进入下水道。避免排放到周围环境中。

泄漏化学品的收容、清除方法及所使用的处置材料：围堵溢出，用防电真空清洁器或湿刷子将溢出物收集起来，并放置到容器中去根据当地规定处理。

（3）消防方法。

灭火剂：泡沫、干粉、二氧化碳、砂土。

4. 乙苯

1）乙苯的理化性质

乙苯的理化性质如表 7-8 所示。

表7-8　乙苯的理化性质

性质	描述
理化性质	品名：乙苯；别名：乙基苯，苯基乙烷；英文名：Ethyl benzene；分子式：$C_6H_5C_2H_5$；分子量：106.17；熔点：$-95℃$；沸点：136℃；相对密度：0.8669（25℃）；蒸气压：1.33 kPa（25.9℃）；闪点：15℃；外观性状：无色液体，具有芳香气味
	溶解性：15℃：0.0140g/100mL，25℃：0.0152g/100mL；能与乙醇、乙醚、苯等有机溶剂混溶
稳定性和危险性	稳定性：稳定
	危险性：易燃，其蒸气与空气可形成爆炸性混合物。遇明火、高热或与氧化剂接触，有引起燃烧爆炸的危险。与氧化剂接触会猛烈反应。流速过快，容易产生和积聚静电。其蒸气比空气重，能在较低处扩散到相当远的地方，遇明火会引着回燃

续表

性质	描述
毒理学资料	急性毒性： 大鼠经口半数致死剂量（LD$_{50}$）：3500mg/kg 兔经皮半数致死剂量（LD$_{50}$）：5g/kg
	亚急性和慢性毒性： 动物慢性毒性表现为肝肾及睾丸轻度损害代谢。乙苯可经消化道、呼吸道及皮肤吸收，皮肤可吸收少量，经肠胃道虽可完成完全吸收，但实际意义不大。吸入人体内的乙苯，有40%～60%未经转化即由呼气排出体外，经肾排出的不到2%；约40%在体内被氧化，首先转化为苯乙醇，再转化为酚（主要是对乙基苯酚，小量邻乙基苯酚）。所形成的乙基苯酚与硫酸根和葡萄糖醛酸结合后排出体外，一小部分乙苯直接与谷胱甘肽结合生成苯基硫醚氨酸亦由尿排出，另一小部分被积蓄在体内含脂肪较多的组织内，以缓慢的速度同样转化为上述代谢物而排出。所以一次性吸入或接触乙苯后，大部分代谢物在2h内被排出，少部分代谢物约在48h后排出，在体内残留和蓄积较少；反复多次吸入时，则随着积量的增加，排出的时间增长。乙苯在人体组织内的分布情况是：若以血液中含量为1，则骨髓为18，腹腔脂肪中为10，心脏为15，脑组织内2.5，红细胞中的乙苯浓度比血浆中的含量大2倍刺激性：家兔经眼：500mg，重度刺激。家兔经皮开放性刺激试验：15mg/24 h，轻度刺激

2）应急处置方法

（1）急救措施。

皮肤接触：脱去被污染的衣物，用肥皂水和清水彻底冲洗皮肤。

眼睛接触：提起眼睑，用流动清水或生理盐水冲洗，及时就医。

吸入：迅速脱离现场至空气新鲜处。保持呼吸道通畅。如呼吸困难，给输氧。如呼吸停止，立即进行人工呼吸，及时就医。

食入：饮足量温水，催吐，及时就医。

（2）泄漏处置。

首先须切断所有火源，戴好防毒面具与手套，用不燃性分散剂制成乳液刷洗或用砂土吸收，倒至空旷地掩埋，污染地面用肥皂或洗涤剂彻底刷洗，经稀释的洗涤水放入废水系统。用水喷淋保护堵漏人员。含乙苯废水用萃取法处理，效率可达100%。

（3）消防方法。

喷水保持火场容器冷却。尽可能将容器从火场移至空旷处。处在火场中的容器若已变色或从安全泄压装置中产生声音，必须马上撤离。

灭火剂：泡沫、干粉、二氧化碳、砂土。用水灭火无效。

5. 萘

1）萘的理化性质

萘的理化性质如表7-9所示。

表7-9　萘的理化性质

性质	描述
理化性质	品名：萘；别名：骈苯，并苯，粗萘，环烷，精萘，萘丸，煤焦油脑；英文名：Naphthalene；分子式：$C_{10}H_8$；分子量：128.17；熔点：80℃；沸点：218℃；相对密度：1.162，蒸气压：0.13kPa（52.6℃）；外观性状：白色易挥发晶体，有温和芳香气味，粗萘有煤焦油臭味
	溶解性：不溶于水，溶于无水乙醇、醚、苯
稳定性和危险性	稳定性：稳定
	危险性：遇明火、高热易燃。燃烧时放出有毒的刺激性烟雾。与强氧化剂如铬酸酐、氯酸盐和高锰酸钾等接触，能发生强烈反应，引起燃烧或爆炸。粉体与空气可形成爆炸性混合物，当达到一定浓度时，遇火星会发生爆炸
毒理学资料	急性毒性： 大鼠口服半数致死剂量（LD_{50}）：490 mg/kg 小鼠口服半数致死剂量（LD_{50}）：316 mg/kg
	急性中毒表现： 吸入高浓度萘蒸气或粉尘时，出现眼及呼吸道刺激、角膜混浊、头痛、恶心、呕吐、食欲减退、腰痛、尿频，尿中出现蛋白及红、白细胞，亦可发生视神经炎和视网膜炎。重者可发生中毒性脑病和肝损害。口服中毒主要引起溶血和肝、肾损害，甚至发生急性肾功能衰竭和肝坏死

2）应急处理方法

（1）急救措施。

皮肤接触：脱去污染的衣着，用肥皂水和清水彻底冲洗皮肤。

眼睛接触：提起眼睑，用流动清水或生理盐水冲洗，及时就医。

吸入：迅速脱离现场至空气新鲜处。保持呼吸道通畅。如呼吸困难，给输氧。如呼吸停止，立即进行人工呼吸，及时就医。

食入：饮足量温水，催吐，及时就医。

（2）泄漏措施。

隔离泄漏污染区，限制出入。切断火源。建议应急处理人员戴防尘面具（全面罩），穿防毒服，不要直接接触泄漏物。

小量泄漏：避免扬尘，使用无火花工具收集于干燥、洁净、有盖的容器中。运至空旷处引爆。或在保证安全情况下，就地焚烧。

大量泄漏：用塑料布、帆布覆盖。使用无火花工具收集回收或运至废物处理场所处置。

（3）消防方法。

切勿将水流直接射至熔融物，以免引起严重的流淌火灾或引起剧烈的沸溅。

灭火剂：二氧化碳、雾状水、砂土。

6. 联苯

1）联苯的理化性质

联苯的理化性质如表 7-10 所示。

表7-10　联苯的理化性质

性质	描述
理化性质	品名：联苯；别名：苯基苯，联二苯；英文名：Diphenyl，Biphenyl；分子式：$C_{12}H_{10}$；分子量：154.21；熔点：70℃；沸点：255℃；相对密度：1.041；蒸气压：0.66kPa（101.8℃）；闪点：113℃；外观性状：无色液体、易挥发、具有类似苯的气味
	溶解性：不溶于水，溶于乙醇、乙醚等
稳定性和危险性	稳定性：稳定
	危险性：遇高热、明火或与氧化剂接触，有引起燃烧的危险
	燃烧（分解）产物：一氧化碳、二氧化碳、成分未知的黑色烟雾

续表

性质	描述
毒理学资料	毒性：属低毒类 急性毒性：大鼠经口半数致死剂量（LD_{50}）为3.28 g/kg 侵入途径：吸入、食入、经皮吸收 健康危害：对皮肤、黏膜有轻度刺激性；高浓度吸入，主要损害神经系统和肝脏，可致过敏性或接触性皮炎。急性中毒主要表现为神经系统和消化系统症状，如头晕、头痛、眩晕、嗜睡、恶心、呕吐等，有时可出现肝功能障碍。高浓度接触，对呼吸道和眼睛有明显刺激，长期接触可引起头痛、乏力、失眠以及呼吸道刺激等症状

2）应急处置方法

（1）急救措施。

皮肤接触：脱去污染的衣着，用肥皂水及清水彻底冲洗。

眼睛接触：立即翻开上下眼睑，用流动清水冲洗 15 min。及时就医。

吸入：脱离现场至空气新鲜处，及时就医。

食入：误服者给饮足量温水，催吐，及时就医。

（2）泄漏措施。

隔离泄漏污染区，周围设警告标志，切断火源。应急处理人员戴好防毒面具，穿化学防护服。收集于密闭容器中做好标记，等待处理。

大量泄漏：收集回收或无害处理后废弃。

废弃物处置方法：焚烧法。

（3）消防措施。

灭火剂：泡沫、二氧化碳、1211 灭火剂、干粉、砂土，用水可引起沸溅。

7. 苯乙烯

1）苯乙烯理化性质

苯乙烯的理化性质如表 7-11 所示。

表7-11　苯乙烯的理化性质

性质	描述
理化性质	品名：苯乙烯；别名：乙烯基苯；英文名：Phenylethylene，Styrene；分子式：C_8H_8；分子量：104.14；熔点：−31℃；沸点：145℃；相对密度：0.9074；蒸气压：1.33kPa（30.8℃）；闪点：34.4℃；外观性状：无色透明油状液体
	溶解性：不溶于水，溶于醇、醚等多数有机溶剂
稳定性和危险性	稳定性：稳定
	危险性：其蒸气与空气可形成爆炸性混合物。遇明火、高热或与氧化剂接触，有引起燃烧爆炸的危险。遇酸性催化剂如路易斯催化剂、齐格勒催化剂、硫酸、氯化铁、氯化铝等都能产生猛烈聚合，放出大量热量。其蒸气比空气重，能在较低处扩散到相当远的地方，遇明火会引着回燃
	燃烧（分解）产物：一氧化碳、二氧化碳
毒理学资料	毒性：低毒类
	急性毒性：大鼠经口半数致死剂量（LD_{50}）为5000 mg/kg；大鼠吸入半数致死浓度（LD_{50}）为24000mg/m³，4h
	人吸入3500 mg/m³　4h，明显刺激症状，意识模糊、精神萎靡、共济失调、倦怠、乏力；人吸入920 mg/m³　20 min，上呼吸道黏膜刺激
	刺激性：家兔经眼100 mg，重度刺激。家兔经皮开放性刺激试验500 mg，轻度刺激
	亚急性毒性：动物于6.3～9.3g/min，7 h/d，6～12个月，130～264次，出现眼、鼻刺激症状
	致突变性：微粒体诱变试验鼠伤寒沙门氏菌1 μmol/L。DNA抑制人Hela细胞28 mmol/L
	致癌性：IARC致癌性评论动物可疑阳性，人类无可靠证据

2）应急处理方法

（1）急救措施。

皮肤接触：脱去被污染的衣着，用肥皂水和清水彻底冲洗皮肤。

眼睛接触：立即提起眼睑，用大量流动清水或生理盐水彻底冲洗至少15 min。及时就医。

吸入：迅速脱离现场至空气新鲜处。保持呼吸道通畅。如呼吸困难，给输氧。如呼吸停止，立即进行人工呼吸，及时就医。

食入：饮足量温水，及时就医。

（2）泄漏措施。

迅速撤离泄漏污染区人员至安全区，并进行隔离，严格限制出入。切断火源。佩戴好面具、手套，收集漏液，并用砂土或其他惰性材料吸收残液，转移到安全场所。切断被污染水体，用围栏等物限制洒在水面上的苯乙烯扩散。中毒人员转移到空气新鲜的安全地带，脱去污染外衣，冲洗污染皮肤，用大量水冲洗眼睛，淋洗全身，漱口。大量饮水，不能催吐，立即送医院。加强现场通风，加快残存苯乙烯的挥发并驱赶蒸气。

（3）消防方法。

尽可能将容器从火场移至空旷处。喷水冷却容器，直至灭火结束。

灭火剂：泡沫、一氧化碳、干粉、砂土。用水灭火无效。遇大火，消防人员须在有防护掩蔽处操作。

第四节　苯系物污染突发环境事件应急典型案例——福建漳州"4·6"腾龙芳烃重大爆炸起火事故

一、案例背景

2015年4月6日18时56分，腾龙芳烃（漳州）有限公司二甲苯装置在停产检修后开工时，二甲苯装置加热炉区域发生爆炸起火事故，导致二甲苯装置西侧中间罐区的607号、608号重石脑油储罐和609、610号轻重整液储罐爆裂燃烧。在消防救援人员的奋力扑救下，4月7日9时30分，607和608罐明火被扑灭，16时40分，610罐明火被扑灭；19时45分，610罐发生复燃，随后在23时40分被扑灭。4月8日2时09分，610罐第二次发生复燃，11时05分，与610罐相邻的609罐因外壁受热变形储料泄漏着火。4月9日2时57分，着火罐体的明火被全部扑灭。事故造成现场受轻伤1人，玻璃刮伤5人，另有13人陆续到医院接受检查、留院观察，直接经济损失9457万元。

二、应急处置

（一）高度重视，分工明确

事故发生后，党中央、国务院领导做出重要批示，要求高度重视，采取有力措施尽快灭火，科学组织救援，抓紧核实人员伤亡情况并全力救治伤员，严防发生次生事故，确保救援人员安全，把损失和负面影响降到最低程度。要认真查明事故原因并依法问责，及时准确向社会发布信息。

环境保护部于4月6日21时25分，接到福建省环境保护厅的事故报告，部领导做出要全力应对可能次生的环境污染事件，采取切实措施，防止消防废水外泄，保障周边水环境和群众饮水安全的指示。

福建省委书记、省长等要求抓紧查清事故原因及人员伤亡情况，抓紧关闭有关通道、开关，防止火情蔓延，并要求事故处置尽可能减轻对周边百姓影响。漳州市成立了现场指挥部，由市委书记任总指挥，市长任副总指挥，下设现场处置、警戒维稳、伤员救治、群众疏导、信息发布、善后工作、事故调查、后勤保障等8个组，把各套班子成员纳入工作小组，分别由市领导牵头负责，并明确各自的职责任务，分头推进各项处置工作。

（二）第一时间，赶赴现场

事故发生后，福建省委书记立即对事故处理做出具体安排部署，彻夜坐镇指挥，省长、副省长立即带领省安全生产监督管理局、公安消防总队等有关部门领导及专家赶到事故现场，并在指挥部召开省、市联席会议，研究部署灭火救援工作。漳州市政府组织安监、消防等相关部门，调集漳州市区及漳浦等周边消防力量，漳州本地及厦门、泉州、莆田、龙岩共122辆消防等特种车，消防、公安干警等760多人到达现场进行扑救。

省、市环保部门和古雷环保分局第一时间启动应急预案，迅速赶往现场指挥，制订环境应急和应急监测方案，开展现场巡查监测，着重跟踪监测空气污染扩散情况和消防废水排放情况，确保及时采取应对措施。环境保护部环境应急与事故调查中心组成工作组，在4月6日连夜调度事故有关情况后，于7日中午抵达现场，立即查看消防废水收集及应急监测有关情况，与省、市政府领导及地方环保部门反复会商应急处置措施。公安部、国家安全生产监督管理总局等相关部委工作组也在 7 日中午赶到现场，指导救援处置工作。

（三）多措并举，全面处置

1）调集各方力量，全力扑救大火

福建省政府组织多个市，协调广东多个市消防力量和解放军防化部队、海防部队，出动消防车 177 辆、消防武警和解放军官兵 1200 余人，紧急调集 1089t 泡沫，全力扑救大火。消防救援人员坚持"救人第一，科学施救"原则，第一时间抢救出 1 名受伤及 5 名被玻璃刮伤的企业职工；协助厂区技术人员关闭输送管道阀门，开启罐区尚未破坏的自动喷水冷却系统，采取喷水降温和泡沫隔离措施，重点冷却保护中间罐区周边的储罐和装置，防止火势蔓延。现场指挥部根据灾情，估算火场冷却和灭火所需泡沫和用水量，对力量部署、药剂调集、战术措施等进行论证，科学安排部署灭火救援。

2）保障生命安全，妥善安置群众

漳州市政府调度 125 辆大客车，明确各套领导班子分别负责 1 个村的群众撤离工作，有序疏散现场周边群众 29096 人，在危险区域设立警戒线，确保群众安全。在漳浦县城设置多个安置点，安排县各套领导班子以及县直机关单位部分干部进驻安置点，全力做好安置点群众的吃、住、医疗卫生等服务工作，其余没有接受统一安置的群众，给予每人生活补贴，由其自行安置。组织 5 名专家，并调集市、县、开发区 16 辆救护车赴现场救治伤员，漳浦县医院等 3 家医院收治伤员。市、县疾控中心派出疾病控制人员到各安置点开展防病知识宣传和外环境消杀，指导群众做好饮食安全和饮用水消毒卫生，重点做好水源、厕所和病原滋生地的卫生消杀工作。

3）应对复杂火情，果断制定对策

救援期间持续的强风给扑救工作带来了难度，被泡沫覆盖熄灭的罐体先后两次发生复燃，4 月 8 日凌晨甚至出现流淌火情，导致两辆消防车烧毁。危急关头，安全生产监督管理总局、公安部、环境保护部工作组和省市领导连夜赶赴现场察看火情，与专家紧急会商，提出新的施救方案，并果断采取有效措施。主要包括将群众疏散范围扩大至企业周边 5km 范围，确保人员安全；加强沙袋、灭火泡沫等扑救物资保障；理顺组织指挥体系，明确专家组解决核心问题、制定施救处置办法的职能；全力做好现场火情稳控，将扑救重点转向隔离冷却、稳定燃烧，防止火势蔓延、灭后复燃；及时抽出罐区围堰内的消防积水，防止着火储罐漏油溢出扩散。经过 56 个小时连续奋战，终将大火完全扑灭，取得了应急救援工作的成功。

4）及时发布信息，维护社会稳定

从事故发生到处置结束，福建省和漳州市政府有关部门按照信息发布"实事求是、实时发布"的要求，持续发布事故处置进程信息，回答广大群众关心的问题。福建新闻网、漳州新闻网及时对事故处置及环境质量状况等进行权威发布；漳州市政府在确保安全的前提下，有序组织中央电视台等主流媒体记者赴事发现场进行采访报道；每天在漳州电视台滚动播报处置信息，及时收集网络媒体舆情信息，每天召开新闻发布会，正确引导舆论。特别是针对网友张某编造"漳州古雷 PX 化工项目发生爆炸起火死人"谣言并发布虚假图片的行为，漳浦县公安机关及时采取拘留嫌疑人措施，澄清了事实真相，避免了谣言进一步扩散。

5）做好善后处置，吸取深刻教训

事故救援结束后，福建省委省政府、漳州市委市政府先后召开专题会议，部署善后工作，总结吸取教训。包括组织撤离群众有序返回，恢复水、电、气、道路等生产生活设施，妥善医治受伤人员，做好群众受损理赔工作，努力保持社会局面稳定；科学有序地实施事故现场清理，做好灾后重建工作，确保不发生次生灾害；组织环保、海洋、海事、气象等部门，继续加强对古雷半岛及周边区域的环境监测，及时发布数据和信息，进一步稳定群众情绪；尽快查明事故原因，明确事故性质和责任，及时向社会公布，依法依规进行处理；在漳州市开展为期半年的安全生产大检查和隐患大排查，落实安全生产措施，防范和遏制重大安全事故发生。

事故发生后，福建省、漳州市环保部门和古雷环保分局响应迅速，把跟踪监测空气污染扩散情况和消防废水排放情况作为工作重点，确保企业外环境安全。接到福建省环境保护厅事故报告后，环境保护部先后要求派出工作组赴现场指导地方开展应急处置工作，加强对周边大气和水体的全方位环境监测，采取切实措施防止消防废水外泄，保障周边水环境尤其是群众饮水安全。工作组按照部领导指示要求，指导地方环保部门进一步细化措施，加强监测，严防死守，全力防范次生环境污染事件发生。

在应急监测方面，一是以群众居住和活动区域空气质量为首要监测范围，由省环境监测中心站组织并整合当地和周边市、县（区）以及紧急调集的福州、厦门市环保部门监测力量，对事故点下风向的陂内村、半湖村、龙口村、西寮村、汕尾村和东山、云霄县等环境空气质量敏感点日夜连续进行应急监测。根据物料成分和可能产生的环境影响，选择苯、甲苯、二甲苯、非甲烷总烃等特征污染物和该企业可能产生的甲硫醇、乙硫醇、硫化氢等有害污染物以及二氧化硫、二氧化氮、PM_{10}、$PM_{2.5}$ 等常规污染物指标进行监测。结果表明，各环境空气质量敏感点常规指标均符合空气质量二级标准，事故现场下风向村庄的芳烃生产特征污染物苯、甲苯、二甲苯、其他挥发性有机物基本未检出，有检出的浓度值也很低，远远低于室内空气质量标准限值，符合人居环境需要。二是由省近岸海域环境监测站开展事故企业所在地近岸海域环境敏感点监测，在企业温排水入海口、污水排放口、企业附近渔港码头进行水质跟踪监测。事故发生直至环境应急状态解除，监测海域的苯、甲苯、二甲苯和石油类等特征污染物浓度符合海水二类水质标准，水质未受到污染。为了及时掌握应急消防水水质，为后续废水处置提供依据，还对各应急池废水水质进行了跟踪监测。

在应急池拦截和严防消防水外排方面，事故处置后期由于消防水累积较多，应急池容量告急，在工作组建议下，指挥部征用与事发企业相邻的翔鹭石化（漳州）有限公司应急池和附近废弃的养殖池共计 3 万 m^3，并敦促消防部队控制消防用水，将应急池冷却水循环使用，及时解决了消防冷却水收集难题，未造成外环境污染[①]。

---

① 生态环境部环境应急指挥领导小组办公室.2020.突发环境事件典型案例选编（第三辑）（征求意见稿）.

第八章
氰化物突发环境污染事件应急

　　氰化物是许多工业染料（如赤血盐与黄血盐）的重要原材料，并且在贵重提纯的工艺中、制备农药及电镀中具有不可替代的功用。就我国工业消耗量而言，每年用于工业生产的 NaCN 的量为 100000～200000t，而氰化物本身具有很强的毒性，若因外因或人为因素导致外泄，往往会导致严重灾难。氰化物及其和水反应生成的 HCN 对空气、土壤及河流具有很强毒性。若氰根（CN⁻）的含量在水体中达到 0.02～0.5mg/L，就会引起水中的鱼类生物死亡。而 CN⁻浓度超过 0.04mg/L 时，水体中的虾就会死亡。另外，若用含有氰化物的水对农田进行灌溉或者植物生长区域被氰化物污染，则会对农作物（水稻、小麦、玉米、花生及果树等）的生长产生不良影响，造成其大量减产甚至绝产。在此，作者列出了常见的氰化物运输造成的突发水环境事件、突发土壤环境事件两种事件的应急处置程序和处置技术（何长顺，2017）。

第一节　理　论　基　础

一、氰化氢

　　氰化氢（HCN），别名氢氰酸。氰化氢标准状态下为液体。氰化氢易在空气中均匀弥散，在空气中可燃烧。氰化氢在空气中的含量达到 5.6%～12.8% 时，具有爆炸性。氰化氢属于剧毒类。第二次世界大战中德国常把氰化氢作为毒气室的杀人毒气使用。

（一）特点

1. 理化特性

氰化氢标准状态下为液体，无色气体或液体，有苦杏仁味，与水、乙醇相混溶，微溶于乙醚。分子量，27.03；熔点，-13.2℃；沸点，25.7℃；蒸气压，53.33kPa（9.8℃）。长期放置因水分存在而聚合，放热发生爆炸。通常加0.05%磷酸做稳定剂。很危险。易燃。温度达到50～60℃时可在微量碱的催化下引起聚合。与乙醛能发生激烈的化学反应。遇热、明火或氧化剂发生化学反应或分解而爆炸。特别是接触碱性物质时，因聚合或分解会发生爆炸。氰化氢与空气可形成爆炸性混合物，与水、水蒸气、酸雾接触反应产生高毒氰化物烟雾。

2. 中毒

1）发病机理

抑制细胞呼吸，很快造成组织缺氧。短期内吸入高浓度氰化氢气体，可立即呼吸停止，造成猝死。轻者有头痛、头晕、乏力、胸闷、呼吸困难、心悸、恶心、呕吐等症状。

2）中毒症状的急救措施

（1）皮肤或眼睛接触。

眼睛接触出现眼刺激症状，氢氰酸可致灼伤，经结膜吸收可致中毒。用流动清水冲洗污染的眼睛5～10min；皮肤接触氢氰酸可致灼伤，吸收后致中毒。脱去污染的衣服，用流动清水或5%硫代硫酸钠溶液冲洗污染的皮肤至少20min；急性中毒发展迅速，应及时就地应用抗氰急救针等解毒剂。

（2）食入或吸入。

急性氰化氢中毒的临床表现为患者呼出气中有明显的苦杏仁味，轻度中毒主要表现为胸闷、心悸、心跳加快、头痛、恶心、呕吐、视物模糊。重度中毒主要表现为呈深昏迷状态，呼吸浅快，阵发性抽搐，甚至强直性痉挛。应立即脱离现场至空气新鲜处。呼吸、心跳停止时，应立即进行人工呼吸（勿用口对口）及胸外心脏按压、吸氧。口服者应及时洗胃及灌肠。急性中毒发展迅速，应及时就地应用抗氰急救针等解毒剂。

3. 疏散救人

救援人员应对氰化氢泄漏事故警戒范围内的所有人员及时组织疏散，疏散工作应精心组织，有序进行，并确保被疏散人员的安全。对现场伤亡人员，要及时进行抢救，并迅速由医疗急救单位送医院救治。

1）疏散组织

事故现场一般区域内的疏散工作由到场的政府、公安、武警人员实施，危险区域的人员疏散工作由救援人员进行。

2）疏散顺序

事故现场人员疏散应有序进行，一般先疏散泄漏源中心区域人员，再疏散泄漏可能波及范围人员；先疏散老、弱、病、残、妇女、儿童等人员，再疏散行动能力较好人员；先疏散下风向人员，再疏散上风向人员。

3）疏散位置

从事故现场疏散出的人员，应集中在泄漏源上风方向较高处的安全地方，并与泄漏现场保持一定的距离。

（二）方法选择

一般情况下应合理通风，不要直接接触泄漏物，在确保安全的情况下堵漏。喷雾状水，减少蒸发。

泄漏在河流中应立即围堤筑坝防止污染扩散，处理时一般采用碱性氯化法，加碱使水处于碱性条件，再加过量次氯酸钠、液氯或漂白粉处理。

（三）应急所需主要材料及设备

车辆类：抢修车辆、腐蚀性物品槽车、消防车、救护车、铲车、挖掘机、吊车等。

设备类：消防器材、发电机、电焊机、耐腐蚀泵等。

材料类：铁锹及塑料桶、次氯酸钠、液氯、漂白粉、干土、干砂或其他不燃性材料等。

检测设备类：pH 计、水质检测仪等。

人员防护类：防火服、空气呼吸器、防酸服、安全帽、防酸手套、安全鞋、工作服、安全警示背心、安全绳等。

二、氰化钠

（一）特点

氰化钠（NaCN）为立方晶系，白色结晶颗粒或粉末，易潮解，有微弱的苦杏仁气味。剧毒，皮肤伤口接触、吸入、吞食微量可中毒死亡。氰化钠是一种重要的基本化工原料，用于基本化学合成、电镀、冶金和有机合成医药、农药及金属处理方面作络合剂、掩蔽剂。是含有 CN^- 的化合物。

1. 理化特性

氰化钠，别名山萘钠、山萘、山埃钠。白色易潮解的结晶状粉末，颗粒、片状或块状，易溶于水，微溶于乙醇。分子量，49.01；熔点，563.7℃；沸点，1496℃；蒸气压，0.133kPa（817℃）。在空气中易潮解，放出氢氰酸，空气中的二氧化碳会使氰化物溶液释放出氰化氢。遇热、湿气、酸引起反应而易着火。氰化钠在450℃时与亚硝酸盐或氯酸盐熔融并引起爆炸。与 F_2、Mg、HNO_3、亚硝酸盐发生激烈的化学反应。

2. 中毒

1）发病机理

抑制细胞呼吸酶，造成细胞内缺氧窒息。短期内口服大量氰化钠，可立即呼吸停止，造成猝死。

2）中毒症状的急救措施

（1）皮肤或眼睛接触。眼睛接触，出现眼刺激症状；皮肤直接接触，可致皮炎。眼睛受刺激或皮肤接触，须用大量水冲洗，并且及时就医。

（2）食入或吸入。对吸入中毒者，急救要迅速，使患者立即脱离污染区，脱去受污染衣物，在通风处安卧、保暖。如果呼吸停止，须立即进行人工呼吸（切不可用口对口人工呼吸），同时迅速送医院抢救，要及早进行输氧、休启和保暖。如系误服，更须速送医院催吐洗胃。

3. 疏散救人

救援人员应对氰化钠泄漏事故警戒范围内的所有人员及时组织疏散，疏散工作应精心组织，有序进行，并确保被疏散人员的安全。对现场伤亡人员，要及时进行抢救，并迅速由医疗急救单位送医院救治。

1）疏散组织

事故现场一般区域内的疏散工作由到场的政府、公安、武警人员实施，危险区域的人员疏散工作由救援人员进行。

2）疏散顺序

事故现场人员疏散应有序进行，一般先疏散泄漏源中心区域人员，再疏散泄漏可能波及范围人员；先疏散老、弱、病、残、妇女、儿童等人员，再疏散行动能力较好人员；先疏散下风向人员，再疏散上风向人员。

3）疏散位置

从事故现场疏散出的人员，应集中在泄漏源上风方向较高处的安全地方，并与泄漏现场保持一定的距离。

（二）方法选择

隔离泄漏污染区，周围设标志，防止扩散。应急处理人员戴自给止压式呼吸器，穿化学防护服（完全隔离），不要直接接触泄漏物，避免扬尘，小心扫起，移至大量水中处理。如大量泄漏，应覆盖，减少飞散，收集回收无害化处理。

泄漏在河流中应立即围堤筑坝防止污染扩散，处理时一般采用碱性氯化法，加碱使水处于碱性条件，再加过量次氯酸钠、液氯或漂白粉处理。

（三）应急所需主要材料及设备

车辆类：抢修车辆、消防车、救护车、铲车、挖掘机、吊车等。

设备类：消防器材、发电机、电焊机、耐腐蚀泵等。

材料类：铁锹及塑料桶、次氯酸钠、液氯、漂白粉、干土、干砂或其他不燃性材料等。

检测设备类：pH 计、水质检测仪等。

人员防护类：防火服、空气呼吸器、防护服、安全帽、防护手套、安全鞋、工作服、安全警示背心、安全绳等。

三、氰化银

（一）特点

氰化银（AgCN），这种白色固体可以通过用氰化物处理含 Ag^+ 的溶液产生。一些方案会使用此沉淀，以从溶液中回收银。镀银时也会使用氰化银。氰化银与其他阴离子反应时，会形成复杂的结构。有些氰化银会发光。该品主要用于医药和镀银。

1. 理化特性

氰化银，白色粉末或淡灰色粉末，无臭无味，不溶于水，不溶于醇，溶于氨水、碘化钾、热稀硝酸。分子量，65.11；熔点，320℃（分解）；相对密度，3.95。较稳定；不燃，受高热或与酸接触会产生剧毒的氰化物气体。与硝酸盐、亚硝酸盐、氯酸盐反应剧烈，有发生爆炸的危险。遇酸或露置空气中能吸收水分和二氧化碳，分解出剧毒的氰化氢。水溶液为碱性腐蚀液体。燃烧（分解）产物：氰化物。

2. 中毒

1）发病机理

受高热或与酸接触，可产生氰化物气体，吸入后引起氰化物中毒，出现头痛、乏力、呼吸困难、皮肤黏膜呈鲜红色、抽搐、昏迷，甚至死亡。对眼睛和皮肤有刺激性。长期接触本品可出现全身性银质沉着症，眼、鼻、喉、口腔、内脏器官和皮肤均可发生银质沉着。全身皮肤呈灰黑色或浅石板色，高浓度反复接触可致肾损害。

2）中毒症状的急救措施

（1）皮肤或眼睛接触。眼睛接触时，应立即提起眼睑，用大量流动清水或生理盐水彻底冲洗至少 15min，并及时就医；皮肤接触时，应立即脱去被污染的衣物，用流动的清水或 5% 硫代硫酸钠溶液彻底冲洗至少 20min，并及时就医。

（2）食入或吸入。吸入时，应迅速脱离现场至空气新鲜处。保持呼吸道通畅。如呼吸困难，立即输氧。呼吸心跳停止时，立即进行人工呼吸（勿用口对口）和胸外心脏按压术。并且吸入亚硝酸异戊酯，及时就医；食入时，饮足量温水，催吐，用 1 : 5000 高锰酸钾或 5% 硫代硫酸钠溶液洗胃，及时就医。

3. 疏散救人

救援人员应对氰化银泄漏事故警戒范围内的所有人员及时组织疏散，疏散工作应精心组织，有序进行，并确保被疏散人员的安全。对现场伤亡人员，要及时进行抢救，并迅速由医疗急救单位送医院救治。

1）疏散组织

事故现场一般区域内的疏散工作由到场的政府、公安、武警人员实施，危险区域的人员疏散工作由救援人员进行。

2）疏散顺序

事故现场人员疏散应有序进行，一般先疏散泄漏源中心区域人员，再疏散泄漏可能波及范围人员；先疏散老、弱、病、残、妇女、儿童等人员，再疏散行动能力较好人员；先疏散下风向人员，再疏散上风向人员。

3）疏散位置

从事故现场疏散出的人员，应集中在泄漏源上风方向较高处的安全地方，并与泄漏现场保持一定的距离。

（二）方法选择

对泄漏物处理必须戴好防毒面具与手套，扫起，倒至大量水中。加入过量次氯酸钠或漂白粉，放置 24h，确认氰化物全部分解，稀释后放入废水系统。污染区用次氯酸钠溶液或漂白粉浸泡 24h 后，用大量水冲洗，洗水放入废水系统统一处理。

对氰化氢则应将气体送至通风橱或将气体导入碳酸钠溶液中，加入等量的次氯酸钠，以 6mol/L 氢氧化钠中和，污水放入废水系统做统一处理。

（三）应急所需主要材料及设备

车辆类：抢修车辆、消防车、救护车、铲车、挖掘机、吊车等。

设备类：消防器材、发电机、电焊机、耐腐蚀泵等。

材料类：铁锹及塑料桶、次氯酸钠、液氯、漂白粉、干土、干砂或其他不燃性材料等。

检测设备类：pH 计、水质检测仪等。

人员防护类：防火服、空气呼吸器、防护服、安全帽、防护手套、安全鞋、工作服、安全警示背心、安全绳等。

第二节　氰化物运输造成的突发水环境污染事故应急

一、氰化氢

运输过程中，如果氰化氢在水体中泄漏或包装掉入水中，现场人员应在保护好自身安全的情况下开展报警和伤员救护，及时采取以下措施。

（一）建立警戒区

如果氰化氢泄漏到水体中，现场人员应根据泄漏量、扩散情况以及所涉及的区域建立警戒区，并组织人员对沿河两岸或湖泊进行警戒，严禁取水、用水、捕捞等一切活动。如果包装掉入水中，现场人员应根据包装是否破损、氰化氢是否漏入水中以及随后的打捞作业可能带来的影响等情况确定警戒区域的大小，并派出水质检测人员定期对水质进行检测，确定污染的范围，必要时扩大警戒范围。事故处理完成后，要定时检测水质，只有当水质满足要求后，才能解除警戒。

（二）控制泄漏源

在消防或环保部门到达现场之前，如果手头备有有效的堵漏工具或设备，操作人员可在保证自身安全的前提下进行堵漏，从根本上控制住泄漏。否则，现场人员应撤离泄漏现场，等待消防队或专业应急处理队伍到来。

（三）收容泄漏物

氰化氢能以任意比例溶解于水，小量泄漏一般不需要采取收容措施，大量泄漏现场可沿河筑建堤坝，拦截被氰化氢污染的水流，防止受污染的河水下泄，影响下游居民的生产和生活用水。同时在上游新开一条河道，让上游来的清洁水改走新河道。如有可能，应用泵将污染水抽至槽车或专用收集器内，运至废物处理场所处置。如果现场情况不能转移污染水，可加碱使水处于碱性条件，再加过量次氯酸钠、液氯或漂白粉处理。

二、氰化钠

运输过程中，如果氰化钠在水体中泄漏或包装掉入水中，现场人员应在保护好自身安全的情况下开展报警和伤员救护，及时采取以下措施。

（一）建立警戒区

如果氰化钠泄漏到水体中，现场人员应根据泄漏量、扩散情况以及所涉及的区域建立警戒区，并组织人员对沿河两岸或湖泊进行警戒，严禁取水、用水、捕捞等一切活动。如果包装掉入水中，现场人员应根据包装是否破损以及随后的打捞作业可能带来的影响等情况确定警戒区域的大小，并派出水质检测人员定期对水质进行检测，确定污染的范围，必要时扩大警戒范围。事故处理完成后，要定时检测水质，只有当水质满足要求后，才能解除警戒。

（二）控制泄漏源

在消防或环保部门到达现场之前，如果手头备有有效的堵漏工具或设备，操作人员可在保证自身安全的前提下进行堵漏，从根本上控制住泄漏。否则，现场人员应撤离泄漏现场，等待消防队或专业应急处理队伍到来。

（三）收容泄漏物

氰化钠能以任意比例溶解于水，小量泄漏一般不需要采取收容措施，大量泄漏现场可沿河筑建堤坝，拦截被污染的水流，防止受污染的河水下泄，影响下游居民的生产和生活用水。同时在上游新开一条河道，让上游来的清洁水改走新河道。如有可能，应用泵将污染水抽至槽车或专用收集器内，运至废物处理场所处置。如果现场情况不能转移污染水，可加碱使水处于碱性条件，再加过量次氯酸钠、液氯或漂白粉处理。

突发环境事件典型污染物应急处置手册

第三节　氰化物运输造成的突发水环境污染事故应急典型案例

一、案例1——陕西丹凤"9·29"氰化钠泄漏特大污染事故

2000年9月29日2时50分，一辆载有10.28t浓度为33%氰化钠剧毒溶液的槽罐车行至312国道陕西省丹凤县铁峪铺镇化庙村上官路组，不慎翻入路北侧约3m深的铁河内，由于罐体裂缝，5.1t氰化钠溶液外泄渗漏在河道内，造成严重的污染。事故发生后，立即引起社会各界的密切关注，成为轰动全国的陕西丹凤"9·29"氰化钠泄漏特大污染事故。为保护广大群众的生命安全，卫生防疫部门积极配合政府采取一系列紧急有效的监测治理措施，取得了无人畜中毒的结果。

（一）污染事故概况

2000年9月29日2时50分，陕西省凤县河口镇河村个体司机胡某某驾驶东风牌槽罐车，从湖北省枣阳市金牛化工厂装运10.28t浓度为33%的氰化钠溶液前往凤县四方金矿。在行至312国道丹凤县铁峪铺镇化庙村上官路组（1303km+405m）处时，不慎翻入公路北侧3m深的铁河内，槽罐车的铁罐与车体分离，罐体裂缝，5.1t氰化钠溶液外泄渗漏在河道内。铁河系丹江二级支流，事故发生现场距武关河口14km，距丹江入口28km，距丹江口水库140km，污染处下游流经丹凤县、商南县的8个乡镇、25个行政村，威胁到2万多人，并危及丹江中下游的河南省与湖北省部分地区的人畜饮水安全。经检测，10月1日2时在事故发生点下游2km处河水氰化钠浓度达到2.45mg/L，10月1日16时事故发生点下游6km、14km处河水氰化钠浓度分别达0.20mg/L、0.065mg/L。

（二）紧急治理措施

1. 物理控污

针对10月上旬间断性降水后铁河水流量增大，原污染点上游拦水坝漫顶，

· 230 ·

污染扩散的严峻形势，为控制氰化钠扩散污染下游河水，10月1日在污染源上游30m处设1个长6m、宽2m、高2m的拦水坝，坝体以塑料编织袋装砂土为主体，坝上游用黏土、塑料薄膜阻隔，防止河水下渗，并用4台75马力水泵昼夜抽水，使上游来水绕过污染源减少污染物下排速度，尽可能把污染物控制在局部范围。

2. 化学治污

1）连环池处理

在污染源及其下游的铁河河床上，连续开挖10个间距2～2.5m的连环池，每个池直径3～5m，深1.5～2.5m，10个池总长约100m。池内采用碱性氯化法处理，即用15～20cm厚的生石灰均匀摊铺在池底及池周围的砂土上，每池用生石灰500～1000kg。经生石灰处理后，上游7个池内每4h投放防化用三合二洗消剂水溶液（3份次氯酸钙和2份氢氧化钙组成）100kg，下游3个池内每4h投放100kg次氯酸钠。连环池于9月29日10时投入使用，加快氰化钠分解净化速度。

漂白粉筑堤过滤在污染源下游1km、2km、6km的铁河内，采用袋装漂白粉1050kg筑堤3道，对经流河水进行过滤。同时在第3过滤堤下6.03km处开挖1个直径5～6m、深1m的处理池，投入1500kg次氯酸钠。10月1～7日合计投入次氯酸钠16t、生石灰10t、漂白粉精12.5t、三合二洗洁剂6.6t。

2）饮用水井消毒

对铁河两岸50m内的134眼水井投放漂白粉精，70kg/周，加盖封存，禁止饮用。

3）开辟新水源

在山涧寻找无污染并经化验合格的新水源，10月1日开始供应当地居民临时使用。

3. 水质监测

1）设点监测

将铁河下游6km以内、两岸10m以内的8眼井划为警示区，严禁饮用，加药处理。在距离污染点最近的两岸各设1眼水井为对照井，严禁饮用，不作处理。对10眼井的井水进行监测。9月30日～10月2日每日检测2次，10

月 3～9 日每日检测 1 次，10 月 10 日后每 3 日检测 1 次，10 月 11～13 日下雨河水上涨时每日检测 1 次。

将铁河两岸 11～20m 内的 30 眼水井列为限制区，加药处理，禁止饮用，抽样检测。在居住较集中的铁河两岸各设 1 眼水井进行监测，9 月 30 日～10 月 9 日每 3 日轮换抽检 1 次，后转为每周抽检 1 次，根据警示区监测结果决定限制区采样期限和频次。将铁河两岸 20～50m 内的 96 眼水井列为观察区，暂控饮用，南岸的加药处理，北岸的不加药，两岸各设 5 眼水井换点监测，9 月 30 日～10 月 9 日为随机抽样检测，以后 1 次 /10d。在污染源下游河道 2km、6km、14.2km、30km、100km 处各设 1 个监测点，10 月 1 日、2 日每天采样检测 3～4 次，10 月 3～5 日每天检测 2 次，10 月 6～8 日每天检测 1 次。

检测指标：气温、水温、pH、余氯、氰化钠。要求警示区、限制区、观察区 pH ≥ 10，余氯分别为 1～3mg/L、1mg/L、0.5～1mg/L。

根据检测结果，按照每吨水加有效氯 3g 计算，每眼水井加漂白粉精片（0.5g/ 片，有效氯 60%），警示区、控制区、观察区分别为 15 片、12 片、10 片。

2）生物检测

10 月 2 日在污染源下游 14km 处的铁河口和下游 200m 处，开挖水质观察池 2 个，投放重 5g 左右的鲤鱼苗 232 尾，其中铁河观察池 100 尾，武关河观察池 132 尾，观察鱼苗的活动状况，以判定污染程度。

社会干预措施污染事故发生后，商洛市、丹凤县领导立即赶赴事故现场组织开展紧急抢险，并及时逐级上报陕西省政府和国务院。国务院有关部门领导接到报告后，立即批示，组织专家采取紧急措施，妥善处理，防止因氰化钠泄漏污染丹江河下游。陕西省政府成立了抢险指挥部，省、市领导亲临事故现场，研究部署抢险、治污和检测工作，并对有关工作提出具体要求，组织有关部门落实治污抢险工作。事故发生后 1h，丹凤县政府组织卫生、防疫、公安、环保等部门与事故当地镇政府、村委会和有关业务人员实施紧急抢险工作，3h 内就组织有关专家携带药品奔赴事发现场实施抢险、治污和水质检测工作；陕西省卫生厅有关环境治污专家携带消毒药品在 6h 内就到达事故现场，制定治污方案、检测方案、医疗救治方案，并指导方案的实施。

（三）治理效果

1）事故下游河水污染情况

2000 年 10 月 1 日，事故点下游 2km 处河水氰化钠浓度高达 15.400mg/L，是地面水氰化物卫生标准（0.05mg/L）的 308 倍。经过治理，10 月 8 日该处氰化钠浓度降到 0.723mg/L。监测期间，污染点下游 14km 以下氰化物浓度均在 0.05mg/L 以下。10 月 6 日以后，下游 6km 以内控制在 0.027mg/L。治理施工和间断性降水导致 2km 处河水氰化物含量有所反复，其余各监测点氰化物含量均逐渐降低。

2）井水检测情况

检测污染点下游 6km 内距河道 10m 内的 8 眼水井井水，结果表明氰化钠已不同程度渗入地下水。降水后河水流量增大，渗流加快，下游井水氰化物含量升高；天晴河水减少时，渗流减慢，井水内氰化物含量随之降低。井水检测结果显示 9 月 29 日至 10 月 1 日 1～8 号井水氰化物含量均在国标（0.05mg/L）以下。10 月 2 日起，3 号、4 号井氰化钠含量急剧上升，分别为 0.300mg/L 和 0.208mg/L。

（四）讨论

丹凤县发生的这起特大氰化钠泄漏事故，大量氰化钠溶液污染河流，如果处理不及时，措施不得力，将给群众的生命安全造成极大威胁，严重影响社会安定。氰化钠是最常见的氰化物之一，易溶于水，对人体有剧毒，经口进入 0.1g 可致死亡。地面水一般不含氰化物，水中的氰化物多为工业废水污染所致。研究结果显示，地面水中的氰化物能以相当快的速度分解，当氰化物浓度为 5mg/L 时，放置 2.5d 后已无氰化物剩余；当浓度为 10mg/L 时，到第 5d 仅为原来的 10%。但在某种不利条件下，氰化物的浓度经 7d 才能降到开始时的 10%，10～12d 才能完全消失。地面水中氰化物浓度达到 1mg/L 时，可使水中有机物的生化需氧分解过程受到抑制；超过 0.5mg/L 时，有机物的氨分解和硝化过程受到一定程度的抑制。国家规定生活饮用水氰化物含量为 0.05mg/L。在碱性条件下（pH8.5～11），或向水中投加生石灰、漂白粉等氧化剂，使水中的氰化钠氧化为氰酸盐，在充分的氧化剂的作用下，氰酸盐进一步氧化成二氧化碳与氮。由于本次污染事故氰化钠浓度特别高，故采用漂白粉、次氯酸钠进行处理，结合隔断截流措施，将污染源重点控制在铁河下游 6km 以内。检测结果表明，多数水井井水氰化物含量未超过国标；污染点下游 2km 河水氰化钠浓度 10 月 8 日降到 0.723mg/L，但仍超过国标，下游 14km 处河水均未超标。由于采取综合措施，未发生人员中毒（环境保护部环境应急指挥领导小组办公室，2015）。

二、案例2——湖南株洲大量废弃瓶装氰化钠污染事件

湖南省株洲市株洲县（现渌口区）仙井乡（现并入渌口镇）泉塘村洪家坝组的天然小水沟为湘江三级支流，流经 16km 汇入湘江支流渌江，再流经 5km 汇入湘江，渌江入湘江口下游 15km 为株洲市自来水厂取水口。小水沟流量约为 0.06m³/s，渌江流量为 2000 ～ 3000m³/s，湘江流量为 10000m³/s。2008 年 6 月 16 日，天然小水沟中发现大量废弃瓶装氰化钠。随后当地政府迅速采取措施，共妥善处置氰化钠 52 瓶。当地公安部门迅速查清氰化钠的来龙去脉，抓获了犯罪嫌疑人。由于措施及时有效，此次事件未对株洲县饮用水源地和渌江、湘江水质造成影响，株洲市株洲县渌江水系采样示意图如图 8-1 所示。

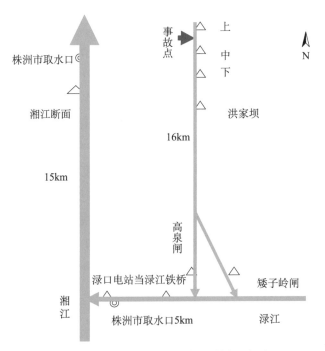

图8-1 株洲市株洲县渌江水系采样示意图

1. 决策迅速果断

6月16日下午株洲县政府下发了《关于切实做好"6·16"氰化钠事件应对和处置工作的紧急通知》，成立领导小组，启动应急预案，明确责任，分工合作，公安部门负责案件的侦破，环保部门负责水质监测，安监部门负责对氰化物进行妥善处置，仙井乡政府负责组织群众搜查可能留落的氰化钠。按照国务院批示精神，环境保护部派工作组连夜赶赴现场，会同湖南省环保部门连夜开展事件调查和分析，协助当地政府部署污染防控工作，确保水质安全。

2. 紧急收缴残留氰化钠

经各方努力，截至6月17日晚共找到氰化钠52瓶（图8-2）。其中46瓶包装完好，5瓶破损已空，1瓶破损进水只剩半瓶糊状物，共收缴氰化钠约23kg。打捞出的47瓶氰化钠全部安全转移到湖南某化工有限公司进行妥善处置。6月18日上午，株洲县政府和仙井乡政府再次组织150余名干部群众，扩大范围进行拉网式搜寻（图8-3），未发现新增的氰化钠。政府以各种形式告知周边村民，一经发现疑似物品立即上缴。

图8-2 搜寻到的部分氰化钠　　　　图8-3 工作人员排干溪水搜寻氰化钠

3. 查清氰化钠的来龙去脉

当地环保部门迅速开展了排查工作，经初步调查，事发地上游及周边地区没有生产、使用氰化钠的企业。株洲市公安局迅速破获此案，抓获了犯罪嫌疑人株洲县仙井乡村民姜某。

4. 做好应急准备

株洲县政府调运漂白粉30t，硫代硫酸钠5t，一旦监测水质中发现氰化物超标，立即投入使用。为防止氰化钠漂浮物下移造成水体污染，关闭事发地下游200m处一个农用灌溉闸坝，进行拦截。

5. 确保群众饮水安全

当地政府加大了宣传力度，告知沿河农户禁止饮用和使用河水，禁止用河水浇灌蔬菜和给牲畜饮用。同时地方政府要求县自来水公司和县疾控中心加大自来水公司进出水的监测频率，每天5次，以保证饮用水安全。经监测，该事件未对两个自来水厂造成影响，自来水厂正常供水。

6. 开展水质应急监测

6月16日21时，株洲市应急监测人员到达事发现场，立即进行布点采样。在事故现场、下游分支入渌江口、矮子岭闸、高泉闸及渌江（株洲县水源地上游1km）、渌江入湘江口设置了6个监测断面，根据现场监测结果，6月16日21时至18日0时，各断面氰化物浓度均未超标，湘江口断面未检出。为确保下游河流水质安全和群众饮用水安全，切实做到万无一失，湖南省环境保护局组织株洲、湘潭、长沙、岳阳四市环保部门，对湘江流域水质进行监测。监测结果显示，6月17日至19日下午，洪家坝事发地下游小溪、渌江、株洲县自来水厂取水口及湘江下游等监测断面水质的氰化物浓度均符合地表水环境质量标准值，表明此次事件未对株洲县饮用水源地和渌江、湘江水质造成影响（环境保护部环境应急指挥领导小组办公室，2015）。

三、案例3——江西弋阳交通事故导致氰化钠泄漏事件

2008年12月24日10时左右，一辆装载8t 30%液态氰化钠的槽罐车在江西省上饶市弋阳县侧翻，致使氰化钠泄漏。事件发生后，上饶市和弋阳县环境保护局立即启动《突发环境污染事件应急预案》，进行紧急处置。该事件上报及时，反应迅速，各方配合，上下联动顺畅，现场处置措施得力，应急工作取得了明显成效，确保了信江流域的饮用水源安全和生态安全。同时，由于及时向社会公众发布了准确信息，未造成群众恐慌，维护了社会稳定。

1. 领导高度重视

事故发生后，省、市、县环保部门立即启动应急预案，第一时间把事故发生情况通知到有关部门，采取相应措施，各有关部门积极配合开展事故处置工作。整个事故处置行动迅速，措施有力，方法得当，避免了因氰化钠泄漏造成的特大污染事件，确保了人民群众生命财产安全。

2. 采取措施控制污染源

在应急工作组的指导下，疏散了现场围观群众，封锁了事故现场，禁止人畜接近或接触事故现场及其周边 1km 范围内所有水源及地下水。组织专业人员勘察，利用砂土对事发现场进行围护，防止泄漏范围扩大。调集槽罐车进行倒罐，转移侧翻槽罐车内液态氰化钠。

3. 查清泄漏氰化钠的去向

经现场勘察周边地势及排水管网的布设，判断出泄漏的氰化钠已经流入事发地东侧一低洼的下水道，该段下水道长约 150m，与周边水系不连通，且出口处已被泥沙堵塞。应急处置人员在该下水道出口处开挖出一土坑，发现有囤积的液体，经检测正是泄漏的氰化钠，随即调来槽罐车将泄漏的氰化钠抽取运走。为防止泄漏的氰化钠扩散，组织人员在已开挖的下水道出口下游方向又开挖了一应急池，为出现紧急情况后进行防范。

4. 做好环境应急监测

在事故的处置过程中，环境应急人员全力以赴开展工作，环境监测人员连续多日坚守在一线事故现场不间断地对自来水取水口、信江河入口处、附近居民水井及冲洗到应急池中水质取样监测，及时掌握水质变化情况。对事发地周边的水源进行不间断监测，直至确信无污染扩散。

5. 处置彻底避免二次污染

采取在泄漏处抛洒硫代硫酸钠和漂白粉进行氧化处置，并调集消防车用清水自泄漏处向下水道反复灌水冲洗，冲洗的废水排入下水道出口处开挖的土坑后再用槽罐车运走，冲洗至无氰化钠检出后结束。以上工作完成后，将事故现场土壤全部清理运到恒安金矿存放、处置，严防二次污染发生（环境保护部环境应急指挥领导小组办公室，2011a）。

四、专家点评

（一）应急管理方面

危险化学品不但会造成严重的环境污染和损害，而且会直接影响人民的生命财产安全。湖南省株洲县和江西省弋阳县发生的两起污染事件中，罪魁元凶就是剧毒的化学品氰化钠。结合《危险化学品安全管理条例》的规定，两起污染事件的主要启示如下：

国家对危险化学品的生产和储存实行统一规划、合理布局和严格控制，并对危险化学品生产、储存实行审批制度。未经审批，任何单位和个人均不得生产、储存危险化学品。而这两起案件中，相关主管单位均存在管理不力的情形。此外，剧毒化学品的生产、储存、使用单位，应当对剧毒化学品的产量、流向、储存量和用途如实记录，并采取必要的安全措施。而湖南省株洲县一案中，相关单位存在明显的工作疏漏。

在危险化学品运输过程中，相关单位应按照法律规定，从运输资质、安全措施等方面防范污染事故的发生。首先，国家对危险化学品的运输实行资质认定制度，未经资质认定，不得运输危险化学品。其次，运输危险化学品的驾驶员、船员、装卸人员和押运人员必须了解所运载的危险化学品的性质、危害特性、包装容器的使用特性和发生意外时的应急措施。运输危险化学品，必须配备必要的应急处理器材和防护用品。最后，通过公路运输危险化学品，必须配备押运人员，并随时处于押运人员的监管之下，不得超装、超载。

对剧毒化学品管理，公安部门有特殊规定和严格要求，剧毒化学品生产、购入、使用消耗、去向均有登记，并须经领导批准和两人以上保管等。而由于管理方面的漏洞，犯罪嫌疑人可以轻易获得数十瓶氰化物，因此只有加强源头管理，严格执行管理制度和防范措施，才能减少此类污染事件的发生。

（二）现场应急处置方面

我国对氰化物这类剧毒化学品有明确的管理规定，生产、销售、运输、储存和使用、废弃都由公安部门全程跟踪监管。进入企业的氰化物原料储库必须经当地公安部门严格审查和电子锁解码。即使作为标准使用的氰化物从库房到保险箱打开取用，也必须由三个人同时开锁。

上述案例中一起是 50 余瓶氰化钠非法丢弃导致的环境污染事件，另两起是安全运输问题，导致大量剧毒氰化钠泄漏。在处置氰化钠污染事件中，使用了硫代硫酸钠和漂白粉处理，取得了良好的效果，若采取碳酸钠和漂白粉处理，效果会更好。案例中采用砂土围护处理方式值得商榷。另外，鉴于两起事故发生在我国的酸雨区，为了防止生成氰化氢气体对应急人员和周边群众发生毒害，应先使用少量碳酸钠或碳酸氢钠固定氰化钠，再投入漂白粉把氰化钠分解为二氧化碳和 NO_x，这样的处置方式对人体和生态环境影响较小。

第四节　氰化物运输造成的突发土壤环境污染事故应急

如果氰化氢是在陆上泄漏，现场人员应在保护好自身安全的情况下，开展报警和伤员救护，并及时采取以下措施。

一、建立警戒区

氰化氢发生泄漏后，应根据泄漏量的大小，立即在至少 50～100m 泄漏区范围内建立警戒区。如果泄漏发生在白天，应在下风向 300m×300m 范围内建立警戒区；如果泄漏发生在晚上，应在下风向 500m×500m 范围内建立警戒区。大量氰化氢发生泄漏时应立即在泄漏区周围隔离 400m，如果泄漏发生在白天，应在下风向 1300m×1300m 范围内建立警戒区；如果泄漏发生在晚上，应在下风向 3500m×3500m 范围内建立警戒区。警戒区内的无关人员应沿侧上风方向撤离。

二、控制泄漏源

在消防或环保部门到达现场之前，如果现场备有有效的堵漏工具或设备，操作人员可在保障自身安全的前提下进行堵漏。人员进入现场时可使用自给式呼吸器。若处理工具有限或自身安全难以保证，现场人员应撤离泄漏污染区，等待消防队或专业应急处理队伍到来，不要盲目进入现场进行堵漏作业。控制泄漏源是防止事故范围扩大的最有效措施。

三、收容泄漏物

小量泄漏时，可用干土、干砂或其他不燃性材料吸收，也可以用大量水冲洗，冲洗水稀释后排入废水系统。大量泄漏时，可借助现场环境，通过挖坑、挖沟、围堵或引流等方式将泄漏物收容起来。建议使用泥土、沙子作收容材料。也可根据现场实际情况，先用大量水冲洗泄漏物和泄漏地点，冲洗后的废水必须收集起来，集中处理。喷雾状水冷却和稀释蒸气，保护现场人员。用耐腐蚀泵将泄漏物转移至槽车或有盖的专用收集器内，回收或运至废物处理场所处置。

四、火灾救援

1. 火场特点

氰化氢与空气可形成爆炸性混合物，长期放置因水分存在而聚合，放热发生爆炸。通常加 0.05% 磷酸做稳定剂。

2. 灭火建议

在灭火过程中建议做下列处理：

（1）如有可能，转移未着火的容器。防止包装破损，引起环境污染。

（2）消防人员必须穿全身耐酸碱消防服，佩戴自给式呼吸器，在上风向隐蔽处灭火。

（3）用水灭火，同时喷水冷却暴露于火场中的容器，保护现场应急处理人员。

（4）收容消防废水，防止流入水体、排洪沟等限制性空间。

第九章

其他应急

在突发环境事件应急处置中，还有两类比较常见的突发环境事件，分别是液化天然气（liquefied natural gas，LNG）交通运输泄漏事故和氯气罐车泄漏事故，并且在总结甘肃省已发生的几起这样的突发环境事件后发现，因液化天然气和氯气与日常生活和生产联系紧密，因此这几起突发环境事件发生地点均位于居民集中的闹市区，环境敏感性很高，处置不当极易造成群体性事件进而造成社会事件。

第一节　液化天然气交通运输泄漏事故应急

一、理论基础

液化天然气运输的方式主要有罐式集装箱和液化天然气罐车两种，从主体结构的原理来看，两者原理相同，但是罐式集装箱，能够采用多式联运方式，运输量较大。罐式集装箱的罐体是真空的、多层的、绝热的储罐，而液化天然气罐车就是一个罐体。在液化天然气运输的过程中，非常容易发生安全事故，主要有低温冻伤事故、火灾事故以及爆炸事故等。一旦液化天然气发生泄漏，就很容易到达爆炸极限，后果十分严重。

（一）液化天然气的物理性质

液化天然气的主要成分是甲烷。无色、无味、无毒且无腐蚀性，能被液化和固化，其体积约为同量气态天然气体积的 1/625，能溶于乙醇、乙醚，微溶于水。

（二）液化天然气的化学性质

易燃：自燃点为 340℃，燃烧时呈青白火焰，火焰温度约 1930℃。易爆：$1m^3$ 天然气爆炸相当于 7～14kg TNT 炸药。天然气的体积浓度爆炸极限为 5%～15%，产生最大爆炸压力的浓度为 9.8%，最易引燃的浓度为 7.3%，最大爆炸的压力为 $7kg/cm^2$，燃烧的热值为 $8300kcal/m^3$。

二、所需材料及设备

（1）车辆类：救护车、消防车；天然气罐车；铲车、挖掘机、吊车等。

（2）设备类：电焊机、发电机、排污泵等。

（3）材料类：铁锹及塑料桶、防渗薄膜、土工布；承压塑料软管、排污管道、水泵；防爆工具；棉纱、湿棉被、木楔、管卡、胶垫；各种专用的阀门；防爆手电、防爆灯；灭火器等。

（4）检测设备类：天然气泄漏探测仪、测爆仪等。

（5）人员防护类：防火服、正压式空气呼吸器、防毒面具、安全防护眼镜；低温防护手套、防护鞋、静电工作服、安全帽；安全警示背心、安全绳等。

三、常见突发情况

（1）交通事故。刹车失灵等车辆自身问题；驾驶员对道路不熟悉；驾驶员违反危险货物车辆驾驶的相关规定，出现超速行驶、注意力不集中情况。

（2）罐体部件损坏。安全阀等罐体部件由于老化或运输过程中的颠簸出现故障，阀门由于摩擦和碰撞等产生松动，导致天然气泄漏，酿成安全事故。

（3）气候因素。我国特殊的地理因素决定着我国夏季全国范围的高温。在夏季运输液化天然气过程中，罐壁很容易升温，导致压力增大，最终破坏气罐的安全阀，导致气体泄漏。

四、处置步骤

事故应急救援工作遵循"预防为主、自救为防、统一指挥、分工负责"的工作原则。应急救援小组统一指挥、协调 LNG 事故应急处置工作。现场人员按分工负责、紧密配合的方式处理突发事件。

安全第一：火灾爆炸事故发生后常伴随许多重大危险隐患，因此，必须在坚守岗位、安全第一的条件下进行应急抢救。防止造成人员伤亡和险情进一步扩大。

速战速决：应急抢险人员必须行动迅速，接到指定任务后，不推诿、不冒险，服从统一指挥，做到统一行动、统一撤离，以最短时间完成抢险任务。

（一）控制措施

（1）现场控制：发现 LNG 泄漏，立即控制现场（警戒区域内一切车辆、设备不得启动），同时尽可能切断泄漏源。

（2）消除隐患：禁止一切点火源，如明火、点燃的香烟、电火花（使用非防爆通信器材）、物体撞击发出的火花和静电、发动机排气、架空输配电缆供电等在现场出现，且泄漏现场彻底去除可燃和易燃物质，防止发生火灾和爆炸事故。

（3）人员转移：组织与排险无关人员向安全地点（上风方向）撤离，同时组织附近居民向安全地点（上风方向）疏散。迅速疏散泄漏污染区人员至上风处，并对事故现场进行隔离。

（4）处置点：少量泄漏情况下，建议处置车辆放置于事故现场上风或侧上方方向 300～500m 处，大量泄漏和火灾情况下，建议扩大到 800～1000m，遇雨雾夜间等情况应适当扩大范围。

（5）设定隔离区：在事故点 1000m 外设置警戒隔离区范围，并根据事故处理过程中现场的检测结果和可能产生的危害，随时调整隔离区的范围。

（6）人身防护：应急处理人员戴自给正压式呼吸器，穿防静电工作服，佩戴安全防护眼镜。根据需要戴一般作业或者低温作业防护手套。

（7）人员抢救：若有人员伤亡应尽快送往医院抢救治疗。

（8）泄漏浓度监测：实时监测现场天然气泄漏浓度。

（9）通风：合理通风，加快扩散。

（10）控制污染面积：喷雾状水稀释，溶解。防止大面积扩散，使隔离区外毒。

（11）清理泄漏源：当罐体出现问题时，天然气储罐应在保证安全的情况下泄压排空。当罐体开裂尺寸较大而又无法止漏时，应迅速将罐内天然气导入空罐或其他储罐中（详细处置请参见下文"五、天然气罐车泄漏处置方法"）。

（12）现场消防：当事故现场发生火灾时，用干粉、雾状水、泡沫、二氧化碳、干粉灭火器灭火。当现场火势大，难以控制时应及时请求消防队用水枪喷射水灭火，及时控制火灾现场。

（二）实施步骤

（1）分解事故车：分解牵引车头与罐体。

（2）转移事故车：在确定槽罐内的液化天然气不再泄漏后起吊转移事故槽车，现场指挥部要迅速研究制定起吊转移事故槽车的方案，并及时调集吊车及相关设备，将事故槽车及时、安全地起吊并转移至安全区域。同时做好消防保护及应急准备措施。

（3）罐体降压：打开罐体放散阀门，降低储罐压力，防止爆炸事故发生。并注意风向变化，严密警戒 LNG 气体放散区域。

（4）倒罐处置：将槽车储罐 LNG 液体倒至另一安全的天然气储罐车，然后运走。

（5）清理事故车：只有检查确认无危险隐患存在时，方可用拖车把罐体拖走。

（6）废水收集：构筑围堤或挖坑收容消防灭火或者驱散空气中天然气浓度时产生的大量废水。

（7）废水处置：收集的废水通过废品罐车送至污水处理厂进行处理。

处理流程如图 9-1 所示。

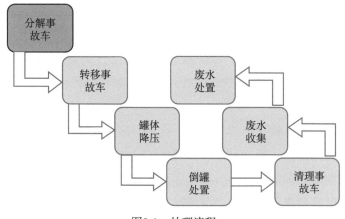

图9-1 处理流程

（三）数据监测及分析

使用天然气泄漏探测仪随时检测天然气浓度，及时将浓度控制在对人体毒害作用较小的浓度范围以下。

（四）注意事项

（1）抢险人员进入泄漏现场应佩戴正压式空气呼吸器进行作业。

（2）抢险人员必须穿着低温防护服、低温手套及防护面罩等防护用品。

（3）现场抢险作业严禁使用非防爆工具，严禁携带打火机、手机等火种，严禁无阻火帽车辆进入现场，作业前应检测天然气浓度符合要求。

（4）如现场需要实施吊装连接拆除等作业，作业过程要采取防止撞击产生火花的措施。

（5）现场处置应做好防范措施，严禁盲目施救或抢险，防止次生事故发生。

五、天然气罐车泄漏处置方法

（1）封堵法：封堵法也称贴堵法，这种方法适用于局部小面积或罐体裂缝泄漏。这种方法直接将封堵材料浸湿贴附在泄漏处，利用超低温度的泄漏气体，对泄漏点进行封冻，从而达到封堵目的。具体操作方法是：根据泄漏点的部位，准备充足的棉布或纯棉织物，加湿平展后直接贴附在泄漏点上，不停地用雾状水进行喷淋，每层喷洒一定数量干粉，反复多次。一般情况下，泄漏情况轻微，贴附五、六层即可，实际操作时可根据泄漏量大小适当增加贴层数量，待以上工作完成，10 ～ 30min 后，内层贴附材料就可完全封冻住泄漏点，完成堵漏。

（2）塞堵法：塞堵法也称填堵法，这种方法主要适用于储运罐车各种安全附件与连接管道破损、断裂和罐体出现单一性较大损洞的堵漏。其主要操作方法是：根据泄漏点漏洞的大小，选取适量的非金属耐低温无机硬质材料或木质材料，尽可能按照漏洞形状，切削或加工成锥形，在加工好的锥形物上缠裹棉织类物品，直接填塞漏洞内并夯实，进行堵漏。

（3）倒罐避险法：倒罐避险就是将液化天然气从事故储运装置通过输转设备和管道倒入安全装置或容器内的操作过程，从而避免原容器内气体爆燃等各类事故。在多种紧急堵漏方法无法达到堵漏效果，并且储运罐车内液面较高，有可能造成更大险情时，可采用此种方法。倒罐避险法在具体实施过程中，需要专业人员和专用的设备，存在用时较长、社会影响较大等问题，但总体来看，运用倒罐避险法处理 LNG 储运罐车泄漏事故的相对安全系数却是较高的。

（4）自然排放法：当运输车辆发生事故地点在远离城区且比较偏远的高速路或国道上时，在条件允许的情况下（LNG 排放对周围环境不会造成太大的恶劣影响），也可将发生泄漏的运输车辆开至无人区域，采取自然排放的方法将罐内的天然气排放至大气中，利用风流进行稀释，从而消除隐患，排除险情。这种方法存在浪费大、客观条件要求高等特点，特别是泄漏车辆在驶向排放点的途中，危险性大，对排放区周围环境和风向要求也较高。因此，自然排放法一般适用于人烟稀少的空旷无人地段和泄漏情况特别严重、不宜采用其他抢险施救方法的特殊情况。

第二节　液化天然气交通运输泄漏事故应急典型案例——湖南郴州“7·4”宜连高速天然气泄漏事件

天然气主要由甲烷（85%）、少量乙烷（9%）、丙烷（3%）、氮（2%）和丁烷（1%）组成，不溶于水，易燃，属单纯窒息性气体，主要经呼吸道进入人体，浓度高时因置换空气而引起缺氧，导致呼吸短促，知觉丧失，严重者可因血氧过低窒息死亡。

2013 年 7 月 4 日 3 时 30 分，湖南省郴州市宜连高速公路宜凤段由南往北一辆挂货车撞上前方一辆大巴客运车，大巴车又撞上前方停着的一辆液化天然气槽罐车，槽罐车载有 20.46t 液化天然气，造成其后方槽罐罐体与阀门管道的焊接处开裂，并发生燃气泄漏。

领导高度重视，紧急启动应急响应。事件发生后，郴州市、宜章县两级领导高度重视，立即启动应急响应。郴州市政府办、公安、安全监管、消防、交通、环保、质监、交警、燃气办、高速公路管理处、省高速交警支队耒宜大队等单位负责人第一时间赶赴现场处置险情，迅速成立救援处置指挥部，开展救援、抢险、交通疏导等有关工作。大巴客运车车头陷入了液化天然气槽罐车的尾部，在水枪的掩护下，指挥员引导液化天然气槽罐车司机将车缓慢向前移动，分离了两车。现场消防队员持续用水枪喷射罐车罐体，通过水雾降低单位体积天然气的浓度，同时降低了氧气浓度，防止天然气爆炸。4 时 30 分，两名被困人员被成功营救，送往医院救治，无生命危险。13 时，发生泄漏的液化天然气槽罐车堵漏成功。现场指挥部决定将液化天然气槽罐车就近开至通风空旷处进行排空。13 时 17 分，指挥部宣布危险解除。

第三节　氯气罐车泄漏事故应急

一、理论基础

（1）氯气的物理性质：氯气常温下为黄绿色有强刺激性气味的气体，常温下加压到 608 ～ 811kPa 或在大气压下冷至 -40 ～ -35℃可液化。气态氯气相对密度比空气重，不易扩散，可沿地面扩散，聚集在低洼处。一般没有风力作用，它会很长时间潜藏在低洼部位。当包装容器受热时有爆炸的危险。

（2）氯气的化学性质：氯气具有强氧化性，可以与水、碱溶液、多种金属和非金属进行反应，同时还可以与多种有机物和无机物进行取代和加成反应。干燥氯气稍不活泼，湿氯能直接和大多数元素结合。氯气有剧毒，吸入高浓度可致死。气体具强氧化性，遇易燃物可引发火灾爆炸。

二、所需材料及设备

（1）车辆类：医疗救护车、消防车；天然气罐车；铲车、挖掘机、吊车等。

（2）设备类：搅拌机、搅拌桨；手动高压油泵、排污泵、阀门、流量计、各种专用的阀门；电焊机、发电机等。

（3）药剂类：10%～15%氢氧化钠溶液或石灰水等。

（4）材料类：消防水幕、消防水炮；砂土；防渗薄膜、土工布；承压塑料管、承压塑料软管、污管道、加药管；棉纱、湿棉被、堵漏垫、堵漏楔、堵漏胶、堵漏带；适用液氯介质的密封胶、胶垫；充气包或充气垫；管卡、夹具、高压注胶枪、防火花的专业施工工具或其他防爆工具、防爆灯、防爆手电筒；救援绳索等。

（5）检测设备类：有毒气体浓度测试仪；风向仪等。

（6）人员防护类：过滤式防护氯中毒专用防毒面具、氧气呼吸器、空气呼吸器；湿毛巾、全封闭防化服、防冻衬纱橡胶手套、工作靴等。

三、常见突发情况与处置技术方案

（一）常见突发情况

（1）液氯储罐的气相进出口、液相进出口、排污口、放散口、液面计接口、压力表接口等处的接管、阀门、法兰连接密封等部位失效或泄漏。

（2）液氯罐车装卸用软管泄漏或爆裂。

（3）液氯钢瓶阀门泄漏或丝堵的密封面失效或泄漏。

（4）氯气管道、阀门、法兰等连接密封部位失效或泄漏。

（二）处置技术方案

氯污染应急处置技术如表 9-1 所示。

表9-1　氯污染应急处置技术

污染源控制技术	污染物防扩散技术	污染物消除技术	应急废物处置技术
外加包装、工艺措施、堵漏、倒罐、转移、点燃	喷水雾	通风、物理吸附、化学吸附	水泥窑共处置、固化稳定化、热脱附处理、安全填埋

四、处置步骤

氯气的最大危害是对于人体的伤害，故以最快的速度保护周围群众的安全是首要任务。在事故应急救援中，若有多种方法可供选择时，一般应遵循"净、快、省、易"的原则来实施，即消毒效果要彻底，消毒速度要快，资源利用要尽量少，易于操作。

（一）现场控制

（1）现场隔离：迅速疏散泄漏污染区人员至上风处，并对事故现场进行隔离。尽可能及早切断泄漏源。

（2）建议隔离与疏散距离：小量泄漏，初始隔离 60m，下风向疏散白天 400m、夜晚 1600m；大量泄漏，初始隔离 600m，下风向疏散白天 3500m、夜晚 8000m，并根据事故处理过程中现场的检测结果和可能产生的危害，随时调整隔离区的范围。

（3）人身防护：应急救援人员进入现场应佩戴正压自给式空气呼吸器，穿防毒服。

（4）人员抢救：若有人员伤亡应尽快送往医院抢救治疗。

（5）消除隐患：泄漏现场应彻底去除可燃和易燃物质，防止发生火灾和爆炸事故。

（6）通风：合理通风，加快扩散。

（7）控制污染面积：喷洒雾状碱液吸收已挥发到空气中的氯气，防止大面积扩散，防止隔离区外人员中毒。

（8）清理泄漏源：当液氯储罐发生泄漏后应泄压排空。当罐体开裂尺寸较大而又无法止漏时，迅速将罐内液氯导入空液氯储罐或其他储罐中（详细处置请参见下文"五、氯罐车泄漏处置方式"）。

（9）现场消防：当事故现场发生火灾时用干粉或卤代烷灭火器灭火，当现场火势大，难以控制时应及时请求消防队用水枪喷射水灭火，及时控制火灾现场。

（二）实施步骤

氯气泄漏处理流程如图 9-2 所示。

图9-2　处理流程

（1）转移事故车：在确定槽罐内的氯不再泄漏后起吊转移事故槽车，现场指挥部要迅速研究制定起吊转移事故槽车的方案，并及时调集吊车及相关设备，将事故槽车及时、安全地起吊并转移。同时做好消防保护及应急准备措施。

（2）控制点源：对扩散在空气中的氯气喷洒稀碱液，吸收泄漏的氯气，防止其扩散。

（3）泄漏处理：对于泄漏的液氯将其汇集于低洼地或者依据地形，在地势较低处挖导流渠和集水坑（内衬土工膜等材料防渗），将液氯通过导流渠汇入集水坑内。污染土壤用加入氢氧化钠或石灰的水冲洗，然后将冲洗水汇集于临时开挖的反应池内（内衬土工膜等材料防渗），等到水中的氯基本被完全反应后，再将反应池内的水用罐车送至污水处理厂进行处理（图 9-3）。

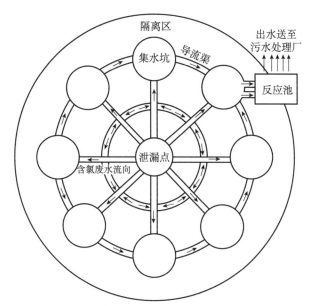

图9-3　氯气罐车泄漏处置平面示意图

图纸说明：该图仅适用于氯气罐车泄漏地点的现场应急处置；该图仅具有示意作用

构筑说明：截流坑与导流渠的修建要遵循"从远及近"的原则，即距泄漏点较远的地方修建最外围截流坑与导流渠，然后逐步靠近泄漏点修建；构筑物修建完成时立即铺设防渗薄膜或土工布；导流渠修建要形成一定坡度，保证废水流向如图所示重力流至反应池

（三）数据监测及分析

使用有毒气体浓度测试仪随时监测氯气浓度，及时将浓度控制在对人体毒害作用较小的浓度范围内。

（四）注意事项

（1）现场应急救援人员一定要穿戴防毒面具、防火服、安全服及防火手套等，认真进行自我保护。

（2）避免明火，及时清理泄漏现场可燃和易燃物质，防止发生火灾事故。

（3）除氢氧化钠或石灰水外，谨慎用其他化学物质来中和氯。

（4）注意安全隔离，防止隔离区外人员中毒。

五、氯罐车泄漏处置方式

（1）当罐体出现问题，液氯储罐发生泄漏后应泄压排空。当罐体开裂尺寸较大而又无法止漏时，迅速将罐内液氯导入空罐或其他储罐中。

（2）发现储罐上的阀门、管道有砂眼或裂缝造成泄漏时，将储槽泄压，用浸水的纱头放在泄漏处，利用液氯气化吸收热量，让其结成冰，暂时延缓泄漏。抢险人员必须按要求佩戴防毒面具，在大量泄氯的情况下，必须佩戴正压自给式空气呼吸器，采用器具堵漏。

（3）管道壁发生泄漏，又不能关阀止漏时，可使用不同形状的堵漏垫、堵漏楔、堵漏胶、堵漏带等器具实施封堵。微孔泄漏可以用螺丝钉加黏合剂旋入孔内的办法封堵。罐壁撕裂泄漏可以用充气袋、充气垫等专用器具从外部包裹堵漏。带压管道泄漏可用捆绑式充气堵漏袋，或使用金属外壳内衬橡胶垫等专用器具施行堵漏。

（4）阀门等发生泄漏，可用不同型号的法兰夹具并注射密封胶的方法实施封堵，也可以直接使用专门阀门堵漏工具实施堵漏。

六、氯污染土壤的处置

（1）被污染土壤运往附近的一座危险废物填埋场实施无害化处理。

（2）可回收的液氯进行回收，被污染的土壤采用翻晒自然风干的方法去除氯。

（3）将泄漏的液氯汇集于低洼地或者依据地形，在地势较低处挖导流渠和集水坑，将液氯通过导流渠汇入集水坑内，污染泄漏的土壤用加入氢氧化钠或石灰的水冲洗后，将冲洗水汇集于反应池内，等到水中的氯基本被完全反应后，再将反应池内的水用罐车送至污水处理厂进行处理。

第四节　氯气罐车泄漏事故典型案例——江苏淮安京沪高速公路淮安段"3·29"氯气泄漏事件

一、案例背景

2005年3月29日18时50分左右，京沪高速公路淮安段发生了一起交通事故。一辆载有约 30t 液氯的槽罐车与一辆货车迎面相撞，导致槽罐车内大量液氯泄漏，继而引发 29 人中毒死亡、350 多人住院抢救治疗、公路北侧 3 个乡镇近万名村民被紧急疏散的特大污染事故。事故还造成两万多亩农田受灾（图 9-4 和图 9-5），1.5 万头（只）畜禽死亡。

图9-4　油菜被氯气熏得枯黄

图9-5　农田全被液氯熏黄

氯是黄绿色气体、液体或斜方形的晶体，有刺激性气味。溶于水，形成盐酸、次氯酸。对眼、呼吸道黏膜及皮肤有强烈的刺激作用。短期吸入大量氯气后可出现流泪、流涕、咽干、咽痛、咳嗽、咯少量痰、胸闷、气急、发绀。严重者可发生声门水肿致窒息或肺水肿、急性呼吸窘迫综合征。可并发气胸、纵隔气肿等。肺部可有干、湿啰音或哮喘音。胸部 X 线检查呈支气管炎、支气管周围炎、肺炎或肺水肿征象。

二、应急处置

1）接报与报告

事发当晚 21 时 30 分，淮安市环境保护局接到市政府事故通报。市环境保护局在最短的时间内立即启动应急响应，迅速调集环境监察、监测人员以最快的速度，在第一时间赶往 30km 外的事故现场（图 9-6），并在对事故初步判定分析后，立即向省环保部门报告。省环保部门接到市环境保护局的报告后，主管领导立即亲率省环境监察局、省环境监测中心应急人员于凌晨 3 时 30 分从 200km 外的省城连夜赶到事发现场。

图9-6 头戴防护罩的抢险人员在清理液氯泄漏事故现场

2）槽罐处置

3月30日上午，为消除槽罐车上继续释放氯气的两处泄漏点，消防人员强行用木塞封堵，但仍有部分氯气外溢。开始，消防人员用水龙头冲刷以消除外泄液氯，后来，现场指挥部采纳环保部门提出的建议，改用烧碱处理，迅速调集了约200t烧碱对事故现场进行中和处理，控制了污染蔓延的势头（图9-7和图9-8）。

图9-7 对槽罐车进行液碱稀释中和　　图9-8 消防人员向池塘中投放烧碱进行化学处理

面对液氯不断外泄，污染仍在继续的状况，指挥部根据环保部门的建议，组织武警官兵在附近的河流上打坝围堰，挖出一个大水塘，将液氯槽罐吊装到水塘中（图9-9），并用烧碱进行中和处理，污染状况进一步得到控制。

图9-9 工人们起吊泄漏液氯的槽罐

　　为了彻底消除高速路旁的液氯污染，3月31日晚，环保部门提出将液氯槽罐运至淮安化工厂进行处置的建议。由于运输距离较长，而且要通过市区人口较为稠密的地区，应急指挥部于4月1日凌晨1点召开紧急会议，最终决定采纳环保部门处置建议，并要求环保部门密切关注吊车起吊时和运输终点的环境污染状况，防止产生新的污染。

　　4月2日上午，装载液氯槽罐的平板车，缓缓向淮安化工厂驶去。环保部门的应急监测车跟在槽罐运输车后，始终保持25m的距离，一路跟踪监测。在应急监测车的护卫下，槽罐运输车安全抵达目的地。

　　3）应急监测

　　为了给科学决策提供数据，现场共进行了三种监测。

　　一是确定污染范围的监测。在液氯槽罐车的下风向，环境监测人员身穿密闭防化服，持便携式傅里叶红外气体分析仪、激光测距仪等监测仪器，现场测定氯气污染状况（图9-10）。确定300m以内为重污染区，300～600m为次重污染区，600～1100m为局部超标区。这些监测数据为现场指挥部控制疏散人群区域、组织现场救助提供了可靠的科学依据。

图9-10　江苏省环境监测中心的工作人员在液氯泄漏事故发生地周边进行环境检测

二是开展监督监测。在确定了污染范围的基础上，沿液氯槽罐的下风向布置了 3 个监测点进行连续监测（图 9-11）。同时，在下风向的两个村庄设置空气质量监测点，监测受害农户室内空气质量。4 月 1 日下午 4 时，距事故发生地 300m 以外室内、室外的氯气和氯化氢浓度均达到国家日均值 0.03mg/m³ 和 0.015mg/m³ 标准，300m 范围以内氯气基本达标；饮用水水源水质达标；麦田和室内的氯化氢部分超标，浓度范围在 0.017 ~ 0.02mg/m³。根据环境监测数据，事故指挥部决定除受灾最严重的个别村落的 230 户约 1300 多人外，其他农户均可返迁。当天晚些时候，约 4000 人返家。疏散一空的附近村庄如图 9-12 所示。

图9-11　开展应急监测

图9-12　疏散一空的附近村庄

　　三是开展处置监测。在液氯槽罐吊装过程中采用沿下风向三个轴线方向均匀布点实施监测。槽罐运输过程中，采用定距跟踪监测的方法，直至检测不到氯气浓度为止。

　　4）专家指导

　　3月31日，省环保部门邀请了科研院所有关化学品污染控制、土壤环境、生态环境等方面的专家一行5人对事故现场的环境质量变化情况进行了调查、勘验和评估分析。

　　5）信息通报

　　为确保疏散农户在环境质量达标的前提下及时返回家园，大批环保工作人员深入农户，帮助农户打开门窗通风，张贴告示，提醒农户应注意的环保事项和防护措施。

　　6）现场善后处置

　　4月2日上午，液氯槽罐移离现场后，指挥部对现场善后处置进行了新的部署：一是环境监测机构继续对事故核心区的室内外空气环境质量跟踪加密监测，230户家家都要测；二是坚持以人为本的原则，对床头、低洼处等氯气不容易扩散的地点进行重点监测，空气环境质量不达标坚决不同意农户返迁入住；三是对存放液氯储罐的水塘剩余碱液协助有关部门进行妥善、安全处置，防止产生新的污染；四是按照省委、省政府的要求提出本次事故的环境救援办法，配合有关部门制定救援方案。

　　根据指挥部的要求，省、市环境监测部门继续对事故核心区进行室内外空气环境质量监测。经监测，除了个别区域氯化氢超标外，其他区域户外和农户室内氯气和氯化氢浓度基本达标。4月2日中午，指挥部决定对污染最严重的区域的空气污染实行定点清除，由省环境保护厅负责确定清除范围，省农林厅确定清除的方法和路线，地方政府具体实施清除措施。4月2日下午，指挥部和地方政府共同确定了清除方案，即用消防车运水，配备20台背负式和两台电机式喷雾机向田间、室内喷洒饱和食碱溶液，以降低空气中的氯化氢浓度，并喷洒高效碘伏进行防疫（图9-13）。4月3日，地方政府继续组织人员对未达标区域农户室内和周围麦地喷洒食碱溶液，室内共喷洒三次，麦田喷洒一次。省、市环境监测机构及时调整监测重点，对该区域室内外空气的氯化氢浓度进行加密监测。

图9-13　工作人员在掩埋死畜的场地喷洒高效碘伏消毒

　　4月3日17时30分，农户室内的氯化氢浓度基本达标，距事故现场60m的麦地，氯化氢浓度较当天上午监测结果已有明显下降。4月4日上午，省、市环境监测机构再次对该区域内外氯化氢浓度进行了跟踪监测（图9-14），各监测点氯化氢的监测结果均为未检出，农户陆续返回家园。

图9-14 液氯泄漏事故现场附近检测植物受损情况

7）应急终止

根据监测数据和专家评估意见，事故现场的环境质量状况如下：因为该地区土壤本身对酸性物质具有缓冲性（土壤pH为8.5），事故对周边农田土壤的影响不明显。该地区大部分农户采用集中式水源供水（自来水），饮用水水质无影响，采用水压井取水的水质到4月3日监测结果达标。事故核心区室内外氯化氢浓度监测仪器均显示未检出，事故发生地空气环境质量已达标。存放液氯槽罐的近300t水塘水已由槽罐车运至市区淮安污水处理厂进行处理。根据以上条件，现场指挥部于4月4日下午2时做出应急终止决定。

8）善后处理

为确保安全，环保部门继续进行跟踪监测。对事故发生地500m范围内烧死的农作物上附着的酸性物质的潜在危害进行深入研究。

三、经验启示

本次事故污染源总量大、毒性强、扩散快、造成的后果特别严重，极大地考验了环保部门对突发环境事件的应急能力。回顾本次事故的应急处理过程，有以下几点启示：

（1）应急监测为决策提供了科学依据。本次事故应急处理中，省、市环保工作人员，尤其是身处一线的环境监测人员临危不惧、科学布点、严密监测，及时为整个事件应急工作提供了科学依据。

（2）应急预案和演练发挥了很大作用。环保部门制定的突发性环境污染事故应急预案和平时进行的各种环境污染事故处置演习，为本次事故的环境应急处理奠定了坚实的理论和实践基础。

（3）先进的科技手段和仪器设备提供了坚强的技术保障。省环境监测中心出动了环境质量监测车等先进的仪器设备，提高了监测效率，保证了监测数据的全面性、准确性和代表性，为政府决策及时提供了科学依据。

（4）专家很好地发挥了咨询和指导作用。如果平时注重专家库的建立和完善，在应急处置的关键环节中，其将发挥决定性作用。

（5）加强危险品运输管理。建立化学危险品交易运输申报制度，企业必须在化学危险品交易运输前 24h 按照规定向当地县级以上公安、安监、交通和环保等部门申报交易物品类型、数量、运输车辆类型、行驶路线等安全监管资料，以便监管部门对运输车辆进行实时监管。另外，需要在化学危险品运输车辆上安装 GPS 系统，规定车辆行驶路线、行驶状态，杜绝超速行驶、超时驾驶等行为，防止和减少运输事故。

四、专家点评

（一）应急管理方面

本案是一起典型的由危险化学品运输引发的突发环境事件。在政府的统一领导下，环保和消防等部门及时处置，使得事件的损害范围和程度得到了有效的控制，环境应急监测、专家现场指导和环境信息通报在该事件处置中发挥了重要作用。危险化学品的道路运输不仅仅是道路运输安全问题，更是危险化学品安全问题，它与环境保护密切相关。交通部门主管危险化学品的道路运输，而环境保护部门则负责处置危险化学品道路运输造成的突发环境事件。这种运输监管和事故处置部门的脱节，是危险化学品道路运输安全监管的重大漏洞。协调交通部门与环保部门在危险化学品道路运输方面的权责、加强交通部门和环保部门在危险化学品道路运输安全管理方面的沟通与合作，是有效预防和处置因危险化学品道路运输而导致的突发环境事件的关键。环境保护部门有效预防和处置此类突发环境事件，需要交通部门通报或者运输企业报告道路运输危险化学品的种类、数量、运输的车辆、行驶的路线等环境监管资料。同时，有效预防和处置氯气污染事件，应加强应急监测及应急预案制定和演练，改善科技手段和仪器设备，注重专家库的建立和完善，加强危险化学品运输管理。

（二）现场应急处置方面

本案例中的液氯泄漏是危险品交通运输事故的次生结果，这类事故在我国频频发生。

事故发生后各级环保部门反应十分迅速，消防救援人员也起到了重要作用。开始用水冲洗，后改为烧碱是最好的处置办法。如果用水冲洗会生成氯化氢和次氯酸，对环境影响更加严重，用烧碱处理生成的氯化钠是无毒的。从这次事故中我们应该懂得：一旦发生化学品泄漏事故，应利用在环境中的简单化学反应使高毒、剧毒化学品生成低毒、无毒化学品，且对事故区域的环境不会产生二次污染。因此，突发性环境污染事故应急预案中的相关物资储备以及救援物资来源信息也是十分重要的。

事故发生地环境空气中氯化氢的监测分析难以达到十分准确，由于空气的流动和稀释作用也不会产生长期的环境影响（环境保护部环境应急指挥领导小组办公室，2011a）。

参考文献

白飞，林星杰，尹波，等. 2017. 尾矿库环境安全隐患排查技术要点分析及应用实例 [J]. 有色金属（矿山部分），(5): 80-84.

毕军，马宗伟，曲常胜. 2015. 我国环境风险管理目标体系的思考 [J]. 环境保护科学，(4): 1-5.

蔡锋，赵士波，陈刚才，等. 2015. 某货车侧翻水污染事件的环境损害评估方法探索 [J]. 环境科学，36(5): 1902-1909.

曹国志，毛建英，张龙. 2013. 企业环境风险评估几个关键问题探讨 // 中国环境科学学会学术年会论文集 [C]. 北京：中国环境科学出版社.

陈丹青，赵淑莉，肖文，等. 2012. 完善突发环境事件应急管理体系的几点建议 [J]. 中国环境监测，(3): 4-10.

重庆市环境保护局. 2011. 重庆：加强"一案三制"建设 逐步完善环境应急管理体系 [J]. 环境保护，(11): 20-21.

范拴喜，甘卓亭，李美娟，等. 2010. 土壤重金属污染评价方法进展中国农学通 [J]. 26(17): 310-315.

付通林. 2018. 四川石化"7·22"突发环境事件应急处置的案例研究 [D]. 成都：电子科技大学.

郭常颖，赵鹏程，肖靖. 2010. 几种吸附材料在含油废水处理中的应用 [J]. 环境科学与管理，(1): 96-99.

韩从容. 2012. 环境应急的法律界定 [J]. 科学社会主义，(3): 70-74.

何长顺. 2011. 突发性环境污染事故应急处置手册 [M]. 北京：中国环境科学出版社.

何长顺. 2017. 危险化学品安全技术全书 [M]. 北京：化学工业出版社.

环境保护部应急办. 2010. 规范预案编制 强化预案管理——《突发环境事件应急预案管理暂行办法》解读 [J]. 环境保护，(20): 13-18.

环境保护部环境应急指挥领导小组办公室. 2010a. 突发环境事件应急管理制度学习读本 [M].
　　2 版. 北京：中国环境科学出版社.

环境保护部环境应急指挥领导小组办公室. 2010b. 环境应急管理工作手册 [M]. 2 版. 北京：
　　中国环境科学出版社.

环境保护部环境应急指挥领导小组办公室. 2011a. 突发环境事件典型案例选编（第一辑）
　　[M]. 北京：中国环境科学出版社.

环境保护部环境应急指挥领导小组办公室. 2011b. 环境应急管理概论 [M]. 北京：中国环
　　境科学出版社.

环境保护部环境应急指挥领导小组办公室. 2015. 突发环境事件典型案例选编（第二辑）
　　[M]. 北京：中国环境科学出版社.

黄海明, 肖贤明, 晏波. 2008. 折点氯化处理低浓度氨氮废水 [J]. 水处理技术, 34(8):
　　63-65.

黄美丽. 2003. 南靖县城饮用水源氨氮超标成因分析及防治措施 [J]. 福建环境, 20(6):
　　11-12.

李灵芝, 李建渠, 张淑琪, 等. 1998. 纳滤深度处理自来水中有害物质的研究 [J]. 重庆环
　　境科学, 20 (6): 30-31.

李思凡, 王新洋, 李萍. 2014. 吸附法处理含油废水的进展 [J]. 当代化工, (1): 45-48.

李晓丽. 2013. 聚合物基新型复合吸附材料的制备及对水体中重金属污染物的吸附性能研究
　　[D]. 兰州：兰州大学.

李兴春. 2012. 石油化工企业环境风险排查探讨 [J]. 环境保护, (13): 21-25.

李云, 刘霁. 2010. 突发性环境污染事件应急联动系统的构建与研究 [J]. 中南林业科技大
　　学学报, (4): 159-163.

马安安, 曾维华. 2010. 基于 CBR 的重大环境事故应急响应专家系统研究进展与展望 [J].
　　安全与环境学报, 2(10): 206-209.

马文笑, 王德鲁. 2017. 基于案例推理的突发环境事件应急决策模型 [J]. 中国安全生产科
　　学技术, 12(13): 85-90.

唐登勇, 张聪, 杨爱辉, 等. 2018. 太湖流域企业的水风险评估体系 [J]. 中国环境科学,
　　38(2): 766-775.

田为勇, 闫景军, 李丹. 2014. 借鉴英国经验强化我国部门间环境应急联动机制建设的思考
　　[J]. 中国应急管理, (10): 77-80.

万本太. 2011. 突发性环境污染事故应急监测与处理处置技术 [M]. 北京：中国环境科学出
　　版社.

王亚变, 刘佳, 周婷, 等. 2019. 环境应急管理理论与实践. 北京：中国石化出版社.

汪杰，杨青，黄艺，等．2010．突发性水污染事件应急系统的建立 [J]．环境污染与防治，6(32): 104-107．

王江．2013．突发环境事件应对管理的国际经验及其借鉴 [J]．环境保护，(10): 72-75．

王祖纲，董华．2010．美国墨西哥湾溢油事故应急响应、治理措施及其启示 [J]．国际石油经济，(6): 1-4，94．

徐彭浩，吴敏华，徐建宏．1998．突发性环境污染事故应急系统及其响应程序 [J]．中国环境监测，5(14): 31-34．

许国强，曾光明，殷志伟，等．2002．氨氮废水处理技术现状及发展 [J]．湖南有色金属，18(2): 29-33．

许静，王永桂，陈岩，等．2018．中国突发水污染事件时空分布特征 [J]．中国环境科学，38(12): 4566-4575．

许伟宁，宋永会，袁鹏．2014．"四位一体"环境风险管理体系构建路径 [J]．环境保护，(14): 43-44．

鄢忠纯．2012．上海市饮用水水源地环境风险评估 [J]．环境科学与技术，35(6I): 322- 325．

杨海东，肖宜，王卓民，等．2014．突发性水污染事件溯源方法 [J]．水科学进展，1(25): 122-129．

杨小俊，莫孝翠．2010．MO 膜生物反应器处理炼油污水试验研究 [J]．能源与环境，(6): 63-65，

张红振，董璟琦，吴舜泽，等．2016．某焦化厂污染场地环境损害评估案例研究 [J]．中国环境科学，36(10): 3159-3165．

张军献，张学峰，李昊．2009．突发水污染事件处置中水利工程运用分析 [J]．人民黄河，6(31): 22-23．

张珂，刘仁志，张志娇，等．2014．流域突发性水污染事故风险评价方法及其应用 [J]．应用基础与工程科学学报，(4): 675-685．

张学清，夏星辉，杨志峰．2007．黄河水体氨氮超标原因分析 [J]．环境科学，28(7): 1435-1439．

赵艳民，秦延文，郑丙辉，等．2014．突发性水污染事故应急健康风险评价 [J]．中国环境科学，34(5): 1328-1335．

郑彤，王亚琼，王鹏．2016．突发水污染事故风险评估体系的研究现状与问题 [J]．中国人口•资源与环境，(11)（增刊）: 83-90．

郑洪波．2015．溢油环境污染事故应急处置实用技术 [M]．北京：中国环境科学出版社．

钟开斌．2009．"一案三制"中国应急管理体系建设的基本框架 [J]．南京社会科学，(11): 77-85．

邹联沛，刘旭东，王宝贞，等．2001．MBR 中影响同步硝化反硝化的生态因子 [J]．环境科
    学，22(4): 51-55.

Cao G, Yang L, Liu L．2018．Environmental incidents in China: Lessons from 2006 to 2015[J].
    Science of the Total Environment, 633 (2018): 1165-1172.

vail de Graaf A A, de Bruijn P, Robertson L A，et al．1996．Autotrophicgrowth of anaerobic
    ammonium-oxidizing micro-organisms in fluidized bed reactor[J]．Microbiology, 142(8):
    2187-2196.

附　录

附录1　危险化学品泄漏事故中事故区隔离和人员防护最低防护距离

附表 1-1　危险化学品泄漏事故中事故区隔离和人员防护最低防护距离

UN NO化学品名称	少量泄漏			大量泄漏		
	紧急隔离/m	白天防护/km	夜间防护/km	紧急隔离/m	白天防护/km	夜间防护/km
1005 氨（液氨）	30	0.2	0.2	60	0.5	1.1
1008 三氟化硼（压缩）	30	0.2	0.6	215	1.6	5.1
1016 一氧化碳（压缩）	30	0.2	0.2	125	0.6	1.8
1017 氯气	30	0.3	1.1	275	2.7	6.8
1023 压缩煤气	30	0.2	0.2	60	0.3	0.5
1026 氰（乙二腈）	30	0.3	1.1	305	3.1	7.7
1040 环氧乙烷	30	0.2	0.2	60	0.5	1.8
1045 氟气（压缩）	30	0.2	0.5	185	1.4	4.0
1048 无水溴化氢	30	0.2	0.5	125	1.1	3.4
1050 无水氯化氢	30	0.2	0.6	185	1.6	4.3
1051 氰化氢（氢氰酸）	60	0.2	0.5	400	1.3	3.4
1052 无水氟化氢	30	0.2	0.6	125	1.1	2.9
1053 硫化氢	30	0.2	0.3	215	1.4	4.3
1062 甲基溴	30	0.2	0.3	95	0.5	1.4
1064 甲硫醇	30	0.2	0.3	95	0.8	2.7
1067 氮氧化物	30	0.2	0.5	305	1.3	3.9
1069 亚硝酰氯	30	0.3	1.4	365	3.5	9.8
1071 压缩石油气	30	0.2	0.2	30	0.3	0.5
1076 双光气	60	0.2	0.5	95	1.0	1.9
1076 光气	95	0.8	2.7	765	6.6	11.0
1079 二氧化硫	30	0.3	1.1	185	3.1	7.2

UN NO化学品名称	少量泄漏			大量泄漏		
	紧急隔离/m	白天防护/km	夜间防护/km	紧急隔离/m	白天防护/km	夜间防护/km
1082 三氟氯乙烯	30	0.2	0.2	30	0.3	0.8
1092 丙烯醛（阻聚）	60	0.5	1.6	400	3.9	7.9
1098 烯丙醇	30	0.2	0.2	30	0.3	0.6
1135 2-氯乙醇	30	0.2	0.3	60	0.6	1.3
1143 2-丁烯醛（阻聚）	30	0.2	0.2	30	0.3	0.8
1162 二甲基二氯硅烷（水中泄漏）	30	0.2	0.3	125	1.1	2.9
1163 1, 1-二甲基肼	30	0.2	0.2	60	0.5	1.1
1182 氯甲酸乙酯	30	0.2	0.3	60	0.6	1.4
1185 乙烯亚胺（阻聚）	30	0.3	0.8	155	1.4	3.5
1238 氯甲酸甲酯	30	0.3	1.1	155	1.6	3.4
1239 氯甲基甲醚	30	0.2	0.6	125	1.1	2.7
1242 甲基二氯硅烷（水中泄漏）	30	0.2	0.2	60	0.5	1.6
1244 甲基肼	30	0.3	0.8	125	1.1	2.7
1250 甲基三氯硅烷（水中泄漏）	30	0.2	0.3	125	1.1	2.9
1251 甲基乙烯基酮（稳定）	155	1.3	3.4	915	8.7	11.0+
1259 羰基镍	60	0.6	2.1	215	2.1	4.3
1295 三氯硅烷（水中泄漏）	30	0.2	0.3	125	1.3	3.2
1298 三甲基氯硅烷	30	0.2	0.2	95	0.8	2.3
1340 五硫化磷（不含黄磷和白磷，水中泄漏）	30	0.2	0.5	155	1.3	3.2
1360 磷化钙（水中泄漏）	30	0.2	0.8	215	2.1	5.3
1380 戊硼烷	155	1.3	3.7	765	6.6	10.6
1384 连二亚硫酸钠（保险粉，水中泄漏）	30	0.2	0.2	30	0.3	1.1
1397 磷化铝（水中泄漏）	30	0.2	0.8	245	2.4	6.4
1412 氮基化锂	30	0.2	0.2	95	0.8	1.9
1419 磷化铝镁（水中泄漏）	30	0.2	0.8	215	2.1	5.5
1432 磷化钠（水中泄漏）	30	0.2	0.5	155	1.4	4.0
1433 磷化锡（水中泄漏）	30	0.2	0.8	185	1.6	4.7
1510 四硝基甲烷	30	0.3	0.5	60	0.6	1.3
1541 丙酮合氰醇（水中泄漏）	30	0.2	0.2	95	0.8	2.1
1556 甲基二氯化胂	30	0.2	0.3	60	0.5	1.0

UN NO化学品名称	少量泄漏			大量泄漏		
	紧急隔离/m	白天防护/km	夜间防护/km	紧急隔离/m	白天防护/km	夜间防护/km
1560 三氯化砷	30	0.2	0.3	60	0.6	1.4
1569 溴丙酮	30	0.2	0.3	95	0.8	1.9
1580 三氯硝基甲烷	60	0.5	1.3	185	1.8	4.0
1581 三氯硝基甲烷和溴甲烷混合物	30	0.2	0.5	125	1.3	3.1
1581溴甲烷和三氯硝基甲烷（>2%）混合物	30	0.3	1.1	215	2.1	5.6
1582 三氯硝基甲烷和氯甲烷混合物	30	0.2	0.8	95	1.0	3.2
1589 氯化氰（抑制）	60	0.5	1.8	275	2.7	6.8
1595 硫酸二甲酯	30	0.2	0.2	30	0.3	0.6
1605 1, 2-二溴乙烷	30	0.2	0.2	30	0.3	0.5
1612 四磷酸六乙酯和压缩气体混合物	30	0.2	0.2	30	0.3	1.4
1613 氢氰酸水溶液（含氰化氢≤20%）	30	0.2	0.2	125	0.5	1.3
1614 氰化氢	60	0.2	0.5	400	1.3	3.4
1647 1, 2-二乙烷和溴甲烷液体混合物	30	0.2	0.2	30	0.3	0.5
1660 压缩一氧化氮	30	0.3	1.3	155	1.3	3.5
1670 全氯甲硫醇	30	0.2	0.3	60	0.5	1.1
1680 氰化钾（水中泄漏）	30	0.2	0.3	95	0.8	2.6
1689 氰化钠（水中泄漏）	30	0.21011	0.3	95	1.0	2.6
1695 氯丙酮（稳定）	30	0.2	0.3	60	0.6	1.3
1698 亚当氏气（军用毒气）	60	0.3	1.1	185	2.3	5.1
1714 磷化锌（水中泄漏）	30	0.2	0.8	185	1.8	5.1
1716 乙酰溴（水中泄漏）	30	0.2	0.3	95	0.8	2.3
1717 乙酰氯（水中泄漏）	30	0.2	0.3	95	1.0	2.7
1722 氯甲酸烯丙酯	155	1.3	2.7	610	6.1	10.8
1724 烯丙基三氯硅烷（稳定，水中泄漏）	30	0.2	0.3	125	1.0	2.9
1725 无水溴化铝	30	0.2	0.3	95	1.0	2.7

续表

UN NO化学品名称	少量泄漏			大量泄漏		
	紧急隔离/m	白天防护/km	夜间防护/km	紧急隔离/m	白天防护/km	夜间防护/km
1726 无水氯化铝	30	0.2	0.2	60	0.5	1.6
1728 戊基三氯硅烷（水中泄漏）	30	0.2	0.2	60	0.5	1.6
1732 五氟化锑（水中泄漏）	30	0.2	0.6	155	1.6	3.7
1736 苯甲酰氯（水中泄漏）	30	0.2	0.2	30	0.3	1.1
1741 三氯化硼	30	0.2	0.3	60	0.6	1.6
1744 溴，溴溶液	60	0.3	1.1	185	1.6	4.0
1745 五氟化溴（陆上泄漏）	60	0.5	1.3	245	2.3	5.0
1745 五氟化溴（水中泄漏）	30	0.2	0.8	215	1.9	4.2
1746 三氟化溴（陆上泄漏）	30	0.2	0.3	60	0.3	0.8
1746 三氟化溴（水中泄漏）	30	0.2	0.6	185	2.1	5.5
1747 丁基三氯硅烷（水中泄漏）	30	0.2	0.2	60	0.5	3.8
1749 三氟化氯	60	0.5	1.6	335	3.4	7.7
1752 氯乙酰氯（陆上泄漏）	30	0.2	0.5	95	0.8	1.6
1752 氯乙酰氯（水中泄漏）	30	0.2	0.2	60	0.3	1.3
1754 氯磺酸（陆上泄漏）	30	0.2	0.2	30	0.2	0.5
1754 氯磺酸（水中泄漏）	30	0.2	0.2	60	0.5	1.4
1754 氯磺酸和三氧化硫混合物	60	0.3	1.1	305	2.1	5.6
1758 氯氧化铬（水中泄漏）	30	0.2	0.2	60	0.3	1.3
1777 氟磺酸	30	0.2	0.2	60	0.5	1.4
1801 辛基三氯硅烷（水中泄漏）	30	0.2	0.3	95	0.8	2.4
1806 五氯化磷（水中泄漏）	30	0.2	0.3	125	1.0	2.9
1809 三氯化磷（陆上泄漏）	30	0.2	0.6	125	1.1	2.7
1809 三氯化磷（水中泄漏）	30	0.2	0.3	125	1.1	2.6
1810 三氯氧磷（陆上泄漏）	30	0.2	0.5	95	0.8	1.8
1810 三氯氧磷（水中泄漏）	30	0.2	0.3	95	1.0	2.6
1818 四氯化硅（水中泄漏）	30	0.2	0.3	125	1.3	3.4
1828 氯化硫（陆上泄漏）	30	0.2	0.3	60	0.5	1.0
1828 氯化硫（水中泄漏）	30	0.2	0.2	60	0.6	2.3
1829 三氧化硫	60	0.3	1.1	305	2.3	5.6
1831 发烟硫酸	60	0.3	1.1	305	2.1	5.6
1834 硫酰氯（陆上泄漏）	30	0.2	0.2	30	0.3	0.6

续表

UN NO化学品名称	少量泄漏			大量泄漏		
	紧急 隔离/m	白天 防护/km	夜间 防护/km	紧急 隔离/m	白天 防护/km	夜间 防护/km
1834 硫酰氯（水中泄漏）	30	0.2	0.2	125	1.1	2.4
1836 亚硫酰氯（陆上泄漏）	30	0.2	0.5	60	0.5	1.1
1836 亚硫酰氯（水中泄漏）	30	0.2	1.0	335	3.2	7.1
1833 四氯化钛（陆上泄漏）	30	0.2	0.2	30	0.3	0.8
1838 四氯化钛（水中泄漏）	30	0.2	0.3	125	1.1	2.9
1859 四氟化硅	30	0.2	0.5	60	0.5	1.6
1892 乙基二氯化胂	30	0.2	0.3	60	0.5	1.0
1898 乙酰碘（水中泄漏）	30	0.2	0.2	60	0.6	1.6
1911 压缩乙硼烷	30	0.2	0.3	95	1.0	2.7
1923 连二亚硫酸钙，亚硫酸氢钙 （水中泄漏）	30	0.2	0.2	30	0.3	1.1
1939 三溴氧磷（水中泄漏）	30	0.2	0.3	95	0.6	1.9
1975 一氧化氯和二氧化氮混合物， 四氧化二氮和一氧化氮混合物	30	0.3	1.3	155	1.3	3.5
1994 五羟基铁	30	0.3	0.6	125	1.1	2.4
2004 二氢基镁（水中泄漏）	30	0.2	0.2	60	0.5	1.3
2011 磷化镁（水中泄漏）	30	0.2	0.8	245	2.3	6.0
2012 磷化钾（水中泄漏）	30	0.2	0.5	155	1.3	4.0
2013 磷化锶（水中泄漏）	30	0.2	0.5	155	1.3	3.7
2032 发烟硝酸	95	0.3	0.5	400	1.3	3.5
2186 氯化氢（冷冻液体）	30	0.2	0.6	185	1.6	4.3
2188 胂	60	0.5	2.1	335	3.2	6.6
2189 二氯硅烷	30	0.3	1.0	245	2.4	6.3
2190 压缩二氟化氧	430	4.2	8.4	915	11.0+	11.0+
2191 硫酰氟	30	0.2	0.3	95	0.8	2.3
2192 锗烷	30	0.2	0.8	275	2.7	6.6
2194 六氟化硒	30	0.2	1.3	245	2.3	6.0
2195 六氟化碲	60	0.6	2.3	365	3.5	7.6
2196 六氟化钨	30	0.3	1.3	155	1.3	3.7
2197 无水碘化氢	30	0.2	0.5	95	0.8	2.6
2198 压缩五氟化磷	30	0.3	1.1	125	1.1	3.5
2199 磷化氢	95	0.3	1.3	490	1.8	5.5

UN NO化学品名称	少量泄漏			大量泄漏		
	紧急隔离/m	白天防护/km	夜间防护/km	紧急隔离/m	白天防护/km	夜间防护/km
2202 无水硒化氢	185	1.8	5.6	915	10.8	11.0+
2204 羰基硫	30	0.2	0.6	215	1.9	5.6
2232 2-氯乙醛	30	0.2	0.5	60	0.6	1.6
2334 烯丙胺	30	0.2	0.5	95	1.0	2.4
2337 苯硫酚	30	0.2	0.2	30	0.3	0.6
2382 对称二甲基肼	30	0.2	0.3	60	0.5	1.1
2407 氯甲酸异丙酯	30	0.2	0.3	95	0.8	1.9
2417 压缩碳酰氟	30	0.2	1.1	125	1.0	3.1
2418 四氟化硫	60	0.5	1.9	305	2.9	6.9
2420 六氟丙酮	30	0.3	1.4	365	3.7	8.5
2421 三氧化二氮	30	0.2	0.2	155	0.6	2.1
2438 三甲基乙酰氯	30	0.2	0.2	30	0.3	0.8
2442 三氯乙酰氯（陆上泄漏）	30	0.2	0.3	60	0.6	1.4
2442 三氯乙酰氯（水中泄漏）	30	0.2	0.2	30	0.3	1.3
2474 硫光气	60	0.6	1.8	275	2.6	5.0
2477 异硫氰酸甲酯	30	0.2	0.3	60	0.5	1.1
2480 异氰酸甲酯	95	0.8	2.7	490	4.8	9.8
2481 异氰酸乙酯	215	1.9	4.3	915	11.0+	11.0+
2482 异氰酸正丙酯	125	1.1	2.4	765	6.3	10.6
2483 异氰酸异丙酯	185	1.8	3.9	430	4.2	7.4
2484 异氰酸叔丁酯	125	1.0	2.4	550	5.3	10.3
2485 异氰酸正丁酯	95	0.8	1.6	335	3.1	6.3
2486 异氰酸异丁酯	60	0.6	1.4	155	1.6	3.2
2487 异氰酸苯酯	30	0.3	0.8	155	1.3	2.6
2488 异氰酸环己酯	30	0.2	0.3	95	0.8	1.4
2495 五氟化碘（水中泄漏）	30	0.2	0.5	125	1.1	3.1
2521 双烯酮（抑制）	30	0.2	0.2	30	0.2	0.5
2534 甲基氯硅烷	30	0.2	1.0	215	2.1	5.6
2548 五氟化氯	30	0.3	1.0	365	3.7	8.7
2576 三溴氧磷（熔融，水中泄漏）	30	0.2	0.3	95	0.6	1.9
2600 压缩一氧化碳和氢气混合物	30	0.2	0.2	125	0.6	1.8
2605 异氰酸甲氧基甲酯	60	0.3	0.8	125	1.3	2.6

续表

UN NO化学品名称	少量泄漏			大量泄漏		
	紧急 隔离/m	白天 防护/km	夜间 防护/km	紧急 隔离/m	白天 防护/km	夜间 防护/km
2606 原硅酸甲酯	30	0.2	0.2	30	0.3	0.6
2644 甲基碘	30	0.2	0.3	60	0.3	1.0
2646 六氯环戊二烯	30	0.2	0.2	30	0.2	0.3
2668 氯乙腈	30	0.2	0.2	30	0.3	0.5
2676 锑化氢	30	0.3	1.6	245	2.3	6.0
2691 五溴化磷（水中泄漏）	30	0.2	0.3	95	0.8	2.4
2692 三溴化硼（陆上泄漏）	30	0.2	0.3	60	0.6	1.4
2692 三溴化硼（水中泄漏）	30	0.2	0.2	60	0.5	1.6
2740 氯甲酸正丙酯	30	0.2	0.3	60	0.5	1.4
2742 氯甲酸特丁酯	30	0.2	0.2	30	0.3	0.6
2742 氯甲酸异丁酯	30	0.2	0.2	60	0.3	0.8
2743 氯甲酸正丁酯	30	0.2	0.3	30	0.3	0.5
2806 氮化锂	30	0.2	0.2	95	0.8	2.1
2810 双（2-氯乙基）乙胺	30	0.2	0.2	30	0.2	0.3
2810 双（2-氯乙基）甲胺	30	0.2	0.2	30	0.2	0.3
2810 双（2-氯乙基）硫	30	0.2	0.2	30	0.2	0.3
2810 沙林，Sarin（化学武器）	155	1.6	3.4	915	11.0+	11.0+
2810 梭曼，Soman（化学武器）	95	0.8	1.8	765	6.8	10.5
2810 塔崩，Tabun（化学武器）	30	0.3	0.6	155	1.6	3.1
2810 VX（化学武器）	230	0.2	0.2	60	0.6	0.8
2810 CX（化学武器）	30	0.2	0.5	95	1.0	3.1
2826 氯硫代甲酯乙酯	30	0.2	0.2	60	0.5	0.8
2845 无水乙基二氯化膦	60	0.5	1.3	155	1.6	3.4
2845 甲基二氯化膦	60	0.5	1.3	245	2.3	5.0
2901 氯化溴	30	0.3	1.0	155	1.6	4.0
2927 无水乙基二氯硫膦	30	0.2	0.2	30	0.2	0.2
2977六氟化铀（含铀235高于1.0%， 可裂变的水中泄漏）	30	0.2	0.5	95	1.0	3.1
3023 2-甲基-2-庚硫醇，叔-辛硫醇	30	0.2	0.2	60	0.5	1.1
3048 磷化铝农药	30	0.2	0.8	215	1.9	5.3
3052 烷基铝卤化物（水中泄漏）	30	0.2	0.2	30	0.3	1.3
3057 三氟乙酰氯	30	0.3	1.4	430	4.0	8.5

UN NO化学品名称	少量泄漏			大量泄漏		
	紧急隔离/m	白天防护/km	夜间防护/km	紧急隔离/m	白天防护/km	夜间防护/km
3079 甲基丙烯腈（抑制）	30	0.2	0.5	60	0.6	1.6
3083 过氯酰氟	30	0.2	1.0	215	2.3	5.6
3246 甲基磺酰氯	95	0.6	2.4	245	2.3	5.1
3294 氰化氢醇溶液（含氰化氢不高于45%）	30	0.2	0.3	215	0.6	1.9
3300 环氧乙烷和二氧化碳混合物（环氧乙烷含量大于87%）	30	0.2	0.2	60	0.5	1.8
3318 50%以上的氨溶液	30	0.2	0.2	60	0.5	1.1
9191 二氧化氯（水合物，冻结，水中泄漏）	30	0.2	0.2	30	0.2	0.6
9192 氟（冷冻液）	30	0.2	0.5	185	1.4	4.0
9202 一氧化碳（冷冻液）	30	0.2	0.2	125	0.6	1.8
9206 甲基二氯化膦	30	0.2	0.2	30	0.2	0.3
9263 氯三甲基乙酰氯	30	0.2	0.2	30	0.3	0.5
9264 3,5-二氯-2,4,6-三氟嘧啶	30	0.2	0.2	30	0.3	0.5
9269 三甲氧基硅烷	30	0.3	1.0	215	2.1	4.2

注：本表数据来源于《北美应急响应手册》。使用该表内数据应结合事故现场的实际情况，如泄漏量、气象、地形等条件进行修正。少量泄漏：小包装（<200L）泄漏或大包装少量泄漏；大量泄漏：大包装（>200L）泄漏或多个小包装同时泄漏；紧急隔离：事故发生点与四周的隔离距离；防护距离：在顺风向上人员防护最低距离。

附录2 交通事故中常见11种泄漏物质信息库

一、有机物

附表2-1 甲醇（CAS 67-56-1）

信息		描述
理化性质		品名：甲醇；别名：木醇；英文名：Methanol；分子式：CH_4O；分子量：32.05；熔点：-97.8℃；沸点：64.8℃；
		相对密度：0.7915（20℃/4℃）；蒸气压：13.33kPa；闪点：11℃
		外观性状：无色透明液体，纯品略带酒精气味
		溶解性：能与水、乙醇、乙醚、苯、丙酮和大多数有机溶剂相混溶
稳定性和危险性		危险性：不能共存物质有二氧化碳、氯仿、氰尿酰氯、氯、氧化剂、金属、氧化剂、钾、叔丁醇、钾。遇热、明火或氧化剂混合易着火。与CrO_2、P_2O_3、（$KOH+CHCl_3$）、（$NaOH+CHCl_3$）等氧化物接触会发生强烈反应
环境标准	中国GB Z1/GB Z2	车间空气中有害物质的最高容许浓度
		50mg/m³
	中国GB Z1—2015	居住区大气中有害物质的最高容许浓度
		3.00mg/m³（一次值）
		1.00mg/m³（日均值）
	中国GB 16297—1996《大气污染物综合排放标准》	①最高允许排放浓度（mg/m³）：220；②最高允许排放速率（kg/h）：二级6.1~130；三级9.2~200；③无组织排放监控浓度限值：15mg/m³

续表

信息		描述
环境标准	苏联1978 地面水中有害物质最高允许浓度	3.0mg/L
	苏联1978 渔业用水中最高允许浓度	0.1mg/L
	苏联 污水中有害物质最高允许浓度	20mg/L
	嗅觉阈浓度	140mg/m³
健康危害	1. 侵入途径：吸入、食入、经皮吸收 2. 健康危害：对中枢神经系统有麻醉作用；对视神经和视网膜有特殊选择作用，引起病变；可致代谢性酸中毒 3. 急性中毒：短时大量吸入轻度眼及上呼吸道及胃肠道刺激症状（口服有胃肠道刺激状）；经8～36h潜伏期后出现头痛、头晕、乏力、眩晕、酒醉感、意识蒙胧、谵妄，甚至昏迷。视神经及视网膜病变，可有视物模糊、复视等，重者失明。代谢性酸中毒时出现二氧化碳结合力下降，呼吸加速等 4. 慢性影响：神经衰弱综合征，自主神经功能失调，黏膜刺激，视力减退等。皮肤出现脱脂、皮炎等	
安全防护措施	工程控制	密闭操作，提供安全淋浴和洗眼设备
	呼吸防护	可能接触其蒸气时必须戴正压自给式呼吸器
	眼睛防护	戴化学安全防护眼镜
	身体防护	穿防静电工作服
	手防护	戴橡胶手套
	其他	工作现场严禁吸烟。进食和饮水。工作后淋浴更衣

续表

信息		描述
应急措施	急救措施	立即脱离现场至空气新鲜处，用流动清水彻底冲洗污染的皮肤和眼睛15min以上。口服者用清水或硫代硫酸钠洗胃，导泻。对大量密切接触者或有轻度症状者，须观察24～48h，及时就医
	泄漏处理	迅速撤离泄漏污染区人员至上风处，禁止无关人员进入污染区，切断火源。应急处理人员戴自给式呼吸器，穿一般消防护服；不要直接接触泄漏物，在确保安全情况下堵漏。喷水雾会减少蒸发，用砂土、干燥石灰混合，然后使用无火花工具收集运至废物处理场所。也可以用大量水冲洗，经稀释的洗水放入废水系统。大量泄漏：建围堤收容，然后收集、转移、回收或无害处理后废弃
消防方法		灭火剂：泡沫、二氧化碳、干粉、砂土
环境监测方法		快速方法：检气管法（检出浓度：100～6000mg/m³）；气相色谱法（检出限0.8ng/2μL，检出浓度：0.10mg/m³）
一般包装		易燃液体。小开口钢桶
用途		用于制甲醛、香精、染料、医药、火药、防冻剂等

附表2-2　苯（CAS 71-43-2）

信息		描述
理化性质		品名：苯；英文名：Benzene；分子式：C_6H_6；分子量：78.12；熔点：5.5℃；沸点：80℃；相对密度：0.879；蒸气压：13.33kPa（26.1℃）；闪点：−11℃；蒸气相对密度：2.77；外观性状：透明无色液体
		溶解性：0.180g/100g水（25℃），乙醇、氯仿、醚、二硫化碳、丙酮、油类、四氯化碳、冰醋酸混溶
稳定性和危险性		危险性：易爆，蒸气能与空气形成爆炸性混合物，遇热或明火易着火、爆炸。蒸气比空气重，可扩散到相当远距离高。能与氧化物如BrF_5、Cl_2、CrO_3、O_2、O_3、高锰酸盐、K_2O、（$AlCl_3$+$FClO_4$）、（H_2SO_4+高锰酸盐）、（$AgClO_4$+乙酸）、Na_2O_2强烈反应。苯易产生和积聚静电
环境标准	中国GB Z1/GB Z2	车间空气中有害物质的最高容许浓度	40mg/m³（皮）
	中国GB 16297—1996	《大气污染物综合排放标准》	最高允许排放浓度/（mg/m³）：17 最高允许排放速率/（kg/h）：二级0.60~6.0；三级0.90~9.0 无组织排放监控浓度限值/（mg/m³）：0.50
	中国（待颁布）	饮用水源中有害物质的最高容许浓度	0.01mg/L
	中国GB 3838—2002	《地表水环境质量标准》（I、II、III类水域）	0.01mg/L
	中国GB 5084—2021	《农田灌溉水质标准》	2.5mg/L（水作、旱作、蔬菜）
	中国GB 8978—1996	《污水综合排放标准》	一级：0.1mg/L 二级：0.2mg/L 三级：0.5mg/L
		嗅觉阈浓度	0.516mg/m³

续表

信息		描述
健康危害		1. 侵入途径：吸入、食入、经皮吸收
		2. 健康危害：高浓度苯对中枢神经系统有麻醉作用，引起急性中毒；长期接触苯对造血系统有损害，引起慢性中毒
		3. 急性中毒：轻者有头痛、头晕、恶心、呕吐、轻度兴奋、步态蹒跚等酒醉状态；严重者发生昏迷、抽搐、血压下降，以致呼吸和循环衰竭
		4. 慢性中毒：主要表现有神经衰弱综合征；造血系统改变：白细胞、血小板减少，重者出现再生障碍性贫血，少数病例在慢性中毒后可发生白血病（以急性粒细胞性为多见）。皮肤损害有脱脂、干燥、皲裂、皮炎。可致月经量增多与经期延长
环境行为		所有机动车辆汽油中，都含有大量的苯，一般在5%左右，而特制机动车辆燃料中，含苯量高达30%。在汽油加油站和槽车装卸场所的空气中，苯平均浓度为 $0.9\sim7.2mg/m^3$（加油站）和 $0.9\sim19.1mg/m^3$（装汽油时）
		苯主要通过化工生产的废水和废气进入水环境和大气环境。在焦化厂废水中被光解，最后挥发至大气中被光解，这是主要的迁移转化过程。由于苯微溶于水，在自然界也能通过蒸发和降水循环，但这种过程的速率比挥发过程的速率低。其他包括生物降解和化学降解，这是主要的迁移转化过程，但这种过程的速率比挥发过程的速率低
		苯是一种应用极为广泛的化工原料。化工厂超标排放的废水、废气是造成环境中苯污染事故的主要根源。储运过程中的意外事故，如翻车、容器龙套破裂、泄漏等，也会造成严重污染。苯还是机动车燃料的成分，汽车加油站和油槽车装卸站是苯的另一个污染源
安全防护措施	工程控制	生产过程密闭，加强通风。提供安全淋浴和洗眼设备
	呼吸系统防护	空气中浓度超标时，佩戴自吸过滤式防毒面具（半面罩）。紧急事态抢救或撤离时，应该佩戴空气呼吸器或氧气呼吸器
	眼睛防护	戴化学安全防护眼镜

续表

信息		描述
安全防护措施	身体防护	穿防毒物渗透工作服
	手防护	戴橡胶手套
	其他	工作现场禁止吸烟、进食和饮水。工作毕，淋浴更衣
	急救措施	慢性中毒：可用有助于造血功能恢复的药物，并对症治疗。再生障碍性贫血或白血病的治疗原则与内科相同 急性中毒：应迅速将中毒患者移至新鲜空气处，立即脱去被苯污染的衣服，用肥皂水清洗污染处的皮肤，注意保温。急性期应注意卧床休息
应急措施	泄漏处置	迅速撤离泄漏污染区人员至安全区，禁止无关人员进入污染区，切断火源，应急处理人员戴防毒面具与手套，穿一般消防防护服，在确保安全情况下堵漏。可用雾状水扑灭小面积火灾，保持火场旁容器的冷却，驱散蒸气及溢出的液体，但不能降低泄漏物在受限空间内的易燃性。用活性炭或其他惰性材料或砂土吸收，然后使用无火花工具收集至废物处理场所。也可以用不燃性分散剂制成的乳液刷洗，经稀释后排入废水系统。如大量泄漏，转移，建筑堤堰收容，然后收集、回收或无害化处理 下，就地焚烧。
	消防方法	灭火：泡沫、二氧化碳、干粉、砂土
环境监测方法		快速方法：（检气管法监测范围：$20 \times 10^{-6} \sim 400 \times 10^{-6}$） 国标方法：气相色谱法（GB 11890—89，最低检出浓度：0.005 mg/m^3）
一般包装		易燃液体。小开口钢桶
用途		用作溶剂及合成苯的衍生物、香料、染料、塑料、医药、橡胶、炸药等

附表2-3　二甲苯（CAS 95-47-6）（邻）

信息		描述
理化性质		品名：二甲苯；英文名：p-Xylene；m-Xylene；分子式：C_8H_{10}；分子量：106.18；熔点：13.3℃，−47.4℃，−25℃（对，间，邻二甲苯）；沸点：137.8℃，139.7℃，144.4℃（对，间，邻二甲苯）；相对密度：0.811；蒸气压：0.89kPa（21℃）；闪点：25℃
		外观性状：透明液体，低温下为无色片状或棱柱形晶体，有强烈芳香味
		溶解性：不溶于水，可与醇、醚和许多其他有机溶剂混溶
稳定性和危险性		危险性：易燃。在热源和明火存在情况下会着火，与氧化物反应，加热分解放出腐蚀性烟和雾。高浓度气体与空气混合会发生爆炸。蒸气比空气重，能扩散到远处，遇到火源会引起回燃
环境标准	中国GB Z1/GB Z2	车间空气最高允许浓度　　100 mg/m^3
	中国GB 16297—1996	废气最高允许排放浓度　　70 mg/m^3
		废气无组织排放监控浓度限值　　1.2 mg/m^3
	中国GB 5749—2006	《生活饮用水卫生标准》　　0.5 mg/L
	中国GB 3838—2002	《地表水环境质量标准》　　0.5 mg/L（水源）
	中国GB 8978—1996	污水最高允许排放浓度　　0.4mg/m^3（一级），0.6mg/m^3（二级），1.0mg/m^3（三级）

续表

信息	描述
健康危害	1. 侵入途径：吸入、食入、经皮吸收
	2. 健康危害：二甲苯对眼及上呼吸道有刺激作用，高浓度时对中枢神经系统有麻醉作用
	3. 急性中毒：短期内吸入较高浓度核武器中可出现吸道及上呼吸道明显的刺激症状、眼结膜及咽充血、头晕、恶心、呕吐、胸闷、四肢无力、意识模糊、步态蹒跚。重者可有躁动、抽搐或昏迷，有的有癔症样发作
	4. 慢性影响：长期接触有神经衰弱综合征，女工有月经异常，工人常见皮肤干燥、皲裂、皮炎
环境行为	二甲苯由呼吸气和代谢物从人体排出的速度很快，在接触停止18h内几乎全部排出体外。二甲苯能相当持久地存在于饮水中。由于二甲苯在水溶液中挥发性较强，因此在地表水中其不是持久性污染物。二甲苯在环境中也可以生物降解和化学降解，但其速度比挥发低得多，挥发到空气中的二甲苯可被光解。二甲苯易挥发，发生事故现场会弥漫着二甲苯的特殊芳香香味，倾泻入水中的二甲苯可漂浮在水面上，或呈油状物分布在水面上，可造成鱼类和水生生物的死亡
安全防护措施	工程控制：储存于阴凉、通风的库房内，远离热源、火种，避免阳光暴晒；与氧化剂隔离储运；搬运时轻装轻卸，防止容器受损
	呼吸系统防护：佩戴防毒面具
	眼睛防护：呼吸系统防护中已作防护
	身体防护：穿相应的防护服
	手防护：戴橡胶手套
	其他：须用玻璃瓶、铁皮罐或桶盛装、防止容器破损。最好在户外存放或放在易燃专用库，并与氧化剂隔绝

续表

信息		描述
应急措施	急救措施	应使吸入蒸气的患者脱离污染区，安置休息并保暖；眼睛受刺激用水冲洗，溅入眼内的严重患者须就医诊治；皮肤接触先用水冲洗，再用肥皂彻底洗涤；误服立即漱口，急送医院救治
	泄漏处置	首先切断一切火源，戴好防毒面具和手套，用不燃性分散剂制成的乳液刷洗，也可以用砂土吸收，安全处置。对污染地带进行通风，蒸发残余液体并排除蒸气，大面积泄漏周围应设雾状水幕抑爆，用水保持火场周围容器冷却。含二甲苯的废水可采用生物法、浓缩废水焚烧等方法处理
消防方法		灭火剂：泡沫、干粉、二氧化碳、砂土
环境监测方法		快速方法：检气管法（检测范围 50～1000 mg/m^3） 国标方法：气相色谱法（最低检出浓度：0.001mg/m^3）（GB/T 14677—93） 液上气相色谱法（最低检出浓度：0.005 mg/m^3）（GB 11890—89） 二硫化碳萃取气相色谱法（最低检出浓度：0.05 mg/m^3）（GB 11890—89）
一般包装		易燃液体。小开口钢桶
用途		用作溶剂、医药、染料、香料等

二、无机物

附表2-4　液氨（CAS 7664-41-7）

信息	描述			
理化性质	品名：氨；别名：氨气，液氨；英文名：Ammonia；分子式：NH_3；分子量：17.03；熔点：-77.7℃；沸点：-33.35℃；相对密度：0.771（液）；蒸气压：1 013kPa（26℃）			
	外观性状：无色有刺激性恶臭气体			
	溶解性：易溶于水，形成氢氧化铵，溶于乙醚等有机溶剂			
	稳定性：极易于液化，在温度变化时体积变化的系数很大。遇高热，在容器内易爆			
	危险性：易燃，但只有在烈火的情况下在有限的区域显示出来，遇油类或有可燃物存在能增强燃烧危险性；接触液氨可引起严重灼伤。水溶液有腐蚀性			
环境标准	车间空气中有害物质的最高容许浓度	30mg/m³		中国GB Z1/GBZ2
	恶臭污染物厂界标准	1.0mg/m³（一级） 1.5~2.0mg/m³（二级） 4.0~5.0mg/m³（三级）		中国GB 14554—93
	《恶臭污染物排放标准》	4.9~75kg/h		中国GB 14554—93

续表

信息		描述
健康危害		1. 侵入途径：吸入 2. 健康危害：低浓度氨对黏膜有刺激作用，高浓度可造成组织溶解坏死 3. 急性中毒：轻度者出现流泪、咽痛、声音嘶哑、咳嗽、咯痰等；眼结膜、鼻黏膜、咽部充血、水肿；胸部X线征象符合支气管炎或支气管周围炎。中度中毒上述症状加剧，出现呼吸困难，胸部X线征象符合肺炎或间质性肺炎。严重者可发生中毒性肺水肿，或有呼吸窘迫综合征。患者剧烈咳嗽，咯大量粉红色泡沫痰，呼吸窘迫、谵妄、昏迷、休克等。可发生喉头水肿或支气管黏膜坏死脱落洛窒息。高浓度氨可引起反射性呼吸停止。液氨或高浓度氨可致眼灼伤；液氨可致皮肤灼伤
安全防护措施	工程控制	严加密闭，提供充分的局部排风和全面通风
	呼吸系统防护	空气中浓度超标时，必须佩戴防毒面具。紧急事态抢救或撤离时，应佩戴正压自给式呼吸器
	眼睛防护	戴面罩防护眼镜
	身体防护	穿橡胶耐酸碱防护服
	手防护	戴橡胶耐酸碱手套
	其他	工作现场严禁吸烟，进食和饮水。工作后淋浴更衣。保持良好的卫生习惯。进入高浓度区作业，应有监护

续表

信息		描述
急救措施		立即脱离现场至空气新鲜处。如呼吸很弱或停止时立即进行人工呼吸，同时输氧。保持安静及保暖。眼睛与皮肤受污染时用大量水冲洗15min以上，及时就医诊治
应急措施	泄漏处置	迅速撤离泄漏污染区人员至上风向，并隔离直至气体散尽，应急处理人员戴正压自给式呼吸器。穿化学防护服（完全隔离）。处理钢瓶泄漏时应使阀门处于顶部，并关闭之，无法关闭时，将钢瓶浸入水中
	消防方法	切断气源，若不能立即切断气源，则不允许熄灭正在燃烧的气体。喷水冷却容器。用水喷淋保证切断气源人员的安全。用雾状水、泡沫、二氧化碳灭火
环境监测方法		快速方法：检气管法（GB/T 7230—2008，检测范围：$0.5×10^{-6}$～15%） 国标方法：纳氏试剂分光光度法（HJ 533—2009，检出限：$0.25 mg/m^3$） 离子选择电极法（GB/T 14669—93，检出限：$0.014 mg/m^3$） 次氯酸钠-水杨酸钠分光光度法（HJ 534—2009，检出限：$0.008 mg/m^3$）
一般包装		有毒气体，易燃气体。耐低压或中压钢瓶装
用途		用作制冷剂及制取氨肥和氮肥

附表2-5 氢氧化钠（CAS 1310-73-2）

信息		描述
理化性质		品名：氢氧化钠；别名：烧碱；英文名：Sodium hydroxide；分子式：NaOH；分子量：40.0045；熔点：318.4℃；沸点：1390℃；相对密度：2.12；蒸气压：0.13kPa（739℃）
		外观性状：无色透明晶体，易潮解；液体为无色油状
		溶解性：易溶于水、乙醇、甘油
稳定性和危险性		危险性：强碱，遇酸反应并放出大量热，遇潮时与铝、锌和锡反应并放出氢气，遇水放出大量热，使可燃物着火，水溶液为强腐蚀性
环境标准	车间空气最高允许浓度	0.5（mg/m³）
	《农田灌溉水质标准》	pH为6.5~8.5
	《地表水环境质量标准》	pH为6~9
	《渔业水质标准》	pH（淡水），6.5~8.5；pH（海水），7.0~8.5
	《生活饮用水卫生标准》	pH为5.5~8.5
	《污水综合排放标准》	pH为6~9
	中国 GB Z1/GB Z2	
	中国 GB 5084—2021	
	中国 GB 3838—2002	
	中国 GB 11607—89	
	中国 GB 5749—2006	
	中国 GB 8978—1996	
健康危害		1. 侵入途径：吸入、食入
		2. 健康危害：本品有强烈刺激和腐蚀性。粉尘或烟雾刺激眼和呼吸道，腐蚀鼻中隔；皮肤和眼直接接触可引起灼伤；误服可造成消化道灼伤，黏膜糜烂，出血和休克

续表

信息		描述
安全防护措施	工程控制	密闭操作，提供安全淋浴和洗眼设备
	呼吸防护	可能接触其粉尘时必须佩戴正压自给式呼吸器
	眼睛防护	戴化学安全防护眼镜
	身体防护	穿橡胶耐酸碱防护服
	手防护	戴橡胶耐酸碱手套
	其他	工作现场严禁吸烟，进食和饮水。工作后淋浴更衣
应急措施	急救措施	接触后应用大量水冲洗，眼睛接触用大水冲洗后用硼酸溶液救措施冲洗；如误服立即漱口，饮水及醋或1%乙酸，并送医院急救
	泄漏处置	迅速撤离泄漏污染区、限制出入；应急处理人员戴正压自给式呼吸器，穿防酸碱工作服；泄漏处理中避免扬尘，尽量收集，也可用水冲洗；液碱泄漏应筑围堤或挖坑收集，用泵转移至槽车内，残余物回收运至废物处理场所安全处置
	消防方法	用水、砂土扑救，防止雨水产生飞溅造成灼伤
环境监测方法		快速方法：检气管法（GB/T 7230—2008）中和法（pH试纸）
一般包装		腐蚀品。铁桶中严封，塑料袋、编织袋；液体罐车
用途		化工基础原料

附表2-6 硫酸（CAS 7664-93-9）

信息		描述	
理化性质		品名：硫酸；英文名：Sulfuric acid, Hydrogen sulfate；分子式：H_2SO_4；分子量：98.08；熔点：10℃；沸点：340℃；相对密度：3.4（空气），1.8（水）；蒸气压：0.13kPa（1460℃）	
		外观性状：纯品为无色无臭透明油状液体，一般为黄色、黄棕色或混浊状；低温易结晶	
		溶解性：与水混溶	
稳定性和危险性		危险性：强烈的腐蚀性和吸水性。遇水大量放热，可沸溅；遇易燃物（如苯）或可燃物（如糖、纤维素）接触会发生剧烈反应（强氧化性），甚至燃烧，生成有毒烟雾（氧化物）；强酸，加热时产生酸雾，遇碱发生猛烈反应，稀酸腐蚀常用金属生成氢气，易爆	
环境标准	车间空气中最高允许浓度	$2mg/m^3$	
	中国GB 16297—1996	硫酸雾最高允许排放浓度	$70\sim1000 mg/m^3$
		无组织排放监控浓度限制	$1.5mg/m^3$
	中国GB 5749—2006	《生活饮用水卫生标准》	pH为6.5~8.3
	中国GB 3838—2002	《地表水环境质量标准》	pH为6~9
	中国GB 11607—89	《渔业水质标准》	pH（淡水）为6.5~8.5 pH（海水）为7.0~8.5
	中国GB 5084—2021	《农田灌溉水标准》	pH为5.5~8.5
	中国GB 8978—1996	《污水综合排放标准》	pH为6~9

续表

信息		描述
环境标准	日本	对工业污水中使鱼类致死的有毒物浓度的规定（致死浓度） 6.25ppm
健康危害		1.侵入途径：吸入、食入 2.健康危害：对皮肤、黏膜等组织有强烈的刺激和腐蚀作用。对眼睛可引起结膜炎、水肿，角膜混浊，以致失明；引起呼吸道刺激症状，重者发生呼吸困难和肺水肿；高浓度引起喉痉挛或声门水肿而死亡。口服后引起消化道的烧伤以至溃疡形成。严重者可能有胃穿孔、腹膜炎，喉痉挛和声门水肿，肾损害，休克等。慢性影响有牙齿酸蚀症，慢性支气管炎，肺气肿和肺硬化
安全防护措施	工程控制	避免一切接触
	呼吸防护	空气中浓度超标时，必须佩戴防毒面具。紧急事态抢救或撤离时，应佩戴自给正压式呼吸器
	眼睛防护	戴化学安全防护眼镜
	身体防护	穿橡胶耐酸碱防护服
	手防护	戴橡胶胶防护手套
	其他	不能将水倒入酸中。工作现场严禁吸烟，进食和饮水。工作后淋浴更衣。保持良好的卫生习惯。人高浓度区作业，应有监护
应急措施	急救措施	吸入酸雾应立即脱离现场，休息，半直立体位，必要时进行人工呼吸，医务护理；皮肤接触后应脱去污染的衣服，用大量水迅速冲洗，并给予医疗护理；误服后漱口，大量饮水，不要催吐，并给予医疗护理

续表

信息		描述
应急措施	泄漏处置	撤离危险区域，应急处理人员戴自给正压式呼吸器，穿防酸碱工作服；切断泄漏源，防止进入下水道。可将泄漏液收集在可密闭容器中或用砂土、干燥石灰混合后回收，回收物应安全处置，可加入纯碱－消石灰溶液中和；大量泄漏应筑围堤或挖坑收容，用泵转移至槽车内，残余物回收运至废物处理场所安全处置
	消防方法	禁止用水，使用干粉、二氧化碳、砂土
环境监测方法	快速方法[监测范围]	中和法；pH试纸
	检气管法[监测范围]	1~5 mg/m³（酸雾）]
	国标方法（GB 6920—86）	玻璃电极法（GB 6920—86）
	硫酸雾的测定	铬酸钡比色法（GB 4920—85）（监测范围：100~30000 mg/m³）
一般包装		腐蚀品。玻璃瓶外木箱内衬垫，酸坛外木格箱、铁罐车
用途		化工基础原料

附表2-7 盐酸（CAS 7647-01-0）

信息		描述
理化性质		品名：盐酸；别名：氢氯酸、氯化氢；英文名：Hydrochloric acid, Hydrogen chloride；分子式：HCl；分子量：36.46；
		熔点：-114.8℃；沸点：108.6（20%）；相对密度：1.20；蒸气压：30.66kPa（21℃）
		外观性状：无色或微黄色发烟液体，有刺鼻的酸味
		溶解性：与水混溶，工业级盐酸为31%~36%的氯化氢溶液

续表

信息		描述
稳定性和危险性		对大多数金属有强腐蚀性，与活泼金属粉末发生反应放出氢气；与氰化物能产生剧毒的氰化氢气体；浓盐酸在空气中发烟，触及氨蒸气生成白色烟雾
环境标准	中国GB Z1/GB Z2	车间空气最高允许浓度 15mg/m³（氯化氢气体）
	中国GB 16297—1996	最高允许排放浓度 150 mg/m³（氯化氢气体） 废气无组织排放监控浓度限值 0.25 mg/m³（氯化氢气体）
	中国GB 3838—2002	《地表水环境质量标准》 pH为6~9
	中国GB 11607—89	《渔业水质标准》 pH（淡水）：6.5~8.5； pH（海水）：7.0~8.5
	中国GB 5084—2021	《农田灌溉水质标准》 pH为5.5~8.5
	中国GB 8978—1996	《污水综合排放标准》 pH为6~9
健康危害		1.侵入途径：吸入、食入 2.健康危害：接触其蒸气或烟雾，引起眼结膜炎，鼻及口腔黏膜有烧灼感，鼻衄、齿龈出血、气管炎；刺激皮肤发生皮炎，慢性支气管炎等病变。误服盐酸中毒，可引起消化道灼伤、溃疡形成，有可能胃穿孔，腹膜炎等
安全防护措施	工程控制	密闭操作，注意通风
	呼吸防护	接触其烟雾时，佩戴过滤式防毒面具；紧急事态抢救时，应佩戴正压自给式呼吸器

续表

信息		描述
安全防护措施	眼睛防护	戴化学安全防护眼镜
	身体防护	穿橡胶耐酸碱防护服
	手防护	戴橡胶耐酸碱手套
	其他	工作现场严禁吸烟、进食和饮水。工作后淋浴更衣
应急措施	急救措施	吸入酸雾应立即脱离现场,安置休息并保暖;皮肤接触后应脱去污染的衣服,用水迅速冲洗;误服后漱口,不要催吐,并给予医疗护理
	泄漏处置	迅速撤离泄漏污染区人员至安全区,应急处理人员戴正压自给式呼吸器,穿防酸碱工作服。小量泄漏:用砂土、干燥石灰或苏打灰混合,也可用水冲洗后排入废水处理系统;大量泄漏:应构筑围堤或挖坑收集,用泵转移至槽车内,残余物回收运至废物处理场所安全处置
	消防方法	用碱性物质如碳酸氢钠、碳酸钠、消石灰等中和。也可用大量水扑救。消防人员应穿戴氧气防毒面具及全身防护服
环境监测方法		快速方法:检气管法[(氯化氢)GB/T 7230—2008 检测范围$1\sim1000$ mg/m³] 中和法;试纸 硝酸银滴定法(GB 11896—89)(检测范围$10\sim500$mg/L) 硫氰酸汞分光光度法[HJ/T27—1999 检测限0.9 mg/m³(10L)]
一般包装		腐蚀品。玻璃瓶外木箱内衬垫,酸坛外木格箱,塑料桶,罐车
用途		化工基础原料

三、其他

附表2-8　石油液化气（CAS 68476-85-7）

信息		描述
理化性质		品名：石油气；别名：液化石油气，压凝汽油，LPG；英文名：Compressed petroleum gas；闪点：-74℃
		主要成分：丙烷、丙烯、丁烷、丁烯，同时含有少量戊烷、戊烯和微量硫化合物杂质
		外观性状：无色气体或黄棕色油状液体，有特殊臭味
稳定性和危险性		稳定性：稳定
		危险性：极易燃，与空气混合能形成爆炸性混合物。遇热源和明火有燃烧爆炸的危险。与氟、氯等接触会发生剧烈的化学反应。其蒸气比空气重。能在较低处扩散到相当远的地方，遇明火会引着回燃。燃烧（分解）产物：一氧化碳、二氧化碳
健康危害		1.侵入途径：吸入
		2.健康危害：本品有麻醉作用
		3.急性中毒：有头晕、头痛、兴奋或嗜睡、恶心、呕吐、脉缓等；重症者会突然倒下，尿失禁、意识丧失，甚至呼吸停止。可致皮肤冻伤
		4.慢性影响：长期接触低浓度者，可出现头痛、头晕、睡眠不佳、易疲劳、情绪不稳以及自主神经功能紊乱等
安全防护措施	呼吸系统防护	高浓度环境中，建议佩戴过滤式防毒面具（半面罩）
	眼睛防护	一般不需要特殊防护，高浓度接触时可戴化学安全防护眼镜
	身体防护	穿防静电工作服

突发环境事件典型污染物应急处置手册

续表

信息		描述
安全防护措施	手防护	戴一般作业防护手套
	其他	工作现场严禁吸烟。避免高浓度吸入。限制性空间或其他高浓度作业区作业，须有人监护
急救措施		皮肤接触：若有冻伤，就医治疗 吸入：迅速脱离现场至空气新鲜处。保持呼吸道通畅。如呼吸困难，给输氧。如呼吸停止，立即进行人工呼吸。就医
应急措施	泄漏处置	迅速撤离泄漏污染区人员至上风处，并进行隔离，严格限制出入。切断火源。建议应急处理人员戴自给正压式呼吸器，穿防护服。不要直接接触泄漏源。尽可能切断泄漏源。用工业覆盖层或吸附/吸收剂住住泄漏点附近的下水道等地方，防止气体进入。合理通风，加速扩散。喷雾状水稀释。漏气容器要妥善处理，修复、检验后再用
	消防方法	切断气源。若不能立即切断气源，则不允许熄灭正在燃烧的气体。喷水冷却容器，可能的话将容器从火场移至空旷处。 灭火剂：雾状水、泡沫、二氧化碳

附表2-9 汽油（CAS 8006-61-9）

信息	描述
理化性质	品名：汽油；英文名：Gasoline，Petrol；分子式：C_5H_{12}-$C_{12}H_{26}$（脂肪烃和环烃）；熔点：-50℃；沸点：40~200℃；相对密度：0.70~0.79；蒸气压：18.7MPa（25℃）

续表

信息		描述
理化性质	外观性状	无色或浅黄液黄色易挥发液体，具有特殊臭味
	溶解性	不溶于水，易溶于苯、二硫化碳、醇、脂肪
稳定性和危险性	稳定性：稳定 危险性：极易燃烧。其蒸气与空气可形成爆炸性混合物。遇明火、高热极易燃烧爆炸。与氧化剂能发生强烈反应。其蒸气比空气重，能在较低处扩散到相当远的地方，遇明火会引着回燃。燃烧（分解）产物：一氧化碳、二氧化碳。	
健康危害	1.侵入途径：吸入、食入、经皮吸收 2.健康危害：急性中毒，对中枢神经系统有麻醉作用。轻度中毒症状有头晕、头痛、恶心、呕吐、步态不稳、共济失调。高浓度吸入出现中毒性脑病。极高浓度吸入引起意识突然丧失、反射性呼吸停止。可伴有中毒性周围神经病及化学性肺炎。部分患者出现中毒性精神病。液体吸入呼吸道可引起吸入性肺炎。溅入眼内可致角膜溃疡、穿孔，甚至失明。皮肤接触致急性接触性皮炎。吞咽引起急性胃肠炎，重者出现类似精神病症状，并可引起肝、肾损害 3.慢性中毒：神经衰弱综合征，自主神经功能紊乱症。皮肤损害	
环境标准	中国（待颁布）	饮用水源中有害物质的最高容许浓度　0.3mg/L
	苏联（1975）	污水中有机物的最大允许浓度　3mg/L
安全防护措施	呼吸系统防护	一般不需要特殊防护，高浓度接触时可佩戴自吸过滤式防毒面具（半面罩）
	眼睛防护	一般不需要特殊防护，高浓度接触时可戴化学安全防护眼镜

续表

信息		描述
安全防护措施	身体防护	穿防静电工作服
	手防护	戴防苯耐油手套
	其他	工作现场严禁吸烟。避免长期反复接触
	急救措施	皮肤接触：立即脱去被污染的衣着，用肥皂水和清水彻底冲洗皮肤。就医
		眼睛接触：立即提起眼睑，用大量流动清水或生理盐水彻底冲洗至少15min。就医
		吸入：迅速脱离现场至空气新鲜处。保持呼吸道通畅。如呼吸困难，给输氧。如呼吸停止，立即进行人工呼吸。就医
		食入：给饮牛奶或用植物油洗胃和灌肠。就医
应急措施	泄漏处置	迅速撤离泄漏污染区人员至安全区，并进行隔离，严格限制出入，切断火源。建议应急处理人员戴自给正压式呼吸器，穿消防防护服。尽可能切断泄漏源。防止进入下水道、排洪沟等限制性空间。小量泄漏：用砂土、蛭石或其他惰性材料吸收。或在保证安全的情况下，大量泄漏：构筑围堤或挖坑收容；用泡沫覆盖，减小蒸气灾害。用防爆泵转移至槽车或专用收集器内，回收或运至废物处理场所处置
	消防方法	喷水冷却容器，可能的话将容器从火场移至空旷处。灭火剂：泡沫、干粉、二氧化碳。用水灭火无效

附表2-10 柴油（CAS 68334-30-5）

信息		描述
理化性质		品名：柴油；别名：油渣；英文名：Diesel oil；熔点：-18℃；沸点：282~338℃；相对密度：（水=1）：0.87~0.9
		外观性状：稍有黏性的棕色液体
		溶解性：不溶于水
稳定性和危险性	稳定性：着火性和流动性	
	危险性：遇明火、高热或氧化剂接触，有引起燃烧爆炸的危险。若遇高热，容器内压增大，有开裂和爆炸的危险。	
	有害燃烧产物：一氧化碳、二氧化碳	
健康危害		皮肤接触为主要吸收途径，可致急性肾脏损害。柴油可引起接触性皮炎、油性痤疮。吸入其雾滴或液体呛入可引起吸入性肺炎。能经胎盘进入胎儿血中。柴油废气可引起眼、鼻刺激症状、头晕及头痛
环境标准		我国暂无相关标准；水环境中的浓度标准可参照石油类指标
安全防护措施		侵入途径：皮肤接触，呼吸道吸入
应急措施	急救拾施	皮肤接触：立即脱去污染的衣着，用肥皂水和清水彻底冲洗皮肤。就医
		眼睛接触：提起眼睑，用流动清水或生理盐水冲洗。就医
		吸入：迅速脱离现场至空气新鲜处。保持呼吸通畅。如呼吸困难，给输氧。如呼吸停止，立即进行人工呼吸。就医
		食入：尽快彻底洗胃。就医

续表

信息		描述
应急措施	泄漏处置	迅速撤离泄漏污染染区人员至安全区，并进行隔离，严格限制出入。切断火源。建议应急处理人员戴自给正压式呼吸器，穿一般作业工作服。尽可能切断泄漏源。防止流入下水道、排洪沟等限制性空间
		小量泄漏：用活性炭或其他惰性材料吸收
		大量泄漏：构筑围堤或挖坑收容。用泵转移至槽车或专用收集器内，回收或运至废物处理场所处置
	消防方法	消防人员须佩戴防毒面具，穿全身消防服，在上风向灭火。尽可能将容器从火场移至空旷处。喷水保持火场容器冷却，直至灭火结束。处在火场中的容器若已变色或从安全泄压装置中产生声音，必须马上撤离
		灭火剂：雾状水、泡沫、干粉、二氧化碳、砂土
用途		用作柴油机的燃料

附表2-11　天然气（CAS 1633-05-2）

信息	描述
理化性质	品名：天然气；英文名：Natural gas；沸点：-160℃；相对密度：（水=1）：约0.45（液化）
	外观性状：无色、无臭气体
	液化天然气（LNG）的主要成分：净化后的液态甲烷燃料

续表

信息	描述
理化性质	压缩天然气（CNG）的主要成分：丙烷（超过95%）、少量的丁烷
稳定性和危险性	稳定性：稳定 危险性：与空气混合能形成爆炸性混合物，在空气中浓度达到5%~15%时，遇明火、高热极易燃烧爆炸；与氟、氯等能发生剧烈的化学反应。其蒸气比空气重，能在较低处扩散到相当远的地方，遇明火会引着回燃。若遇高热，容器内压增大，有开裂和爆炸的危险
环境标准	我国暂无相关标准
健康危害	1.急性中毒，当空气中的浓度达到25%时，可导致人体缺氧而造成神经系统损害，严重时可表现呼吸麻痹、昏迷，吸入高浓度的天然气能造成人窒息死亡。病程中可出现精神症状，步态不稳、昏迷过程久者，醒后可有运动性失语及偏瘫 2.长期接触天然气者，可出现神经衰弱综合征
安全防护措施	工程控制：密闭操作。提供良好的自然通风条件 呼吸系统防护：高浓度环境中，佩戴供气式呼吸器 眼睛防护：一般不需要特殊防护，高浓度接触时可戴化学安全防护眼镜 身体防护：穿防静电工作服 手防护：必要时戴防护手套 其他防护：工作现场严禁吸烟。避免高浓度吸入。进入罐或其他高浓度区作业，须有人监护

续表

信息		描述
应急措施	急救措施	吸入：脱离有毒环境，至空气新鲜处，给氧，对症治疗。注意防治脑水肿
	泄漏处置	切断火源。戴自给式呼吸器，穿一般消防防护服。合理通风。禁止泄漏物进入受限制的空间（如下水道等），以避免发生爆炸。切断气源。喷洒雾状水稀释，抽排（室内）或强力通风（室外）。漏气容器不能再用，且要经过技术处理以清除可能剩下的气体
	消防方法	切断气源。若不能立即切断气源，则不允许熄灭正在燃烧的气体。喷水冷却容器，可能的话将容器从火场移至空旷处。灭火剂：雾状水，泡沫，二氧化碳
用途		是重要的有机化工原料，可用作制造炭黑、合成氨、甲醇以及其他有机化合物，也是优良的燃料